战斗机编队

地球仪模型

凉亭模型

房屋模型

办公椅模型

沙发模型

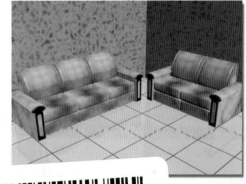

沙漏模型

U0131875

吊灯模型

水龙头模型

添加材质后的茶几

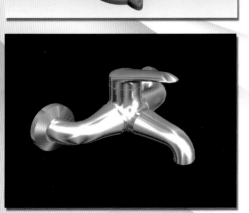

薄雾中的凉亭

阁楼天窗的光线

山洞景深效果

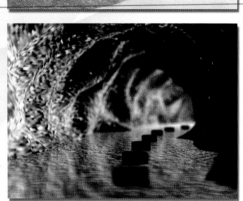

飞机飞行动画第1帧画面

飞机飞行动画第62帧画面

飞机飞行动画第83帧画面

飞机飞行动画第120帧画面

滚落楼梯的篮球第1帧画面

滚落楼梯的篮球第50帧画面

滚落楼梯的篮球第80帧画面

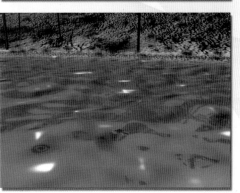

第1帧画面 随波逐流的树叶

第100帧画面 滚落楼梯的篮球

第100帧画面 随波逐流的树叶

第200帧画面 随波逐流的树叶

第300帧画面 随波逐流的树叶

转动的风车第1帧画面

转动的风车第33帧画面

转动的风车第66帧画面

转动的风车第100帧画面

落入水池的雨滴第1帧画面

第33帧画面
落入水池的雨滴

第66帧画面
落入水池的雨滴

第5帧画面
手雷爆炸动画

第15帧画面
手雷爆炸动画

第33帧画面
手雷爆炸动画

第60帧画面
手雷爆炸动画

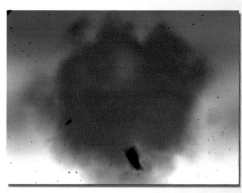

第1帧画面
香烟燃烧动画

第33帧画面
香烟燃烧动画

第66帧画面
香烟燃烧动画

第100帧画面
香烟燃烧动画

金企鹅计算机畅销图书系列

新世纪计算机教育名师课堂
中德著名教育机构精心打造

中文版 3ds Max 9.0
实例与操作

德 国 亚 琛 计 算 机 教 育 中 心

北 京 金 企 鹅 文 化 发 展 中 心

联合策划

主编　贾洪亮

航空工业出版社
北 京

内 容 提 要

3ds Max 9.0 是目前最优秀的三维动画制作软件之一，本书结合 3ds Max 9.0 的实际用途，按照系统、实用、易学、易用的原则详细介绍了 3ds Max 9.0 的各项功能，内容涵盖 3ds Max 入门、创建和编辑二维图形、创建三维模型、使用修改器、高级建模、材质和贴图、灯光摄影机和渲染、动画制作、粒子系统和空间扭曲、三维动画综合实例等。

本书具有如下特点：(1) 全书内容依据 3ds Max 9.0 的功能和实际用途来安排，并且严格控制每章的篇幅，从而方便教师讲解和学生学习；(2) 大部分功能介绍都以"理论+实例+操作"的形式进行，并且所举实例简单、典型、实用，从而便于读者理解所学内容，并能活学活用；(3) 将 3ds Max 9.0 的一些使用技巧很好地融入到了书中，从而使本书获得增值；(4) 各章都给出了一些精彩的综合实例，便于读者巩固所学知识，并能在实践中应用。

本书可作为中、高等职业技术院校，以及各类计算机教育培训机构的专用教材，也可供广大初、中级电脑爱好者自学使用。

图书在版编目（CIP）数据

中文版 3ds Max 9.0 实例与操作 / 贾洪亮主编. ==
北京：航空工业出版社，2010.6
　ISBN　978-7-80243-499-8

Ⅰ. ①中… Ⅱ. ①贾… Ⅲ. ①三维－动画－图形软件
，3DS MAX 9.0 Ⅳ. ①TP391.41

中国版本图书馆 CIP 数据核字 (2010) 第 067071 号

中文版 3ds Max 9.0 实例与操作
Zhongwenban 3ds Max 9.0 Shili yu Caozuo

航空工业出版社出版发行
（北京市安定门外小关东里 14 号　　100029）
发行部电话：010-64815615　　　010-64978486

北京市科星印刷有限责任公司印刷　　　　全国各地新华书店经售

2010 年 6 月第 1 版　　　　　　　　　2010 年 6 月第 1 次印刷

开本：787×1092　　　1/16　　　印张：24　　　字数：569 千字

印数：1—5000　　　　　　　　　　　　　定价：45.00 元

卷首语

致亲爱的读者

亲爱的读者朋友，当您拿到这本书的时候，我们首先向您致以最真诚的感谢，您的选择是对我们最大的鞭策与鼓励。同时，请您相信，您选择的是一本物有所值的精品图书。

无论您是从事计算机教学的老师，还是正在学习计算机相关技术的学生，您都可能意识到了，目前国内计算机教育面临两个问题：一是教学方式枯燥，无法激发学生的学习兴趣；二是教学内容和实践脱节，学生无法将所学知识应用到实践中去，导致无法找到满意的工作。

计算机教材的优劣在计算机教育中起着至关重要的作用。虽然我们拥有 10 多年的计算机图书出版经验，出版了大量被读者认可的畅销计算机图书，但我们依然感受到，要改善国内传统的计算机教育模式，最好的途径是引进国外先进的教学理念和优秀的计算机教材。

众所周知，德国是当今制造业最发达、职业教育模式最先进的国家之一。我们原计划直接将该国最优秀的计算机教材引入中国。但是，由于西方人的思维方式与中国人有很大差异，如果直接引进会带来"水土不服"的问题，因此，我们采用了与全德著名教育机构——亚琛计算机教育中心联合策划这种模式，共同推出了这套丛书。

我们和德国朋友认为，计算机教学的目标应该是：让学生在最短的时间内掌握计算机的相关技术，并能在实践中应用。例如，在学习完 Word 后，便能从事办公文档处理工作。计算机教学的方式应该是：理论+实例+操作，从而避开枯燥的讲解，让学生能学得轻松，教师也教得愉快。

最后，再一次感谢您选择这本书，希望我们付出的努力能得到您的认可。

北京金企鹅文化发展中心总裁

致亲爱的读者

亲爱的读者朋友，首先感谢您选择本书。我们——亚琛计算机教育中心，是全德知名的计算机教育机构，拥有众多优秀的计算机教育专家和丰富的计算机教育经验。今天，基于共同的服务于读者，做精品图书的理念，我们选择了与中国北京金企鹅文化发展中心合作，将双方的经验共享，联合推出了这套丛书，希望它能得到您的喜爱！

德国亚琛计算机教育中心总裁

一本好书首先应该有用，其次应该让大家愿意看、看得懂、学得会；一本好教材，应该贴心为教师、为学生考虑。因此，我们在规划本套丛书时竭力做到如下几点：

> **精心安排内容。**计算机每种软件的功能都很强大，如果将所有功能都一一讲解，无疑会浪费大家时间，而且无任何用处。例如，Photoshop 这个软件除了可以进行图像处理外，还可以制作动画，但是，又有几个人会用它制作动画呢？因此，我们在各书内容安排上紧紧抓住重点，只讲对大家有用的东西。

> **以软件功能和应用为主线。**本套丛书突出两条主线，一个是软件功能，一个是应用。以软件功能为主线，可使读者系统地学习相关知识；以应用为主线，可使读者学有所用。

> **采用"理论+实例+操作"的教学方式。**我们在编写本套丛书时尽量弱化理论，避开枯燥的讲解，而将其很好地融入到实例与操作之中，让大家能轻松学习。但是，适当的理论学习也是必不可少的，只有这样，大家才能具备举一反三的能力。

> **语言简练，讲解简洁，图示丰富。**一个好教师会将一些深奥难懂的知识用浅显、简洁、生动的语言讲解出来，一本好的计算机图书又何尝不是如此！我们对书中的每一句话，每一个字都进行了"精雕细刻"，让人人都看得懂、愿意看。

> **实例有很强的针对性和实用性。**计算机教育是一门实践性很强的学科，只看书不实践肯定不行。那么，实例的设计就很有讲究了。我们认为，书中实例应该达到两个目的，一个是帮助读者巩固所学知识，加深对所学知识的理解；一个是紧密结合应用，让读者了解如何将这些功能应用到日后的工作中。

> **融入众多典型实用技巧和常见问题解决方法。**本套丛书中都安排了大量的"知识库"、"温馨提示"和"经验之谈"，从而使学生能够掌握一些实际工作中必备的应用技巧，并能独立解决一些常见问题。

> **精心设计的思考与练习。**本套丛书的"思考与练习"都是经过精心设计，从而真正起到检验读者学习成果的作用。

> **提供素材、课件和视频。**完整的素材可方便学生根据书中内容进行上机练习；适应教学要求的课件可减少老师备课的负担；精心录制的视频可方便老师在课堂上演示实例的制作过程。所有这些内容，读者都可从随书附赠的光盘中获取。

> **很好地适应了教学要求。**本套丛书在安排各章内容和实例时严格控制篇幅和实例的难易程度，从而照顾教师教学的需要。基本上，教帅都可在一个或两个课时内完成某个软件功能或某个上机实践的教学。

本套丛书可作为中、高等职业技术院校，以及各类计算机教育培训机构的专用教材，也可供广大初、中级电脑爱好者自学使用。

本书内容安排

➢ **第1章**：介绍 3ds Max 的应用领域，使用 3ds Max 制作三维动画的流程，以及 3ds Max 9.0 的工作界面、文件操作、视图调整、坐标系和常用的对象操作。

➢ **第2章**：介绍基本二维图形的创建方法，以及二维图形的编辑调整方法。

➢ **第3章**：介绍标准基本体、扩展基本体和建筑对象的创建方法。

➢ **第4章**：介绍常用二维图形修改器、三维对象修改器和动画修改器的使用方法。

➢ **第5章**：介绍使用多边形建模法、网格建模法、面片建模法、NURBS 建模法以及复合建模法创建复杂三维模型的流程和操作方法。

➢ **第6章**：介绍创建、编辑和分配材质的方法，以及各种常用材质和贴图的应用。

➢ **第7章**：介绍灯光、摄影机的创建和应用，以及场景的渲染输出。

➢ **第8章**：介绍三维动画的制作原理和分类，常用的高级动画技巧，以及使用 reactor 系统创建动力学动画的方法。

➢ **第9章**：介绍空间扭曲和粒子系统的应用。

➢ **第10章**：介绍使用 3ds Max 9.0 制作掌上电脑展示动画的过程。

本书附赠光盘内容

本书附赠了专业、精彩、针对性强的多媒体教学课件光盘，并配有视频，真实演绎书中每一个实例的实现过程，非常适合老师上课教学，也可作为学生自学的有力辅助工具。

本书的创作队伍

本书由德国亚琛计算机教育中心和北京金企鹅文化发展中心联合策划，贾洪亮主编，并邀请一线职业技术院校的老师参与编写。主要编写人员有：郭玲文、白冰、郭燕、丁永卫、朱丽静、常春英、李秀娟、顾升路、单振华、侯盼盼等。

尽管我们在写作本书时已竭尽全力，但书中仍会存在这样或那样的问题，欢迎读者批评指正。另外，如果读者在学习中有什么疑问，也可登录我们的网站（http://www.bjjqe.com）去寻求帮助，我们将会及时解答。

编　者
2010 年 4 月

第 1 章　3ds Max 入门

3ds Max 是目前应用范围最广的三维动画制作软件。无论是 3D 动画、3D 游戏、3D 电影，还是电视广告，城市宣传片，都可以找到 3ds Max 的身影。现在就让我们开始 3ds Max 的学习之旅吧！

1.1　3ds Max 简介…………………………1
　1.1.1　3ds Max 的应用领域……………1
　1.1.2　使用 3ds Max 制作动画的流程…2
　1.1.3　3ds Max 9 的工作界面…………4
1.2　3ds Max 9 的文件操作……………7
　1.2.1　新建场景文件……………………7
　1.2.2　调用其他文件中的模型…………8
　1.2.3　保存场景文件……………………9
1.3　3ds Max 9 的视图调整……………10
　1.3.1　视图的类型………………………10
　1.3.2　视口的显示方式…………………11
　1.3.3　缩放、平移和旋转视图
　　　　——调整卡通猫的观察效果…11
综合实例 1——观察汽车模型………15
1.4　3ds Max 9 的坐标系………………17

1.4.1　世界坐标系………………………17
1.4.2　局部坐标系——调整足球的
　　　　局部坐标…………………………18
1.4.3　参考坐标系………………………19
1.5　常用的对象操作……………………21
　1.5.1　选择对象——选择台球模型…21
　1.5.2　移动、旋转和缩放对象
　　　　——变换瓷瓶模型……………22
　1.5.3　对齐对象——对齐椅子和椅垫…24
　1.5.4　克隆对象——克隆风车、
　　　　士兵、旅游鞋和直升机………25
　1.5.5　群组、隐藏和冻结对象………29
综合实例 2——创建战斗机编队…30
本章小结…………………………………33
思考与练习………………………………34

第 2 章　创建和编辑二维图形

制作三维动画时，首先要创建三维模型。二维图形是创建三维模型的基础，例如，创建好灯笼的截面图形后，利用车削修改器进行处理，即可获得灯笼模型。那么，如何在 3ds Max 9 中创建二维图形？如何编辑二维图形？本章我们就来介绍一下这方面的知识。

2.1　创建二维图形 ……………… 36

2.1.1　创建线 ………………… 36

2.1.2　创建矩形、多边形和星形 … 38

2.1.3　创建圆、椭圆、圆弧和圆环 … 40

2.1.4　创建文本 ………………… 43

2.1.5　创建其他二维图形 ……… 43

综合实例 1——创建拱形窗的

窗框 ……………… 46

2.2　编辑二维图形 ……………… 50

2.2.1　转换可编辑样条线 ……… 50

2.2.2　合并图形 ………………… 51

2.2.3　闭合曲线 ………………… 52

2.2.4　插入顶点 ………………… 53

2.2.5　圆角/切角处理 ………… 54

2.2.6　焊接和熔合顶点 ………… 55

2.2.7　轮廓处理 ………………… 56

2.2.8　镜像处理 ………………… 56

2.2.9　布尔运算 ………………… 57

综合实例 2——创建镜框的

截面图形 ……… 58

本章小结 ……………………… 62

课后练习 ……………………… 63

第 3 章　创建基本三维模型

为了方便用户创建三维模型，3ds Max 9 提供了许多基本三维模型的创建工具，例如，常见的长方体、圆柱体、球体，建筑中的墙壁、植物、门、窗等。本章我们将带领大家学习一下使用这些工具创建基本三维模型的方法。

3.1　创建标准基本体 …………… 65

3.1.1　创建长方体和四棱锥 …… 65

3.1.2　创建球体和几何球体 …… 66

3.1.3　创建圆柱体、圆锥体和

管状体 ……………… 68

3.1.4　创建平面、茶壶和圆环 … 69

综合实例 1——创建地球仪模型 … 72

3.2　创建扩展基本体 …………… 75

3.2.1　创建异面体 ……………… 76

3.2.2　创建切角长方体、切角圆柱体

和球棱柱 ……………… 77

3.2.3　创建油罐、胶囊和纺锤体 … 78

3.2.4　创建 L 形体和 C 形体 …… 79

3.2.5　创建环形结和环形波 …… 80

3.2.6　创建软管 ………………… 83

综合实例 2——创建凉亭模型 …… 85

3.3　创建建筑对象 ……………… 91

3.3.1　创建门和窗 ……………… 91

3.3.2　创建 AEC 扩展对象 …… 93

3.3.3　创建楼梯 ………………… 96

综合实例 3——创建房屋模型 …… 97

本章小结 ……………………… 108

思考与练习 …………………… 108

第 4 章　使用修改器

简单地讲，修改器就是"修改对象显示效果的利器"。那么，如何才能为对象添加修改器？在 3ds Max 9 提供的众多修改器中，使用哪种修改器处理对象，才能获得我们所需的效果？带着这些问题，让我们一起走进 3ds Max 9 修改器的世界。

4.1 　修改器概述 ·············· 110
　4.1.1 　什么是修改器
　　　　 ——制作子弹头 ····· 110
　4.1.2 　认识修改面板 ······· 111
4.2 　二维图形修改器 ········· 112
　4.2.1 　车削修改器
　　　　 ——制作酒杯模型 ··· 112
　4.2.2 　挤出修改器
　　　　 ——制作三维文字 ··· 114
　4.2.3 　倒角修改器
　　　　 ——制作三维泊车标志 ··· 115
　4.2.4 　倒角剖面修改器
　　　　 ——制作肥皂盒 ····· 116
综合实例 1——创建沙发模型 ··· 117
4.3 　三维对象修改器 ········· 122
　4.3.1 　弯曲修改器——弯曲圆柱体 122

4.3.2 　锥化修改器——锥化长方体 123
4.3.3 　拉伸修改器——制作长颈壶 123
4.3.4 　扭曲修改器——扭曲长方体 124
4.3.5 　FFD 修改器——制作抱枕 124
4.3.6 　网格平滑修改器 ······· 126
综合实例 2——创建办公椅模型 ··· 126
4.4 　动画修改器 ·············· 131
　4.4.1 　路径变形修改器——沿路径
　　　　 运动的三维文字 ····· 131
　4.4.2 　噪波修改器——波动的水面 ··· 132
　4.4.3 　变形器修改器
　　　　 ——人物表情动画 ··· 134
　4.4.4 　融化修改器——融化的冰块 ··· 137
本章小结 ····················· 138
思考与练习 ··················· 139

第 5 章　高级建模

在三维动画中，模型不都是简单的基本三维模型。我们如何才能将基本三维模型编辑成复杂三维模型呢？这就需要使用 3ds Max 9 提供的各种高级建模方法，例如，多边形建模，网格建模，面片建模，NURBS 建模，复合建模等。

5.1 　多边形建模 ·············· 141
　5.1.1 　转换可编辑多边形 ··· 141
　5.1.2 　编辑可编辑多边形的子对象 ··· 142
综合实例 1——创建水龙头模型 ··· 150
5.2 　网格建模 ················ 156
　5.2.1 　"编辑几何体"卷展栏 ··· 157
　5.2.2 　"曲面属性"卷展栏 ··· 157
综合实例 2——创建圆珠笔模型 ··· 158
5.3 　面片建模 ················ 162
　5.3.1 　创建可编辑面片 ····· 162

5.3.2 　编辑面片对象 ········· 163
综合实例 3——创建吊灯模型 ··· 165
5.4 　NURBS 建模 ·············· 171
　5.4.1 　创建 NURBS 对象 ··· 171
　5.4.2 　编辑 NURBS 对象 ··· 172
　5.4.3 　使用 NURBS 工具箱 ··· 176
综合实例 4——创建沙漏模型 ··· 183
5.5 　复合建模 ················ 189
　5.5.1 　放样工具——创建汤匙模型 ··· 189
　5.5.2 　连接工具——创建香烟模型 ··· 192

5.5.3 布尔工具——创建螺丝钉模型193

5.5.4 图形合并工具

　　——创建印章的印纹 … 195

综合实例 5——制作牙刷模型 …… 196

本章小结 ……………………… 200

思考与练习 …………………… 201

第 6 章　材质和贴图

我们在电视、电影中看到的三维动画，其中的模型都非常逼真。那么，如何才能让我们自己创建的三维模型具有逼真的效果呢？这就需要用到 3ds Max 9 中的材质和贴图！

6.1　使用材质编辑器 …………… 203

　　6.1.1　认识材质编辑器 ……… 203

　　6.1.2　材质的获取、分配和保存

　　　　——椅子材质 …………… 206

6.2　常用材质 …………………… 208

　　6.2.1　标准材质 ……………… 209

　　6.2.2　光线跟踪材质 ………… 213

　　6.2.3　复合材质 ……………… 215

综合实例 1——创建灯笼的材质 ·· 217

6.3　贴图 ………………………… 220

　　6.3.1　贴图概述 ……………… 220

　　6.3.2　贴图的常用参数 ……… 225

综合实例 2——创建茶几材质 …… 230

本章小结 ……………………… 235

思考与练习 …………………… 235

第 7 章　灯光、摄影机和渲染

在现实世界中，会有各种不同的灯光照射到物体上，产生不同的效果；利用照相机和摄影机我们可以保存下生活中那些美妙的画面，记录下周围所发生的故事。那么如何才能在 3ds Max 中实现这些呢？这就需要用到 3ds Max 9 的灯光、摄影机和渲染方面的知识。

7.1　灯光 ………………………… 237

　　7.1.1　灯光概述 ……………… 237

　　7.1.2　场景布光的方法和原则

　　　　——三点照明布光法 …… 239

　　7.1.3　灯光的基本参数 ……… 241

综合实例 1——阁楼天窗的光线 … 245

7.2　摄影机 ……………………… 248

　　7.2.1　摄影机概述 …………… 248

　　7.2.2　创建摄影机 …………… 249

　　7.2.3　摄影机的基本参数 …… 249

综合实例 2——山洞的景深效果 … 251

7.3　渲染 ………………………… 254

　　7.3.1　常用的渲染方法

　　　　——镜头切换动画 ……… 254

　　7.3.2　设置场景的环境和渲染特效 258

　　7.3.3　设置渲染参数 ………… 262

综合实例 3——薄雾中的凉亭 …… 264

本章小结 ……………………… 267

思考与练习 …………………… 268

第 8 章 动画制作

相信大家都看过电影，那么，你知道电影是如何将一张张静态的图画变成连续的动作的吗？视觉误差，3ds Max 也是利用人眼的这一特性来制作动画。那么，我们如何才能为创建好的模型制作动画？如何才能控制模型的运动？如何才能获得我们制作的动画？在本章的学习中，你将找到你需要的答案！

8.1 动画初步·················270
　8.1.1 动画原理和分类·········270
　8.1.2 认识"关键帧"
　　　——舞动的音符··········272
　8.1.3 使用"运动"命令面板·······276
　8.1.4 使用"轨迹视图"·········277
综合实例 1——滚落楼梯的篮球···279
8.2 动画约束·················283
　8.2.1 什么是动画约束
　　　——沿曲线运动的小球········283
　8.2.2 常用动画约束···········284
综合实例 2——随波逐流的树叶···288
8.3 动画控制器和参数关联·······291

8.3.1 什么是动画控制器
　　　——躁动的茶壶··········291
8.3.2 常用动画控制器·········293
8.3.3 参数关联——转动的闹钟···294
综合实例 3——飞机飞行动画···295
8.4 reactor 动画··············299
　8.4.1 reactor 动画的制作流程
　　　——风吹窗帘动画········299
　8.4.2 reactor 对象介绍·········302
综合实例 4——转动的风车···303
本章小结···················306
思考与练习·················307

第 9 章 粒子系统和空间扭曲

在我们的生活中，有风，有云，有雨，有雪。在 3ds Max 的世界中，我们同样可以制作出风、云、雨、雪。本章我们就带领大家从 3ds Max 9 的粒子系统和空间扭曲中找到制作这些自然现象的方法。

9.1 粒子系统·················309
　9.1.1 什么是粒子系统——下雪···309
　9.1.2 常用粒子系统···········312
9.2 空间扭曲·················320
　9.2.1 什么是空间扭曲——喷泉···320
　9.2.2 常用空间扭曲···········323

综合实例 1——燃烧的香烟···331
综合实例 2——落入水池的雨滴···334
综合实例 3——手雷爆炸动画···342
本章小结···················345
思考与练习·················345

第 10 章 三维动画综合实例——展示掌上电脑

大家一定看过这样的场景：一束白光从天而降，之后白光慢慢变大并移动到展台；随后，镜头也逐渐向展台靠近；最后，展示物在镜头中旋转。本章将从场景的创建、材质的添加、灯光和摄影机的创建、动画的创建到动画的渲染输出，一步步地制作这样一个掌上电脑展示动画，以巩固和练习前面所学的知识。

10.1 创建场景 ·········· 347

10.1.1 创建掌上电脑 ········ 348

10.1.2 制作展示台 ········ 354

10.2 添加材质 ·········· 355

10.2.1 制作掌上电脑的材质 ·· 356

10.2.2 制作展示台和地板的材质···· 360

10.3 创建灯光和摄影机 ········ 362

10.4 设置动画 ·········· 364

10.4.1 设置灯光特效动画 ········ 364

10.4.2 设置摄影机动画和

展示柱动画 ········ 368

10.5 渲染输出 ·········· 371

第1章

3ds Max 入门

本章内容提要

- 3ds Max 简介 1
- 3ds Max 9 的文件操作 7
- 3ds Max 9 的视图调整 10
- 3ds Max 9 的坐标系 17
- 常用的对象操作 21

章前导读

　　随着计算机技术的进步，3D 动画、3D 游戏、3D 电影等得到长足发展，且日趋火爆。相应地，高水平的三维动画制作人员也成为社会所急需的人才。

　　在众多的三维动画制作软件中，3ds Max 应用最为广泛。从本章开始，我们将带领大家学习如何使用 3ds Max 制作三维动画。

1.1　3ds Max 简介

　　学习 3ds Max 前，应先对该软件进行大致的了解。本节将从 3ds Max 的应用领域、使用 3ds Max 制作动画的流程和 3ds Max 9 的工作界面入手，系统地介绍一下 3ds Max。

1.1.1　3ds Max 的应用领域

　　概括起来，3ds Max 主要用在如下几个领域。

➤ **产品设计**：3ds Max 在产品研发中也有很大的用途，研发人员可以直接使用 3ds Max 进行产品的造型设计，直观地模拟产品的材质，从而提高产品的研发速度，降低研发成本。图 1-1 所示为使用 3ds Max 制作的汽车模型。

➤ **影视制作**：在影视作品中，一些现实中无法模拟的场景、人物、特效等往往会借助 3ds Max 实现；另外，一些电影、电视作品的片头也是用 3ds Max 制作的。图 1-2 所示为使用 3ds Max 制作的影视人物。

图 1-1　使用 3ds Max 制作的汽车模型

图 1-2　使用 3ds Max 制作的影视人物

> **游戏造型设计：**据统计，目前有超过 80%的游戏使用 3ds Max 设计人物、场景及动作等。图 1-3 所示为使用 3ds Max 设计的游戏人物。

> **建筑设计：**很多建筑工程在施工前都是先使用 3ds Max 设计出建筑的室内外效果图，然后根据效果图指导施工。图 1-4 所示为使用 3ds Max 设计的建筑效果图。

图 1-3　使用 3ds Max 制作的游戏人物

图 1-4　使用 3ds Max 设计的建筑效果图

1.1.2　使用 3ds Max 制作动画的流程

使用 3ds Max 制作三维动画的流程大致可分为：创建模型、为模型分配材质、为场景创建灯光、设置动画、渲染输出动画和后期处理。

1.　创建模型

创建模型简称"建模"，就是使用 3ds Max 提供的模型创建工具和建模方法，创建出动画中的三维模型，图 1-5 所示为使用 3ds Max 的多种建模方法创建的汽车和山区公路。

2.　添加材质

材质用于模拟现实世界中的材料，为模型添加材质可以使模型的效果更加逼真，如图 1-6 所示（有关材质方面的知识将在第 6 章进行讲解）。

3.　创建灯光

为了使三维动画的效果更真实，在设计三维动画的过程中，我们还需要为动画场景添加灯光，以模拟现实中的光照效果，图 1-7 所示为在场景中添加灯光后的效果（有关灯光方面的知识将在第 7 章进行讲解）。

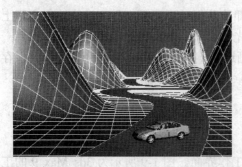

图 1-5　创建模型

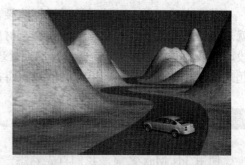

图 1-6　为模型添加材质后的效果

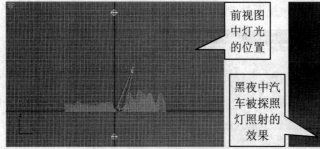

前视图中灯光的位置

黑夜中汽车被探照灯照射的效果

图 1-7　创建灯光后的效果

4. 设置动画

3ds Max 制作动画的原理与电影类似，也是将每个动画分为许多帧（帧就是某一时间点处场景的画面状态），然后将所有帧按一定的速度播放，即可产生动画。

使用 3ds Max 制作动画时，用户只需设置好关键时间点处场景的画面状态（即设置关键帧），系统就会自动计算出中间各帧的状态。图 1-8 上部三个画面显示了一个简单的汽车动画：汽车沿山间公路曲折前进，探照灯随之跟进（3ds Max 工作界面下方的参数用于设置动画，如图 1-8 下图所示，其使用方法将在第 8 章进行讲解）。

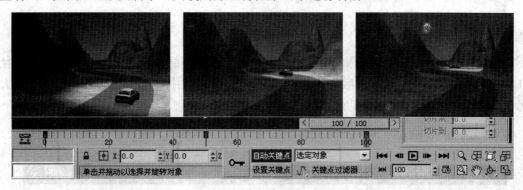

图 1-8　设置动画

5. 渲染输出

设置完动画后，对动画场景进行渲染输出，即可获得动画视频文件。渲染输出实际上就是为场景着色，并对场景中的模型、材质、灯光、大气、渲染特效等进行处理，得到一段动画或一些图片序列（需要进行后期处理的动画通常渲染成一幅幅有序的图片），并保存起来的过程（有关渲染输出方面的知识将在第 7 章进行讲解）。

1.1.3 3ds Max 9 的工作界面

使用 3ds Max 之前，我们首先熟悉一下它的工作界面。图 1-9 所示为 3ds Max 9 的工作界面，它由标题栏、菜单栏、工具栏、视图区、命令面板、时间滑块和时间轴、MAXScript 迷你侦听器、状态栏、动画和时间控件、视图控制区等组成。

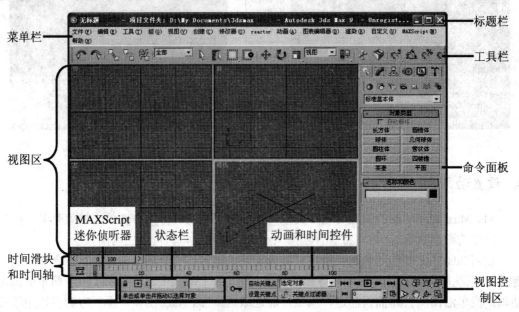

图 1-9 3ds Max 9 的工作界面

1. 标题栏和菜单栏

标题栏位于 3ds Max 9 工作界面的最上方，用于显示当前 Max 文件的名称和保存路径以及当前所用 3ds Max 软件的版本信息。利用标题栏右侧的控制按钮还可以最小化、最大化和关闭工作界面，如图 1-10 所示。

图 1-10 3ds Max 9 的标题栏

菜单栏包含了 3ds Max 9 中大部分命令，这些命令被分类放在了"文件"、"编辑"、"工具"、"组"、"视图"、"创建"、"修改器"、"reactor"、"动画"、"图表编辑器"、"渲染"、"自定义"、"MAXScript"和"帮助"14 个菜单中。例如"文件"菜单提供了一组操作 3ds Max 文件的命令，"创建"菜单提供了一组创建 3ds Max 对象的命令。

2．工具栏

工具栏为用户列出了一些经常使用的命令图标按钮，如图 1-11 所示，利用这些图标按钮可以快速执行命令，从而提高设计效率。

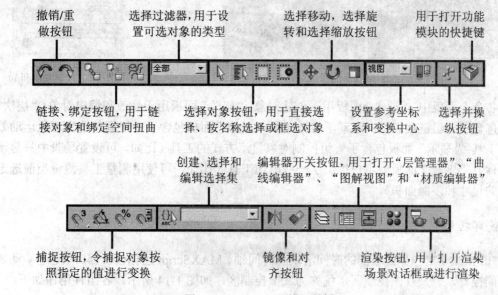

图 1-11　3ds Max 9 的工具栏

> 　　使用工具按钮时，将鼠标放在工具按钮的图标上不动，就会弹出该按钮的名称。与此同时，在工作界面的状态栏也会显示出该按钮的相关解释。
> 　　另外，如果工具按钮的右下角带有黑色的三角符号，按住此按钮不放会弹出一个按钮列表，该列表包含了当前按钮所属类别的其他工具按钮。

3．视图区

视图区是 3ds Max 9 的主要工作区，用于创建、编辑和观察场景中的对象。默认情况下，视图区有四个视口，分别显示顶视图、前视图、左视图和透视视图的观察情况，如图 1-12 所示（顶视图显示的是从场景上方俯视看到的画面；前视图显示的是从场景前方看到的画面；左视图显示的是从场景左侧看到的画面；透视视图显示的是场景的立体效果图）。

4．命令面板

命令面板集成了用户创建、编辑对象和设置动画所需的绝大多数参数，其布局如图 1-13

所示。从左向右依次为："创建"面板 ⬚、"修改"面板 ✐、"层次"面板 ♣、"运动"面板 ◎、"显示"面板 ▣ 和"工具"面板 ⯁。

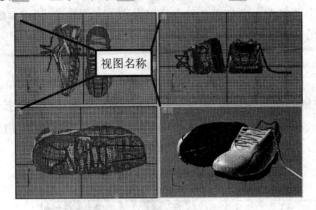

图 1-12　3ds Max 9 的视图区　　　　　　　　　　图 1-13　命令面板布局

各命令面板中，"创建"面板用于创建对象；"修改"面板用于修改和编辑对象；"层次"面板包含了一组链接和反向运动学参数工具；"运动"面板包含了一组调整选定对象运动效果的工具；"显示"面板包含了一组控制对象显示方式的工具（比如，可设置场景中只显示几何体）；"工具"面板为用户提供了一些附加工具（比如，可使用测量工具测量当前选定对象的尺寸和表面面积）。

5. 底部控制区

3ds Max 9 工作界面底部的时间滑块和时间轴、MAXScript 迷你侦听器、状态栏、动画和时间控件，以及视图控制区，统称为底部控制区，如图 1-14 所示。各组件用途如下：

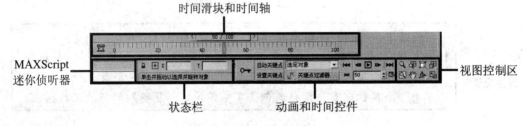

图 1-14　底部控制区

- ➤ **时间滑块和时间轴**：时间滑块和时间轴用于在制作动画时定位关键帧。
- ➤ **MAXScript 迷你侦听器**：MAXScript 迷你侦听器用于查看、输入和编辑 MAXScript 脚本。MAXScript 迷你侦听器有两个窗格，粉红色窗格为宏录制器，用于显示当前的宏录制内容；白色窗格为脚本窗口，用来创建脚本。
- ➤ **状态栏**：状态栏用来显示当前选中的命令或工具按钮的操作方法，以及场景中选中对象的数目和坐标位置等状态信息。
- ➤ **动画和时间控件**：动画和时间控件用来设置动画的关键帧和预览播放动画。
- ➤ **视图控制区**：视图控制区中的工具用于调整视图，如缩放、平移、旋转等。

1.2　3ds Max 9 的文件操作

对 3ds Max 9 有一个大致的了解后，下面来学习一下 3ds Max 9 的文件操作，了解一下 3ds Max 9 是如何创建、合并和保存场景文件的。

1.2.1　新建场景文件

制作三维动画前，首先要创建一个新场景文件。双击桌面上 3ds Max 9 的快捷启动图标 ⑤（或选择"开始" > "所有程序" > "Autodesk" > "Autodesk 3ds Max 9"菜单），启动 3ds Max 9，即可创建一个全新的场景文件。

此外，利用 3ds Max 9"文件"菜单中的子菜单也可以创建新场景文件，具体如下。

Step 01　双击本书配套光盘"素材与实例" > "第 1 章"文件夹中的"卡通模型.max"文件，打开该场景文件。

Step 02　选择"文件" > "重置"菜单，在弹出的对话框中单击"是"按钮，即可创建一个与启动 3ds Max 9 所建场景文件完全相同的新场景文件，如图 1-15 所示。

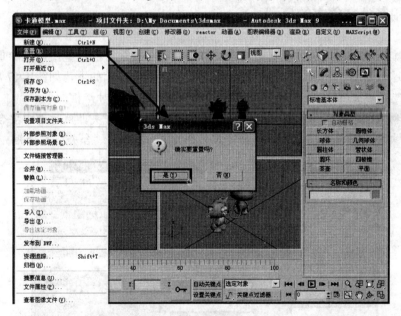

图 1-15　创建新场景文件（1）

　　　　要想在新场景文件中保留原场景文件的界面设置、视图配置及场景中的对象，可选择"文件" > "新建"菜单，在弹出的"新建场景"对话框中设置场景的创建方式，然后单击"确定"按钮即可，如图 1-16 所示。

　　　　需要注意的是，选中"保留对象和层次"单选钮时，新场景中将保留原场景的对象及对象间的联系；选中"保留对象"单选钮时，新场景中只保留原场景中的对象；选中"新建全部"单选钮时，不保留任何对象。

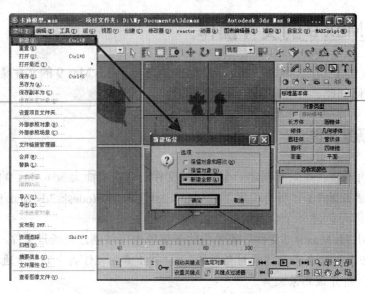

图 1-16　创建新场景文件（2）

1.2.2　调用其他文件中的模型

制作三维动画时，经常会从其他场景文件中调用已创建好的模型，以免除重新创建模型的麻烦，这时需要用到场景文件的"合并"功能，具体操作如下，如图 1-17 所示。。

Step 01　选择"文件" > "合并"菜单，打开"合并文件"对话框。

Step 02　利用"合并文件"对话框找到存放场景文件的文件夹，然后选中要合并的场景文件，再单击"打开"按钮（参见图 1-17），打开"合并"对话框。

图 1-17　合并场景文件（1）

Step 03 按住【Ctrl】键,然后单击选中"合并"对话框中所有要合并对象的名称,再单击"确定"按钮,如图 1-18 左图所示,即可将所选对象合并到当前场景中,合并后的效果如图 1-18 右图所示。

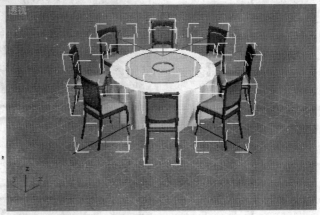

图 1-18 合并场景文件(2)

选中"合并"对话框中要合并对象的名称后,最好再单击"影响"按钮,选中选定对象的关联对象,以防止因丢失关联对象而导致合并后的模型发生变形。

另外,若模型所在场景文件的扩展名为 "*.3ds",合并场景文件时需选择"文件">"导入"菜单,利用打开的"选择要导入的文件"对话框合并场景文件。

1.2.3 保存场景文件

在制作三维动画的过程中,需要不时地保存场景文件,以免丢失工作成果。下面介绍一下保存场景文件的方法。

Step 01 选择"文件">"保存"菜单,打开"文件另存为"对话框。

Step 02 单击对话框中的"保存在"下拉列表框,从弹出的下拉列表中选择文件保存的位置,然后在"文件名"编辑框中输入场景文件的名称;最后单击"保存"按钮,即可完成场景的保存,如图 1-19 所示。

第 2 次保存场景文件时不会弹出"文件另存为"对话框。要想将场景文件换名保存,可选择"文件">"另存为"菜单;若只保存场景中某些对象,可在选中要保存的对象后选择"文件">"保存选定对象"菜单。

此外,3ds Max 9 每隔 5 分钟会自动保存当前场景,场景文件默认存放在我的文档中的"3dsmax">"autoback"文件夹中。

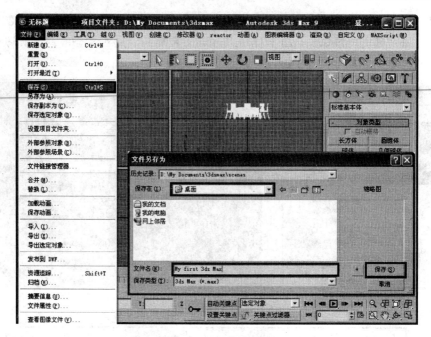

图 1-19 保存场景文件

1.3 3ds Max 9 的视图调整

为了便于编辑和观察场景中的对象，3ds Max 9 为用户提供了多种类型的视图和视口显示方式。利用视图控制区的工具还可以平移、缩放和旋转视图。

1.3.1 视图的类型

3ds Max 9 的视图分为标准视图、摄影机视图、聚光灯视图、图解视图和实时渲染视图 5 种类型（右击视口中视图的名称，从弹出的快捷菜单中选择"视图"菜单中相应的子菜单，即可切换视口中视图的类型，如图 1-20 所示），不同类型的视图具有不同的特点和用途，具体如下。

图 1-20 将视图切换为实时渲染（ActiveShade）视图

> 除利用视图的右键快捷菜单切换视图类型外，3ds Max 9 还为各种视图提供了切换的快捷键，其中，前、后、左、右、顶、底视图的快捷键分别为【F】、【A】、【L】、【R】、【T】、【B】键，透视视图为【P】键，摄影机视图为【C】键，聚光灯视图为【S】键。

➤ **标准视图：** 标准视图包括顶、底、前、后、左、右、透视和用户 8 个视图。其中，顶、底、前、后、左、右 6 个视图称为正交视图，显示的是场景对应方向的观察情况，主要用于创建和修改对象；透视和用户视图主要用于观察对象的三维效果。

➤ **摄影机视图和聚光灯视图：** 摄影机视图用于观察和调整摄影机的拍摄范围和拍摄视角；聚光灯视图用于观察和调整聚光灯的照射情况，并设置高光点。需要注意的是，只有为场景添加摄影机和聚光灯后，才能将视图切换为这两种视图。

➤ **图解视图：** 在图解视图中，所有对象都以节点方式显示，各对象间的关系使用箭头进行标记，图 1-21 所示为图解视图的打开方法和图解视图的效果。利用此视图可以非常方便地进行对象的选定、链接和参数关联等操作。

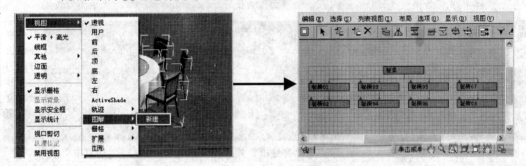

图 1-21　图解视图的打开方法

➤ **实时渲染（ActiveShade）视图：** 实时渲染视图显示了当前视口的实时渲染效果，主要用于观察场景中材质和灯光的调整效果（右击实时渲染视图，从弹出的快捷菜单中选择"关闭"菜单，即可关闭实时渲染视图，并切换为原视图类型）。

1.3.2　视口的显示方式

与视图类型的切换方法相同，右击视口中视图的名称，从弹出的快捷菜单中选择相应的显示方式子菜单，即可切换视口的显示方式。

视口显示方式决定了视口中对象的显示效果，3ds Max 9 为用户提供了多种视口显示方式，各显示方式的特点和效果如图 1-22 所示。

1.3.3　缩放、平移和旋转视图——调整卡通猫的观察效果

3ds Max 9 的视图控制区为用户提供了一些调整视图的工具按钮，利用这些工具按钮可以缩放、平移和旋转视图，下面介绍一下这些工具按钮的使用方法。

图 1-22　不同显示方式下对象在透视视图中的显示效果

以带有高光效果的平滑曲面显示对象，适合于观察场景的三维效果
"平滑+高光"效果

以网格线框方式显示对象，适合于创建和修改对象
"线框"效果

以平滑的曲面显示对象，但无高光效果
"平滑"效果

以带有高光效果的非平滑曲面显示对象
"面+高光"效果

以无高光效果的非平滑曲面显示对象
"面"效果

以二维方式显示对象的轮廓
"平面"效果

以线框方式显示对象的正面部分，隐藏对象的背面部分
"隐藏线"效果

以带有照明效果的线框显示对象
"亮线框"效果

以对象外切长方体的边框显示对象
"边界框"效果

Step 01 双击本书配套光盘"素材与实例">"第1章"文件夹中的"卡通模型.max"文件，打开该场景文件。

Step 02 单击激活透视视图所在视口，然后单击视图控制区的"缩放"按钮🔍，再在视口中向上（或向下）拖动鼠标，即可缩小（或放大）透视视图，如图1-23所示。调整好后，右击鼠标可退出视口的缩放模式。

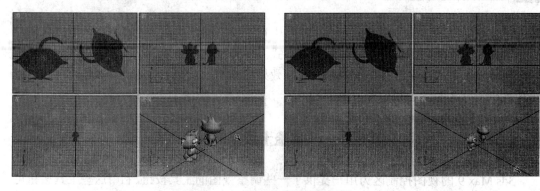

图 1-23　激活并缩放透视视图

在视图区的四个视口中，当前正在进行操作的视口称为活动视口，其他视口称为非活动视口。将非活动视口切换为活动视口称为激活视口。

激活视口的方法有两种：一种是单击非活动视口，该操作会取消场景中对象的选择状态；另一种是右击非活动视口，该操作不会影响场景中对象的选择状态。

Step 03 单击选中透视视图左侧的卡通猫，然后单击视图控制区的"最大化显示选定对象"按钮，此时系统会最大化显示选中的卡通猫，如图1-24所示。

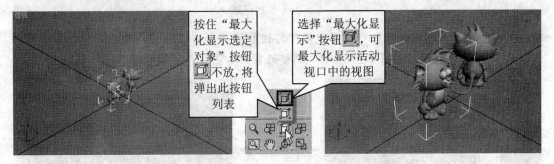

图1-24 最大化显示选定对象

使用视图控制区的工具时，若工具按钮右下角有黑色的三角符号，则表示该按钮中还隐藏着其他同位按钮，按住该按钮不放，可从弹出的按钮列表中选择其他同位按钮，如图1-24所示。

Step 04 单击视图控制区的"所有视图最大化显示"按钮，此时系统会将所有视图中的对象最大化显示，如图1-25所示；若选择该按钮的同位按钮"所有视图最大化显示选定对象"按钮，则会将所有视图中的选定对象最大化显示。

所有视图最大化显示前视图区的效果　　　　　所有视图最大化显示后视图区的效果

图1-25 所有视图最大化显示

Step 05 单击视图控制区的"缩放区域"按钮，然后在顶视图中单击并拖出一个选区，此时系统会将该选区在当前视口中最大化显示，如图1-26所示。编辑对象时常利用此按钮来观察对象的细节。调整好后，右击鼠标可退出区域缩放模式。

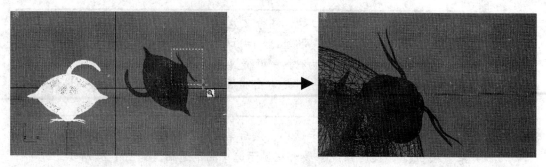

图 1-26　缩放区域

Step 06　单击视图控制区的"平移视图"按钮 🖐，然后在某个视口中拖动鼠标，即可平移该视图，如图 1-27 所示。调整好后，右击鼠标可退出平移视图模式。

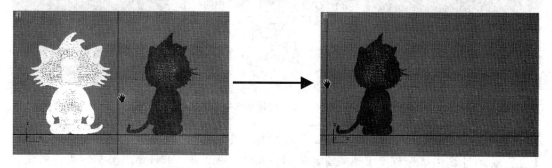

图 1-27　平移视图

Step 07　单击视图控制区的"弧形旋转"按钮 🔄，此时在当前视口中会出现调整视图观察角度的线圈，如图 1-28 左图所示。将鼠标指针放到线圈的四个操作点上，然后拖动鼠标，即可绕视图的中心旋转视图，如图 1-28 右图所示。

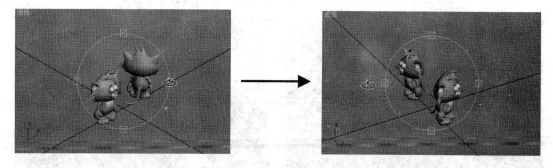

图 1-28　旋转视图

经验之谈

　　旋转视图时，将光标放在线圈水平方向的控制点上拖动，可在水平方向旋转视图；将光标放在线圈垂直方向的控制点上拖动，可在垂直方向旋转视图；将光标放在线圈外拖动，可沿视图所在平面旋转视图；将光标放在线圈内部拖动，可任意旋转视图。

Step 08　右击鼠标，退出弧形旋转模式，然后单击视图控制区的"最大化视口切换"按钮，此时，系统会将当前视口在整个视图区中最大化显示，如图 1-29 所示。再次单击可返回原来的状态。

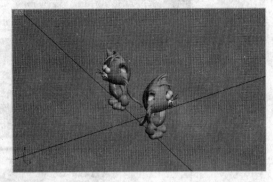

图 1-29 最大化视口切换

综合实例 1——观察汽车模型

学习了前面的知识，下面通过观察汽车模型，熟悉一下 3ds Max 9 的工作界面、文件操作和调整视图的方法。

制作思路

本实例的主要目的是熟悉前面学习的知识。在操作的过程中，首先利用文件合并操作，将汽车模型合并到新场景文件中；然后利用 3ds Max 9 视图控制区的工具调整视图的观察效果，观察汽车模型；最后利用文件保存命令保存场景文件。

制作步骤

Step 01 双击桌面上的 3ds Max 9 快捷启动图标◎（或选择电脑的"开始" > "所有程序" > "Autodesk" > "Autodesk 3ds Max 9" 菜单），启动 3ds Max 9。

Step 02 选择"文件" > "合并"菜单，在打开的"合并文件"对话框中选中本书配套光盘"素材与实例" > "第 1 章"文件夹中的"汽车模型.max"文件；然后单击对话框的"打开"按钮，打开"合并-汽车模型.max"对话框，如图 1-30 所示。

Step 03 在"合并-汽车模型.max"对话框中选中汽车模型的名称，然后单击"确定"按钮，将汽车模型合并到当前场景中，如图 1-31 所示。

Step 04 单击视图控制区的"所有视图最大化显示"按钮，使汽车模型在所有视图中最大化显示，效果如图 1-32 所示。

Step 05 单击视图控制区的"最大化视口切换"按钮，使透视视图所在的视口在整个视图区中最大化显示，效果如图 1-33 所示。

Step 06 单击视图控制区的"弧形旋转"按钮，然后将鼠标放在视口中旋转线圈水平方向左侧的控制点上拖动，在水平方向旋转视图，观察汽车模型，如图 1-34

所示。调整好观察效果后，释放鼠标左键，再右击鼠标，退出视图旋转模式。

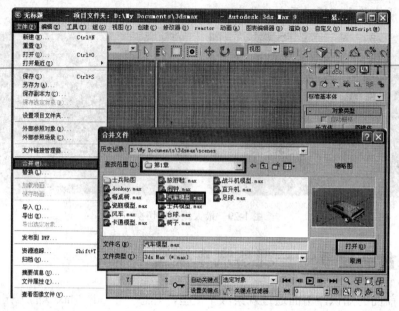

图 1-30　合并汽车模型（1）

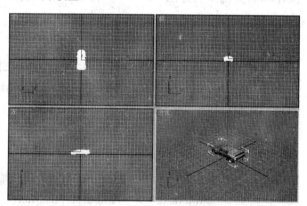

图 1-31　合并汽车模型（2）

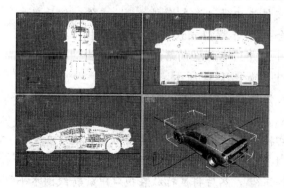
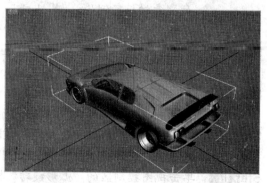

图 1-32　所有视图最大化显示后的效果　　　　图 1-33　最大化视口切换后的效果

图1-34　旋转视图观察汽车模型

Step 07 选择"文件">"保存"菜单,打开"文件另存为"对话框;然后在对话框的"保存在"下拉列表框中选择场景文件的保存位置,再在"文件名"编辑框中设置场景文件的名称,最后单击"保存"按钮保存场景文件,如图1-35所示。

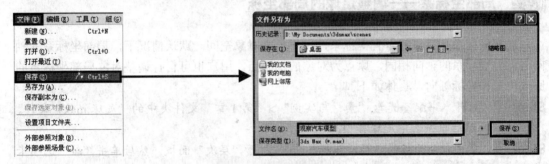

图1-35　保存场景文件

1.4　3ds Max 9 的坐标系

在创建对象时,应首先确定对象在空间的位置,这就需要使用坐标系。3ds Max 9 为用户提供了三种坐标系:世界坐标系、局部坐标系和参考坐标系。

1.4.1　世界坐标系

世界坐标系主要用来确定对象在场景中的位置,它具有三条互相垂直的坐标轴——X轴、Y轴和Z轴(各视口左下角显示了该视口中世界坐标系各坐标轴的轴向),视图栅格中两条黑粗线的交点为世界坐标系的原点,如图1-36所示。

经验之谈

　　在顶视图、前视图、左视图等正交视图中,系统只显示了两个坐标轴的轴向,此时可以使用右手定则(拇指代表X轴轴向,食指代表Y轴轴向,中指代表Z轴轴向,如图1-37所示)来判断另一坐标轴的轴向。例如,在顶视图中,X轴和Y轴分别指向右侧和上方,使拇指向右,食指向上,此时中指指向自己,即Z轴应垂直于视图向外。

图 1-36 世界坐标系

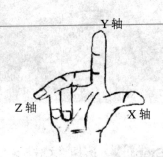

图 1-37 右手定则说明

1.4.2 局部坐标系——调整足球的局部坐标

局部坐标系是对象的专有坐标系,用于定义对象空间。默认情况下,局部坐标系的轴向与世界坐标系的轴向相同,原点为对象的轴心点。用户也可自行调整对象局部坐标系的原点位置和坐标轴向,具体如下。

Step 01 打开本书配套光盘"素材与实例">"第 1 章"文件夹中的"足球.max"文件,然后单击选中足球模型。

Step 02 单击命令面板的"层次"标签 📇,打开"层次"面板。然后单击"轴"选项卡>"调整轴"卷展栏>"移动/旋转/缩放"区中的"仅影响轴"按钮,进入局部坐标调整模式,此时在足球中将显示出局部坐标系的坐标轴,如图 1-38 所示。

Step 03 单击工具栏中的"选择并移动"按钮 ✛,然后将鼠标放到移动变换线框上拖动,即可调整局部坐标系的原点位置,如图 1-39 所示。

图 1-38 开启局部坐标调整模式

图 1-39 调整局部坐标的原点位置

Step 04 单击工具栏中的"选择并旋转"按钮 ↻,然后将鼠标放到旋转变换线框上拖动,即可调整局部坐标系的坐标轴向,如图 1-40 所示。

若想重置对象的局部坐标,使原点和各坐标轴返回调整前的状态,可单击"层次"面板>"轴"选项卡>"调整轴"卷展栏>"轴"区中的"重置轴"按钮,如图 1-41 所示。

图1-40 调整局部坐标系各坐标轴轴向 图1-41 重置局部坐标系

调整对象的局部坐标时，单击"调整轴"卷展栏"对齐"区中的"居中到对象"按钮，可使局部坐标系原点与对象中心点对齐；单击"对齐到对象"按钮，可使局部坐标系各坐标轴与对象的变换坐标轴对齐；单击"对齐到世界"按钮，可使局部坐标系各坐标轴与世界坐标系各坐标轴对齐。

1.4.3 参考坐标系

在移动、旋转和缩放对象（详见1.5.2节）时，利用参考坐标系可控制X轴、Y轴和Z轴的方向。单击3ds Max 9工具栏中的"参考坐标系"下拉列表框（如图1-42所示）可以设置当前视口所用参考坐标系的类型，下面介绍一下各参考坐标系。

➢ **屏幕**：选中该选项时，将使用屏幕坐标系作为当前视口的参考坐标系，此时，X轴始终水平向右，Y轴始终垂直向上，Z轴始终垂直于屏幕指向用户，如图1-43所示。

图1-42 更改参考坐标系

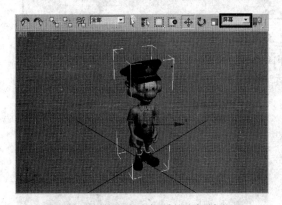
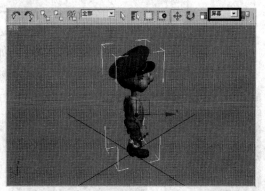

旋转视口前参考坐标系的坐标轴向 旋转视口后参考坐标系的坐标轴向

图1-43 屏幕参考坐标系

➢ **世界**：选中该选项时，使用世界坐标系作为参考坐标系。

> **视图：** 该参考坐标系混合了世界参考坐标系和屏幕参考坐标系。在前视图、顶视图、左视图等正交视图中，使用的是屏幕参考坐标系；而在透视视图等非正交视图中，使用的则是世界参考坐标系。系统默认使用该参考坐标系。

> **父对象：** 选中该选项时，使用选定对象父对象的局部坐标系作为参考坐标系（若选定对象未链接到其他对象，则使用世界坐标作为参考坐标系），如图 1-44 所示。

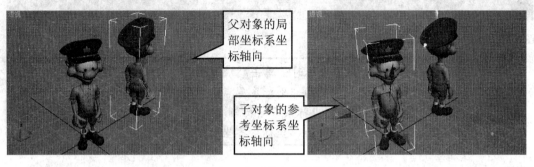

图 1-44　父对象参考坐标系

> **局部：** 选中该选项时，使用选定对象的局部坐标系作为参考坐标系。

> **栅格：** 选中该选项时，使用当前活动栅格的坐标系作为参考坐标系。若场景中没有栅格对象，则使用主栅格的坐标系作为参考坐标系。

默认情况下，场景中只有主栅格，没有栅格对象，用户可以利用"辅助对象"创建面板"标准"分类中的"栅格"按钮创建栅格对象。选择"视图" > "栅格" > "激活栅格对象"菜单，可以将选中的栅格对象设为活动栅格。

> **万向：** 将该参考坐标系与 Euler XYZ 旋转控制器配合使用时，若以 Y 轴为旋转轴进行旋转，Z 轴不会随 X 轴旋转，如图 1-45 所示。利用万向参考坐标系的这一特性制作对象的旋转动画时，生成的运动轨迹较少，编辑运动轨迹时更方便。

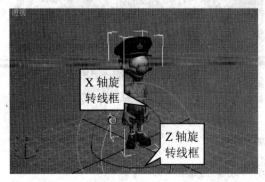
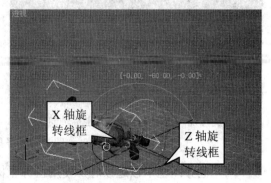

旋转前 X 轴和 Z 轴的角度　　　　　　　　旋转后 X 轴和 Z 轴的角度

图 1-45　万向参考坐标系

➢ **拾取**：选中该选项后，单击场景中的任意对象，即可将该对象的局部坐标系作为当前视口的参考坐标系，且对象名被添加到"参考坐标系"下拉列表中。

1.5 常用的对象操作

为了便于大家学习后面的内容，本节介绍一下使用 3ds Max 9 制作三维动画时，常用的一些对象操作。

1.5.1 选择对象——选择台球模型

选择对象是各种编辑操作的基础，例如，执行对象的移动、旋转、缩放等操作时，首先要选中对象。下面介绍一下选择对象的方法。

Step 01 打开本书配套光盘"素材与实例" > "第1章"文件夹中的"台球.max"文件，然后在顶视图中单击鼠标，即可选中一个台球（在正交视图中，选中对象以白色的网格线框显示；在透视视图中，选中对象的周围有方形边框，如图 1-46 所示）；若按住【Ctrl】键单击各台球，可选中多个台球。

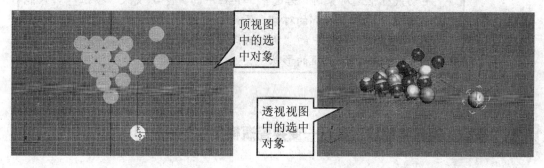

图 1-46 单击鼠标选择对象

Step 02 用鼠标在顶视图中拖出图 1-47 左图所示的选区，然后释放鼠标左键，可选中该选区的台球，如图 1-47 右图所示。

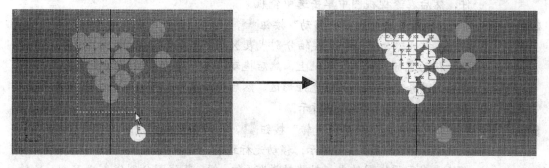

图 1-47 拖动鼠标框选对象

Step 03 单击工具栏中的"按名称选择"按钮，打开"选择对象"对话框；然后按住

【Ctrl】键，并用鼠标依次单击对话框中要选择对象的名称；最后，单击"选择"按钮，即可关闭"选择对象"对话框，并选中指定的对象，如图1-48所示。

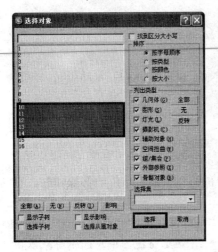

图1-48　使用"选择对象"对话框选择对象

　　拖动鼠标框选对象时，若选中工具栏中的"窗口/交叉"按钮 ，只能选择完全处于虚线框内部的对象；否则，虚线框触及的对象也会被选中。

　　另外，按住工具栏中的"矩形选择区域"按钮 不放，利用弹出的按钮列表可更改拖出虚线框的形状。

1.5.2　移动、旋转和缩放对象——变换瓷瓶模型

　　移动、旋转和缩放对象是创建模型时常用的操作，他们统称为变换操作。下面介绍一下这三种操作的具体实现方法。

Step 01　打开本书配套光盘"素材与实例">"第1章"文件夹中的"瓷瓶模型.max"文件，然后在透视视图中单击选中瓷瓶。

Step 02　单击工具栏中的"选择并移动"按钮 ，此时在瓷瓶中出现用于移动操作的变换轴（红、绿、蓝三条变换轴分别代表X轴、Y轴和Z轴），如图1-49左图所示；移动光标到某一变换轴上，然后拖动鼠标，即可沿该轴向移动瓷瓶（移动光标到两条变换轴间的黄色矩形区，然后拖动鼠标，可沿该矩形区所在平面移动瓷瓶），如图1-49右图所示。

Step 03　单击工具栏中的"选择并旋转"按钮 ，此时在瓷瓶中出现用于旋转操作的变换线圈，如图1-50左图所示；移动光标到某一变换线圈上，然后拖动鼠标，即可绕垂直于该线圈的坐标轴旋转瓷瓶（红、绿、蓝线圈分别代表绕X轴、Y轴、Z轴旋转；移动光标到旋转线圈内，然后拖动鼠标，可绕变换中心点任意旋转瓷瓶），如图1-50右图所示。

图 1-49 移动瓷瓶

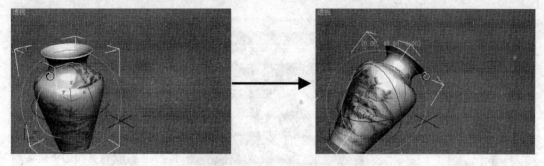

图 1-50 旋转瓷瓶

温馨提示

系统默认以所选对象的轴心点为变换中心旋转对象，按住工具栏中的"使用轴点中心"按钮🔘不放，利用弹出的按钮列表可以调整对象的变换中心。其中，选中"使用选择中心"按钮🔘表示以选中对象的中心点作为变换中心进行旋转；选中"使用变换坐标中心"按钮🔘表示以当前参考坐标系的原点作为变换中心进行旋转。

Step 04 单击工具栏中的"选择并均匀缩放"按钮🔘，此时在瓷瓶中出现用于缩放操作的变换线框，如图 1-51 左图所示；移动光标到变换线框的各轴上，然后拖动鼠标，即可沿相应的轴缩放瓷瓶，如图 1-51 右图所示（移动光标到两变换轴之间的梯形框中，然后拖动鼠标，可沿两变换轴同时缩放瓷瓶，且缩放量相同；移动光标到两变换轴之间的三角形中，然后拖动鼠标，可整体缩放瓷瓶）。

图 1-51 缩放瓷瓶

经验之谈

> 　　右击工具栏中的"选择并移动"按钮✛、"选择并旋转"按钮↻或"选择并均匀缩放"按钮▢，利用打开的变换输入对话框（如图 1-52 所示）可精确变换对象（在对话框中，"绝对"区中的编辑框用于显示和设置对象在参考坐标系中的位置、角度和相对于初始大小的缩放量；"偏移"区中的编辑框用于设置此次变换的变换量）。
> 　　为了避免变换线框影响变换操作，有时需隐藏变换线框（选择"视图" > "显示变换 Gizmo"菜单或按【X】键）。此时可利用轴约束工具栏中的工具约束变换操作，如图如图 1-53 所示。

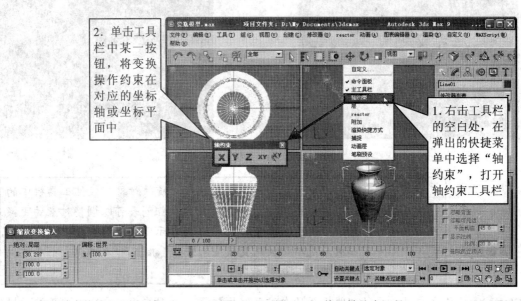

图 1-52　"缩放变换输入"对话框　　　　　　　　图 1-53　使用轴约束工具

1.5.3　对齐对象——对齐椅子和椅垫

　　使用工具栏中的"对齐"按钮◈，可以非常方便地将场景中的两个对象按照指定的方式对齐，具体操作如下。

Step 01 打开本书配套光盘"素材与实例" > "第 1 章"文件夹中的"椅子.max"文件，然后选中椅垫，如图 1-54 所示。

Step 02 单击工具栏中的"对齐"按钮◈，然后单击作为目标对象的椅子，打开"对齐当前选择"对话框，如图 1-55 所示。

Step 03 选中"对齐位置（世界）"区中的"X 位置"、"Y 位置"和"Z 位置"复选框，并选中"当前对象"和"目标对象"区中的"轴点"单选钮，然后单击"确定"按钮，即可将椅垫的轴点对齐到椅子的轴点，效果如图 1-56 所示。

图 1-54 场景效果　　图 1-55 "对齐当前选择"对话框　　图 1-56 对象对齐后的效果

　　除对齐对象的位置外，还可以利用"对齐当前选择"对话框"对齐方向"区中的参数对齐两个对象的局部坐标系，或利用"匹配比例"区中的参数匹配两个对象的缩放比例。

1.5.4 克隆对象——克隆风车、士兵、旅游鞋和直升机

克隆对象就是为对象创建副本对象。3ds Max 9 提供了多种克隆对象的方法，下面介绍常用的几种，具体如下。

1. 变换克隆

变换克隆是指通过移动、旋转或缩放操作创建对象的副本，即移动克隆、旋转克隆和缩放克隆。三种克隆的操作方法类似，下面以移动克隆为例做一下介绍。

Step 01 打开配套光盘"素材与实例"＞"第 1 章"文件夹中的"风车.max"文件。

Step 02 单击工具栏中的"选择并移动"按钮 ✛，然后在顶视图中选中风车模型，如图 1-57 左图所示。

Step 03 按住【Shift】键，然后按住鼠标左键向右拖动一定的距离；再释放鼠标左键，在弹出的"克隆选项"对话框中设置移动克隆的克隆模式、副本数和副本名称；最后，单击"确定"按钮，完成移动克隆，如图 1-57 中图和右图所示。克隆前后的效果如图 1-58 所示。

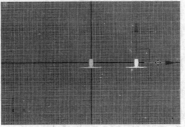

图 1-57 移动克隆风车模型

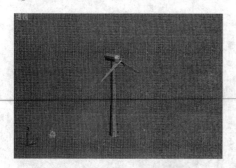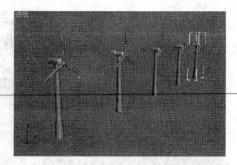

图 1-58 克隆前后的效果

　　3ds Max 9 提供了三种克隆模式，其中，"复制"表示副本对象与原对象无关联；"实例"表示副本对象与原对象相互关联，修改任何一方，另一方都会获得相同的修改；"参考"模式是单向关联，原对象能影响副本对象，但副本对象不会影响原对象。

2. 阵列克隆

　　利用"阵列"工具可以按一定顺序和形式创建当前所选对象的阵列。对象阵列可以是一维、二维或三维的，而且对象在阵列克隆的同时可以进行旋转和缩放，具体操作如下。

Step 01 打开本书配套光盘"素材与实例">"第1章"文件夹中的"士兵模型.max"文件，然后单击选中场景中的士兵模型，如图 1-59 所示。

Step 02 选择"工具">"阵列"菜单，打开"阵列"对话框。

Step 03 在"阵列变换"区中设置 X 轴的移动增量为"-50"（表示沿 X 轴的反方向进行克隆，对象间的间距为50），在"阵列维度"区中设置 1D 的数量为"3"（表示一维阵列中对象的数量为3），如图 1-60 所示。此时，单击"预览"按钮可观察到一维阵列克隆的效果，如图 1-61 所示。

图 1-59 场景效果

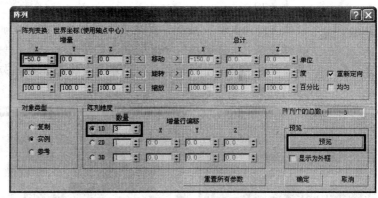

图 1-60 "阵列"对话框

Step 04 选中"阵列维度"区中的"2D"单选钮，并设置其数量为"6"，然后设置 Y 轴的增量行偏移值为"-50"（表示将一维阵列克隆获得的对象沿 Y 轴反方向再进行一次阵列克隆，间距为 50，行数为 6 ）；再在"对象类型"区中设置克隆模式为"实例"，如图 1-62 所示；最后，单击"确定"按钮，完成阵列克隆，效果如图 1-63 所示。

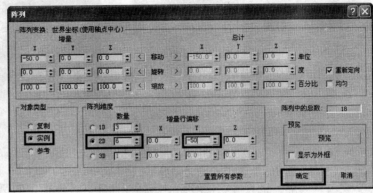

图 1-61　一维阵列克隆的效果　　　　　　图 1-62　设置二维阵列克隆的参数

一维阵列克隆有"增量"和"总计"两种克隆方式（单击"阵列"对话框中的 < 或 > 按钮可设置使用的是"增量"还是"总计"方式），使用"增量"方式时，系统沿指定轴，每间隔指定数值克隆一个对象；使用"总计"方式时，系统在指定的范围内等间隔地克隆出指定数量的对象。

3. 镜像克隆

镜像克隆常用于创建对称性对象，例如，要制作人体，只需制作出一半人体，然后利用镜像克隆制作出另一半即可。下面介绍一下镜像克隆的操作方法。

Step 01　打开本书配套光盘"素材与实例">"第 1 章"文件夹中的"旅游鞋.max"文件，然后单击选中场景中的旅游鞋模型，如图 1-64 所示。

图 1-63　阵列克隆的效果　　　　　　　　图 1-64　旅游鞋模型的效果

Step 02　选择"工具">"镜像"菜单，打开"镜像"对话框；然后在"镜像轴"区中设置镜像轴为 X 轴，偏移值为 - 150；再在"克隆当前选择"区中设置克隆模式为"实例"；最后，单击"确定"按钮，完成镜像克隆，如图 1-65 所示。

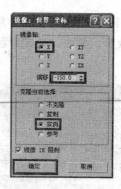
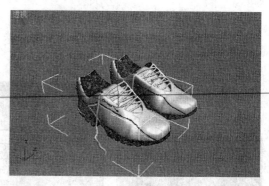

图1-65　镜像克隆

4. 间隔克隆

使用"间隔"工具可以使对象沿选择的曲线（或在指定的两点之间）进行克隆。下面介绍一下间隔克隆的具体操作。

Step 01 打开本书配套光盘"素材与实例" > "第1章"文件夹中的"直升机.max"文件，然后单击选中场景中的直升机模型，如图1-66左图所示。

Step 02 选择"工具" > "间隔工具"菜单，打开"间隔工具"对话框；然后在对话框中设置克隆的副本数为"5"，副本对象的分布方式为"均匀分隔，对象位于端点"，各副本对象间的前后关系为"中心"和"跟随"，克隆模式为"实例"，如图1-66中图和右图所示。

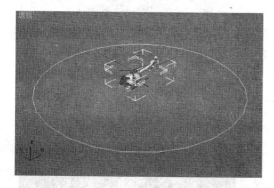

图1-66　间隔克隆（1）

在设置间隔克隆的参数时，利用"间隔工具"对话框中的"间距"、"始端偏移"和"末端偏移"编辑框，还可以指定副本对象的间距、始端副本对象偏离始端的距离和末端副本对象偏离末端的距离。

Step 03 单击对话框中的"拾取路径"按钮，然后单击场景中的圆，设置圆为间隔克隆的路径曲线；再单击"应用"按钮，完成间隔克隆，效果如图1-67右图所示。

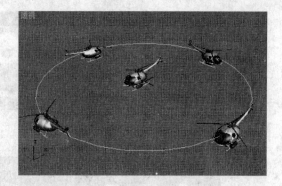

图 1-67 间隔克隆（2）

单击"间隔工具"对话框中的"拾取点"按钮，然后在视图区的不同位置单击鼠标两次，即可以这两个位置作为始端和末端，以两个位置间的直线作为路径进行间隔克隆。

利用对话框"前后关系"区中的参数可设置各副本对象间距的确定方式，"边"是以各对象边界框的相对边确定间距，"中心"是以各对象边界框的中心确定间距。选中"跟随"复选框时，各副本对象局部坐标的 X 轴始终与路径相切。

1.5.5 群组、隐藏和冻结对象

在建模的过程中，为了防止因不当操作造成对象发生变动，同时也为了方便操作其他对象，经常需要将已创建好的对象进行群组、隐藏或冻结。

1. 群组对象

群组对象是将多个对象组成一个群组，以后再进行操作时，是将该群组作为一个对象进行操作。群组对象的具体操作步骤如下。

Step 01 打开本书配套光盘"素材与实例">"第 1 章"文件夹中的"餐桌椅.max"文件，然后选中场景中的餐桌和餐椅。

Step 02 选择"组">"成组"菜单，打开"组"对话框；然后在"组"对话框的"组名"编辑框中输入群组的名称，再单击"确定"按钮，即可完成群组对象操作，如图 1-68 所示。

2. 冻结和隐藏对象

冻结对象是将对象变为无法选择的灰色（参见图 1-69），隐藏对象是将对象变为隐藏状态。冻结或隐藏对象后，任何操作都无法对其造成影响。

选中要冻结的对象，然后右击鼠标，从弹出的快捷菜单中选择"冻结当前选择"菜单项，即可冻结对象（参见图 1-70）；选择"全部解冻"菜单项，可解除对象的冻结状态。

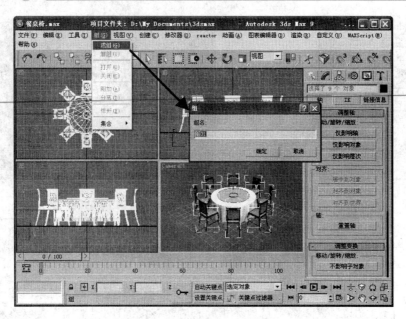

图 1-68　群组对象

图 1-69　冻结后的对象

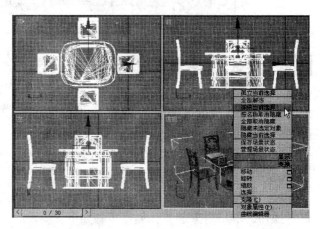

图 1-70　冻结对象

隐藏对象与冻结对象的操作类似，右击对象，从弹出的快捷菜单中选择"隐藏当前选择"菜单项，即可隐藏对象；选择"全部取消隐藏"菜单项，可取消所有隐藏对象的隐藏状态；选择"按名称取消隐藏"菜单项，可打开"取消隐藏对象"对话框，利用该对话框可取消指定对象的隐藏状态。

综合实例 2——创建战斗机编队

下面通过创建战斗机编队来练习前面学过的内容，包括：阵列克隆、变换克隆和视图调整等，图 1-71 所示为创建好的战斗机编队。

图 1-71 战斗机编队的效果

制作思路

创建时，先使用阵列克隆创建出一个战斗机编队，然后使用移动克隆再创建一个战斗机编队；最后，调整视图的观察效果，以观察战斗机编队。

制作步骤

Step 01 启动 3ds Max 9 后，选择"文件" > "打开"菜单，打开本书配套光盘"素材与实例" > "第 1 章"文件夹中的"战斗机模型.max"文件，如图 1-72 所示。场景效果如图 1-73 所示。

图 1-72 打开战斗机模型所在的场景文件

Step 02 选中战斗机模型，然后选择"工具" > "阵列"菜单，打开"阵列"对话框；参照图 1-74 所示设置阵列克隆的参数，然后单击"确定"按钮，进行阵列克隆。

Step 03 单击视图控制区的"所有视图最大化显示"按钮，最大化显示场景中的战斗机模型，效果如图 1-75 所示。

Step 04 单击视图控制区的"最大化视口切换"按钮，最大化显示透视视图；然后单击视图控制区的"缩放"按钮，并在透视视图中向上拖动鼠标，缩放透视视图，效果如图 1-76 所示。

图 1-73 场景效果

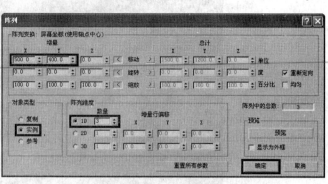

图 1-74 阵列克隆参数

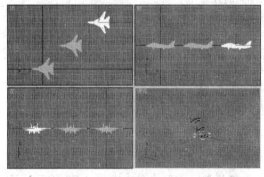

图 1-75 最大化显示场景中所有战斗机模型

图 1-76 缩放透视视图

Step 05　选中最初的战斗机模型，参照前述操作再进行一次阵列克隆，克隆的参数如图 1-77 左图所示。然后最大化显示场景中所有战斗机模型，并使用"缩放"按钮 🔍 缩放透视视图，效果如图 1-77 右图所示。

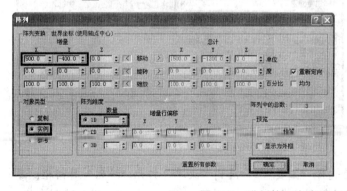

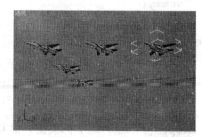

图 1-77 进行第二次阵列克隆

Step 06　右击透视视图的名称，从弹出的快捷菜单中选择"视图" > "前"菜单，将透视视图切换到前视图，如图 1-78 所示。

Step 07　按【Ctrl+A】组合键选中场景中的所有战斗机模型，然后单击工具栏中的"选择并移动"按钮 ✛。接下来，按住【Shift】键，并移动光标到变换线框的 Y

轴，然后向下拖动鼠标到适当位置，并释放左键，在弹出的"克隆选项"对话框中设置克隆的模式为"复制"，副本数为"1"；最后，单击"确定"按钮，完成移动克隆，如图 1-79 所示。

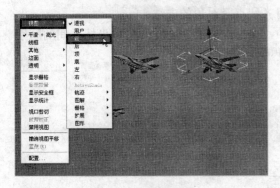
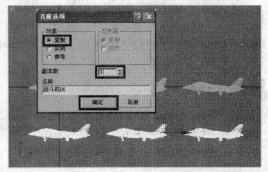

图 1-78　将透视视图切换为前视图　　　　图 1-79　移动克隆战斗机模型

Step 08 将光标移动到变换线框的 X 轴，然后向右拖动鼠标到适当位置，改变克隆出的战斗机模型的位置，如图 1-80 所示。

Step 09 参照前述操作，将前视图切换为透视视图，然后最大化显示所有战斗机模型，并缩放透视视图；再单击视图控制区的"平移视图"按钮，然后在透视视图中拖动鼠标，平移透视视图，效果如图 1-81 所示。

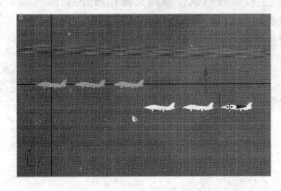

图 1-80　调整战斗机模型的位置　　　　图 1-81　调整透视视图

实例点评

　　　本实例主要利用了对象的阵列克隆、变换克隆、变换操作等创建战斗机编队。在操作过程中，关键是利用阵列克隆和变换克隆创建战斗机编队；另外，要注意调整视图的观察效果。

本章小结

本章主要介绍了 3ds Max 的一些基础知识。在学习的过程中：

➢ 要了解 3ds Max 的应用领域，以及使用 3ds Max 制作动画的流程。

➢ 对 3ds Max 的工作界面要有一个总体印象，知道各部分的作用。

➢ 要学会创建、合并和保存场景文件。

➢ 对 3ds Max 的视图类型和视图显示方式要有一个大致的了解，知道如何切换视图类型和视图显示方式。

➢ 要掌握选择、移动、旋转、缩放、对齐和克隆对象的方法。

本章的一个难点是坐标系。在学习过程中，要仔细琢磨 3ds Max 三种坐标系间的区别和联系，知道各种坐标系的作用，以及何时使用何种坐标系。

思考与练习

一、填空题

1．3ds Max 的应用领域主要集中在_____、_____、_____和_____几大方面。

2．使用 3ds Max 制作动画的流程通常分为_____、_____、_____、_____和_____五步。

3．选择"____">"_____">"Autodesk">"Autodesk 3ds Max 9"菜单，启动 3ds Max 9，即可创建一个全新的场景文件；另外，选择 3ds Max 9 菜单栏中的"_____">"_____"菜单也可以创建一个全新的场景文件。

4．对象的变换操作包括_____、_____、_____三种操作。

5．使用工具栏中的_____和_____按钮可以执行镜像克隆和对齐操作。

6．选中对象后，右击鼠标，从弹出的快捷菜单中选择_____菜单项可以冻结当前对象，选择_____菜单项可以隐藏当前对象。

二、选择题

1．在 3ds Max 的工作界面中，_____提供了一组常用的工具按钮，通过这些工具按钮可以快速执行命令，从而提高设计效率。

    A．工具栏   B．标题栏   C．菜单栏   D．时间和动画控件

2．在 3ds Max 9 的各类视图中，_____显示了当前视口的实时渲染效果，主要用于观察场景中材质和灯光的调整效果。

    A．标准视图   B．摄影机视图   C．实时渲染视图   D．图解视图

3．下列对象操作中，_____不属于变换操作。

    A．移动操作   B．旋转操作   C．缩放操作   D．隐藏操作

4．使用_____参考坐标系时，在正交视图中是以屏幕坐标系变换对象，在非正交视图中是以世界坐标系变换对象。

    A．万向   B．视图   C．栅格   D．父对象

5．下列克隆对象的方法中，_____不能等间隔的克隆多个对象。

    A．变换克隆   B．镜像克隆   C．阵列克隆   D．间隔克隆

三、操作题

打开本书配套光盘"素材与实例">"第1章"文件夹中的"donkey.max"文件，场景效果如图 1-82 所示，然后利用本章所学知识制作出图 1-83 所示效果。

图 1-82　场景效果

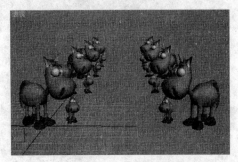

图 1-83　操作完成后的效果

提示：

（1）通过移动克隆创建一个驴子模型的副本。

（2）将副本对象均匀缩放到原大小的 45%，并绕 Z 轴旋转 -35°，然后调整其位置，作为驴子模型旁边的小驴子模型。

（3）群组场景中的两个驴子模型，然后沿 X 轴进行移动克隆，创建出 4 个副本群组。

（4）选中所有的群组，然后进行镜像克隆。

（5）调整透视视图的观察效果。

第 2 章
创建和编辑二维图形

本章内容提要

- 创建二维图形 36
- 编辑二维图形 50

章前导读

　　二维图形是创建三维模型的基础，创建好三维模型的截面图形，然后利用二维图形修改器或放样工具处理二维图形，即可获得所需的三维模型。

　　在 3ds Max 9 中，二维图形可分为基本二维图形和复杂二维图形。基本二维图形是指使用工具按钮直接创建的二维图形，像线、圆、多边形、星形等；复杂二维图形是指通过编辑调整基本二维图形获得的较为复杂的图形。

2.1　创建二维图形

　　在"图形"创建面板的"样条线"和"扩展样条线"分类中，3ds Max 9 为用户提供了一些二维图形创建按钮，利用这些按钮可以创建各种基本且常用的二维图形。

2.1.1　创建线

　　利用"图形"创建面板"样条线"分类中的"线"按钮可以创建直线、曲线及一些由一条线构成的稍复杂的二维图形，下面介绍一下其使用方法。

Step 01　单击"图形"创建面板"样条线"分类中的"线"按钮，在打开的"创建方法"卷展栏中设置线的初始类型为"角点"，拖动类型为"Bezier"，如图 2-1 左图和中图所示。

Step 02　在顶视图中图 2-1 右图①所示位置单击鼠标，确定曲线的起始点；然后移动鼠标到图 2-1 右图②所示位置并单击，确定曲线中第二个顶点的位置，此时在起始点和第二个顶点间是一条直线段。

Step 03　移动光标到图 2-1 右图③所示位置，然后单击并拖动鼠标，确定曲线第三个顶点的位置，并调整曲线在该顶点处的曲率；调整好曲率后释放鼠标左键，完成第三个顶点的创建。此时在第二个顶点和第三个顶点间是一条曲线。

Step 04　移动鼠标到图 2-1 右图④所示位置并单击，确定曲线结束点的位置，完成曲线的创建。最后，连续右击鼠标，退出线创建模式。

  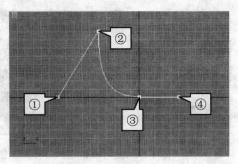

图 2-1　创建线

在确定曲线中顶点的位置时，若按住【Shift】键，新建顶点将与前一顶点在水平或垂直方向上对齐。

在线的"创建方法"卷展栏中，"初始类型"区中的参数用于设置单击鼠标所建顶点的类型；"拖动类型"区中的参数用于设置拖动鼠标所建顶点的类型。不同类型的顶点具有不同的特点，具体如下（图 2-2 所示为各类顶点的效果）：

角点：该类型顶点的两侧可均为直线段，或一侧为直线段、一侧为曲线段；

平滑：该类型顶点的两侧为平滑的曲线段；

Bezier：该类型顶点的两侧有两个始终处于同一直线上，且长度相等、方向相反的控制柄，利用这两个控制柄可以调整顶点处曲线的形状。

此外，二维图形中还有**"Bezier 角点"**型的顶点。该类顶点的两侧也有两个控制柄，不同的是，这两个控制柄是相互独立的，用户可分别调整其方向和长度，以调整顶点两侧曲线的形状。

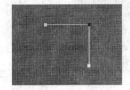 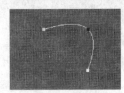 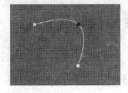 

角点型顶点　　　　平滑型顶点　　　　Bezier 型顶点　　　　Bezier 角点型顶点

图 2-2　二维图形顶点的类型

创建完曲线后，利用"名称和颜色"、"渲染"、"插值"等卷展栏（单击命令面板的"修改"标签，打开"修改"面板，也可看到这些卷展栏）中的参数可设置曲线的名称、颜色、渲染效果等。具体如下。

> **名称和颜色：**该卷展栏中的参数用于设置曲线的名称和颜色，如图 2-3 所示。
> **插值：**如图 2-4 所示，该卷展栏中的参数主要用于设置曲线中相邻顶点间线段的步数，以调整曲线的平滑度（步数越大，曲线越平滑）。

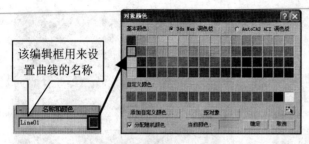

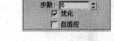

图 2-3 "名称和颜色"卷展栏和"对象颜色"对话框   图 2-4 "插值"卷展栏

> 选中"插值"卷展栏中的"优化"复选框时，曲线中角点型顶点间线段的步数为 0；选中"自适应"复选框时，系统会根据曲线中线段的曲率自动设置各线段的步数。

> **渲染：**该卷展栏中的参数用于设置曲线在渲染图像和视口中的显示效果（参见图 2-5）。

渲染时将曲线渲染为三维对象，否则曲线不被渲染

在视口中将曲线显示为三维对象

将三维曲线的截面图形设为圆形，利用下方的参数可调整截面圆的效果

将三维曲线的截面图形设为矩形，利用下方的参数可调整截面矩形的效果

平滑处理三维曲线的表面（阈值越大越平滑）

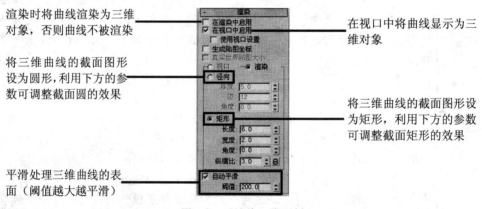

图 2-5 "渲染"卷展栏

2.1.2 创建矩形、多边形和星形

利用"图形"创建面板"样条线"分类中的"矩形"、"多边形"和"星形"按钮可分别创建矩形、多边形和星形，具体如下。

1. 矩形

Step 01 单击"图形"创建面板的"矩形"按钮，在打开的"创建方法"卷展栏中设置矩形的创建方法（"边"表示从矩形的一角开始创建，"中心"表示从矩形的中

心点开始创建），如图 2-6 左图和中图所示。

Step 02 在顶视图中单击并拖动鼠标，到适当位置后释放鼠标左键，以确定矩形的长度
和宽度，至此就完成了矩形的创建，如图 2-6 右图所示。右击鼠标可退出矩形
的创建模式。

创建矩形时，若按住【Ctrl】键，创建的将是一个正方形。

在调整矩形的参数时，利用"参数"卷展栏中的"角半径"编辑框可
设置矩形的圆角半径（即使直角矩形变为圆角矩形，如图 2-7 所示）。

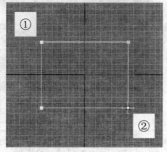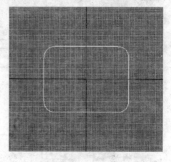

图 2-6 创建矩形 图 2-7 圆角矩形的效果

2. 多边形

利用"图形"创建面板"样条线"分类中的"多边形"按钮可以创建多边形，其创建
方法与矩形类似，如图 2-8 所示。

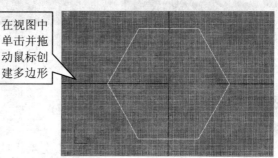

在视图中
单击并拖
动鼠标创
建多边形

图 2-8 创建多边形

利用多边形"参数"卷展栏中的参数可以设置多边形的半径、边数和角半径等值。需
要注意的是，当选中"内接"单选钮时，多边形的半径值为中心点到各边的距离（即多边
形内切圆的半径）；选中"外接"单选钮时，多边形的半径值为中心点到各角点的距离（即
多边形外接圆的半径）。另外，选中"圆形"复选框时，多边形将变为圆形。

3. 星形

Step 01 单击"图形"创建面板"样条线"分类中的"星形"按钮，在打开的"参数"

卷展栏中设置 "点" 编辑框的值（即星形的角数），如图 2-9 左侧两图所示。

Step 02 在任一视图中单击并拖动鼠标，到适当位置后释放鼠标左键，确定星形一组角点的位置（即 "半径 1" 的大小），如图 2-9 中图所示。

Step 03 向星形内部移动鼠标，到适当位置后单击，确定星形另一组角点的位置（即 "半径 2" 的大小），完成星形创建，其效果如图 2-9 右图所示。

 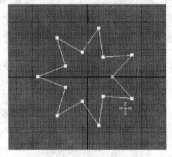 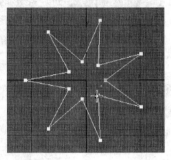

图 2-9 创建星形

 利用星形 "参数" 卷展栏中的参数可以设置星形的角数、内外角点的圆角半径和内角点的扭曲度等，如图 2-10 所示。

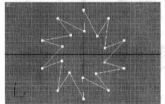 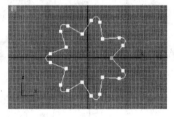 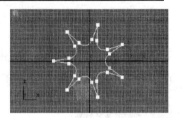

扭曲值为－20 时的效果　　圆角半径 1 为 30 时的效果　　圆角半径 2 为 30 时的效果

图 2-10 修改星形的扭曲和圆角半径

2.1.3 创建圆、椭圆、圆弧和圆环

利用 "图形" 创建面板 "样条线" 分类中的 "圆"、"椭圆"、"圆弧" 和 "圆环" 按钮可分别创建圆、椭圆、圆弧和圆环，具体如下。

1. 圆

Step 01 单击 "图形" 创建面板 "样条线" 分类中的 "圆" 按钮，然后在打开的 "创建方法" 卷展栏中设置圆的创建方法（"边" 表示从一侧开始创建，"中心" 表示从圆心开始创建，默认为 "中心"），如图 2-11 左图和中图所示。

Step 02 在顶视图中单击并拖动鼠标，到适当位置后释放鼠标左键，确定圆的半径，即可创建一个圆，如图 2-11 右图所示。

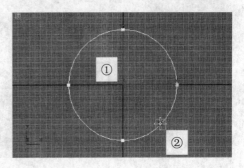

图 2-11　创建圆

2. 椭圆

利用"图形"创建面板"样条线"分类中的"椭圆"按钮，可以创建椭圆。其创建方法与矩形类似，如图 2-12 所示。

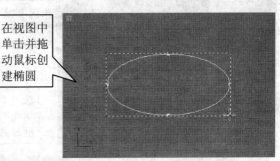

在视图中单击并拖动鼠标创建椭圆

图 2-12　创建椭圆

> 图 2-12 右图中的虚线框表示鼠标拖出的矩形框，创建时不会出现。创建好椭圆后，利用"参数"卷展栏中的"长度"和"宽度"编辑框可分别设置椭圆的长度（椭圆垂直方向的直径）和宽度（椭圆水平方向的直径）。

3. 圆弧

Step 01　单击"图形"创建面板"样条线"分类中的"弧"按钮，在打开的"创建方法"卷展栏中设置圆弧的创建方法为"端点-端点-中央"，如图 2-13 左侧两图所示。

Step 02　在顶视图中单击并拖动鼠标，到适当位置后释放鼠标左键，确定圆弧起始点和结束点的位置，如图 2-13 中图所示。

Step 03　向上移动鼠标，到适当位置后单击鼠标左键，确定圆弧圆心的位置（即圆弧的半径）。至此就完成了圆弧的创建，如图 2-13 右图所示。

> 若使用"中间-端点-端点"方式创建圆弧，应先单击并拖动鼠标，确定圆弧圆心和起始点的位置，然后移动鼠标到适当位置单击，确定圆弧结束点的位置。

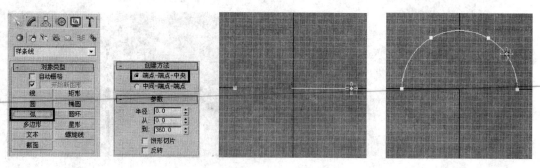

图 2-13　创建圆弧

在圆弧的"参数"卷展栏中，"从"和"到"编辑框分别用于设置圆弧起始点和结束点所在位置的角度；选中"饼形切片"复选框，可以将圆弧变为起始点、结束点均与圆心相连的扇形曲线，如图 2-14 所示。

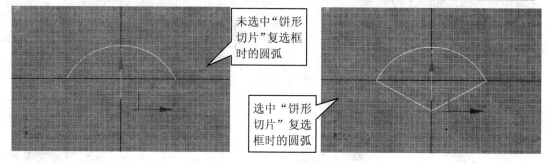

图 2-14　"饼形切片"复选框的作用

4.　圆环

圆环是由两个同心圆组成的二维图形，其创建过程也是依次创建两个圆，具体如下。

Step 01　单击"图形"创建面板"样条线"分类中的"圆环"按钮，在打开的"创建方法"卷展栏中设置圆环的创建方法为"中心"，如图 2-15 左侧两图所示。

Step 02　在顶视图中单击并拖动鼠标，到适当位置后释放左键，确定第一个圆的半径（即圆环半径 1 的大小）。

Step 03　继续移动鼠标，到适当位置后单击，确定第二个圆的半径（即圆环半径 2 的大小），至此就完成了圆环的创建，如图 2-15 右图所示。

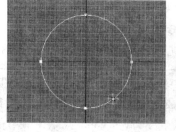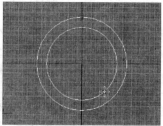

图 2-15　创建圆环

2.1.4 创建文本

利用"图形"创建面板"样条线"分类中的"文本"按钮，可以创建一些文字的轮廓图形。具体操作如下。

Step 01 单击"图形"创建面板"样条线"分类中的"文本"按钮，打开文本的"参数"卷展栏，如图 2-16 左图所示。

Step 02 在文本的"参数"卷展栏中设置要创建文本的字体（默认为宋体）、字型（倾斜或加下划线）、对齐方式、大小（默认为 100）、字间距和行间距，然后在"文本"编辑框中输入文本（例如"文本图形"），如图 2-16 中图所示。

Step 03 在视图中要创建文本的位置单击鼠标，即可创建一个文本，新创建的文本如图 2-16 右图所示。

  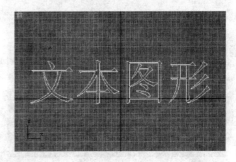

图 2-16 创建文本

 在调整文本的参数时，默认情况下系统会自动更新视图中的文本；若选中"参数"卷展栏中的"手动更新"复选框，则只有单击"更新"按钮时，系统才会更新视图中的文本。

2.1.5 创建其他二维图形

除前面介绍的几种基本二维图形外，使用"图形"创建面板"样条线"分类中的按钮还能创建螺旋线和截面。另外，利用"扩展样条线"分类中的按钮还可以创建一些建筑中常用的二维图形，下面就来简单介绍。

1. 螺旋线

螺旋线是"图形"创建面板提供的图形中唯一具有三维特性的图形，其创建方法如下。

Step 01 单击"图形"创建面板"样条线"分类中的"螺旋线"按钮，并在打开的"参数"卷展栏中设置螺旋线的圈数（在此设为 5），如图 2-17 所示。

Step 02 在透视视图中单击并拖动鼠标，到适当位置后释放鼠标左键，确定螺旋线底部线圈的半径（即"半径 1"的大小），如图 2-18 所示。

  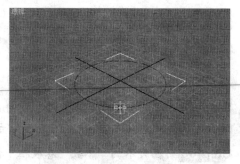

图 2-17　设置螺旋线的圈数　　　　　　　　　图 2-18　设置螺旋线底部的半径

Step 03 　移动鼠标到适当位置并单击，确定螺旋线的高度，如图 2-19 所示。

Step 04 　再次移动鼠标，到适当位置后单击，确定螺旋线顶部线圈的半径（即"半径 2"的大小），如图 2-20 所示，至此就完成了螺旋线的创建。

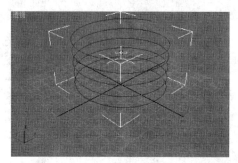 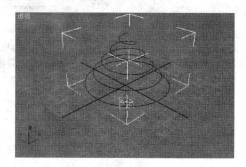

图 2-19　设置螺旋线的高度　　　　　　　　　图 2-20　设置螺旋线顶部的半径

　　在螺旋线的"参数"卷展栏中，调整"偏移"编辑框的值（取值范围为 -1.0～1.0）可令螺旋线的线圈向底部或顶部聚集；利用"顺时针"或"逆时针"单选钮可设置螺旋线的旋转方向。

2. 截面

　　使用"图形"创建面板"样条线"分类中的"截面"按钮，可以为已存在的三维模型创建截面图形，具体操作如下。

Step 01 　打开本书配套光盘"素材与实例" > "第 2 章"文件夹中的"TinaCat.max"文件，场景效果如图 2-21 所示。

Step 02 　单击"图形"创建面板"样条线"分类中的"截面"按钮，然后在前视图中单击并拖动鼠标，创建一个覆盖猫咪模型的截面，如图 2-22 所示。

Step 03 　在顶视图中调整截面的位置，然后单击"截面参数"卷展栏中的"创建图形"按钮，在弹出的"命名截面图形"对话框中输入截面图形的名称，然后单击"确定"按钮，完成猫咪截面图形的创建，如图 2-23 所示。

Step 04 　按住【Ctrl】键单击，选中猫咪模型和截面，然后按【Delete】键删除猫咪模型和截面，此时在视图中就留下了猫咪的截面图形，如图 2-24 所示。

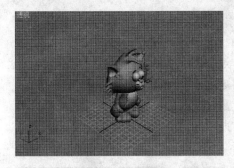

图 2-21 场景效果

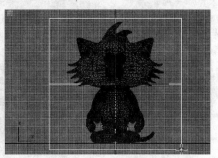

图 2-22 在前视图中创建一个截面

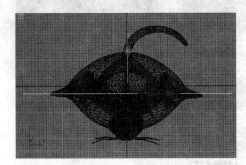

图 2-23 创建对象的截面图形

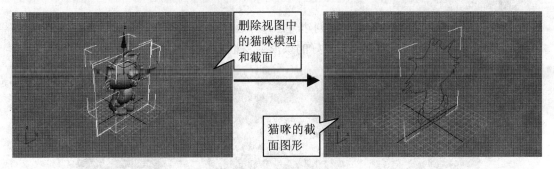

图 2-24 删除前后对比图

3. 扩展样条线

在"图形"创建面板的"扩展样条线"分类中，3ds Max 9 为用户提供了一些扩展样条线创建按钮，用于创建各种墙壁（例如，矩形墙、"C"形墙、"L"形墙、"T"形墙、"I"形墙等）的截面图形，如图 2-25 所示。

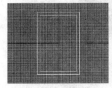

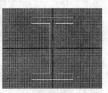

墙矩形　　　　　通道　　　　　　角度　　　　　　T 形　　　　　宽法兰

图 2-25 各种扩展样条线的效果

由于各扩展样条线的创建方法类似，下面以创建矩形墙的截面图形——"墙矩形"为例，做一下具体介绍。

Step 01 单击"图形"创建面板"扩展样条线"分类中的"墙矩形"按钮，然后在打开的"创建方法"卷展栏中设置墙矩形的创建方法，如图 2-26 左侧两图所示。

Step 02 在任一视图中单击并拖动鼠标，到适当位置后释放鼠标左键，确定墙矩形的长度和宽度；然后移动鼠标到适当位置并单击，确定墙矩形的厚度，至此就完成了墙矩形的创建，如图 2-26 右侧两图所示。

  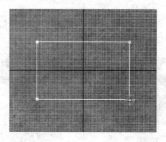 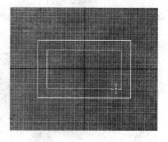

图 2-26 创建墙矩形

综合实例 1——创建拱形窗的窗框

前面介绍了各种基本二维图形的创建方法，下面以创建拱形窗的窗框为例，练习一下前面学习的知识。图 2-27 所示为创建好的拱形窗窗框。

图 2-27 拱形窗窗框的效果

制作思路

创建时，首先使用"线"和"弧"工具创建一条折线和一条圆弧，并调整二者的位置和渲染参数，制作拱形窗的主框架；然后利用"线"和"矩形"工具创建一条直线和一个矩形，并利用旋转克隆和移动克隆再复制出 7 条直线、一个矩形和一条圆弧；最后，调整新建线、矩形、圆弧的位置和渲染参数，完成拱形窗窗框的制作。

制作步骤

Step 01　单击"创建"面板中的"图形"按钮 ，打开"图形"创建面板；然后单击"样条线"分类中的"线"按钮，在打开的"创建方法"卷展栏中设置线的初始类型为"角点"；再在前视图中图 2-28 右图所示位置依次单击，创建一条折线。

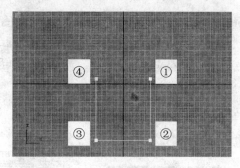

图 2-28　创建一条折线

Step 02　单击命令面板中的"修改"标签 ，打开"修改"面板；然后参照图 2-29 中图所示调整"渲染"卷展栏的参数，使折线在渲染图像和视口中以三维方式显示，效果如图 2-29 右图所示。

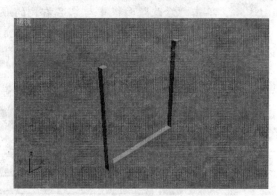

图 2-29　使折线在渲染图像和视口中以三维方式显示

Step 03　单击命令面板中的"创建"标签 ，返回"图形"创建面板，然后单击"样条线"分类中的"弧"按钮，在打开的"创建方法"卷展栏中设置弧的创建方法为"端点-端点-中央"，如图 2-30 左侧两图所示。

Step 04　在前视图中单击并拖动鼠标，到适当位置后释放左键，确定圆弧起始点和结束点的位置；然后向上移动鼠标到适当位置并单击，确定圆弧圆心的位置，如图 2-30 右侧两图所示。至此就完成了圆弧的创建。

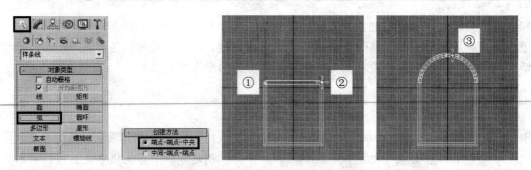

图 2-30 创建一条圆弧

Step 05 打开"修改"面板，在"插值"卷展栏中设置圆弧的步数为"6"，以调整其平滑度；然后在"参数"卷展栏中设置圆弧的半径为"50"，开始点和结束点为从 0°到 180°，并选中"饼形切片"复选框，如图 2-31 所示。

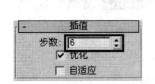
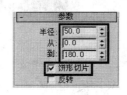
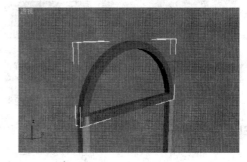

图 2-31 调整圆弧的平滑度和参数

Step 06 单击"修改"面板中对象名右侧的颜色框，在打开的"对象颜色"对话框中为圆弧指定另一种颜色，然后单击"确定"按钮，更改圆弧颜色，如图 2-32 所示。

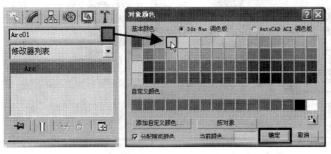
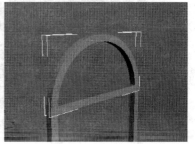

图 2-32 更改圆弧的颜色

Step 07 返回"图形"创建面板，单击"样条线"分类中的"矩形"按钮，在打开的"创建方法"卷展栏中设置矩形的创建方法为"边"，然后在前视图中图 2-33 所示位置单击并拖动鼠标，到适当位置后释放左键，创建一个矩形。

Step 08 打开"修改"面板，参照图 2-34 左图和中图所示调整矩形"渲染"和"参数"卷展栏中的参数，此时矩形的效果如图 2-34 右图所示。

Step 09 选中"Step07"创建的矩形，然后利用移动克隆再复制出一个矩形，并调整其位置，效果如图 2-35 所示。

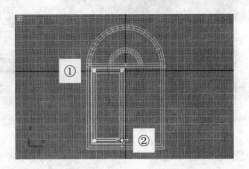

图 2-33　创建一个矩形

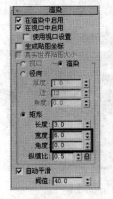

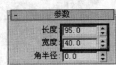

图 2-34　调整矩形的参数

Step 10 选中"Step03"创建的圆弧，然后利用移动克隆再复制出一条圆弧，并参照图 2-36 左图所示调整其参数，再调整新建圆弧的位置，效果如图 2-36 右图所示。

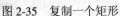

图 2-35　复制一个矩形

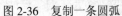

图 2-36　复制一条圆弧

Step 11 参照"Step01"所述操作，在前视图中创建一条直线，如图 2-37 左图所示；然后单击"层次"标签 ，打开"层次"面板，再单击"轴"选项卡中的"仅影响轴"按钮，开启局部坐标调整模式；接下来，在前视图中沿 X 轴调整直线轴点的位置，使其位于前视图中纵向的黑粗栅格线上，如图 2-37 右图所示。

Step 12 单击"层次"面板的"仅影响轴"按钮，退出局部坐标调整模式；然后在前视图中将直线绕 Y 轴旋转 20°；接下来，利用旋转克隆再复制出 7 条直线，各直线间相隔 20°，克隆模式为"实例"，最终效果如图 2-38 所示。

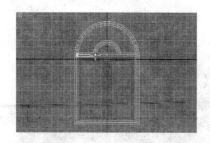

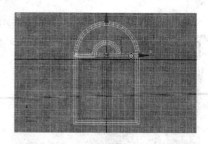

图 2-37　创建一条直线并调整其轴点位置

Step 13　选中任一直线，参照图 2-39 左图所示调整其渲染参数，效果如图 2-39 右图所示。至此就完成了拱形窗窗框的创建，效果如图 2-27 所示。

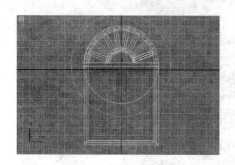

图 2-38　调整直线的角度并进行旋转克隆　　　　图 2-39　调整直线的渲染参数

　　　本实例主要使用"图形"创建面板的"线"、"矩形"和"弧"工具创建折线、直线、矩形和弧，然后调整各二维图形的参数和位置，以创建拱形窗的窗框。

　　　创建过程中，关键要学会线、矩形、圆弧等二维图形的创建方法；另外，要知道如何使二维图形以三维方式在视口和渲染图像中显示。

2.2　编辑二维图形

　　使用"图形"创建面板中的按钮创建的基本二维图形往往不符合建模要求，还需要进行编辑调整。下面为读者介绍一些编辑二维图形时常用的操作。

2.2.1　转换可编辑样条线

　　编辑二维图形前，首先要将图形转换为可编辑样条线，然后才能调整图形的顶点和线段。将图形转换为可编辑样条线的方法有两种，具体如下：

　　➤　**利用对象的右键快捷菜单：** 如图 2-40 所示，右击"修改"面板中曲线的名称，从弹出的快捷菜单中选择"转换为可编辑样条线"菜单项即可。利用该方法转换可编辑样条线，会删除曲线原来的参数，不能再通过修改参数来调整曲线。

➢ **利用"编辑样条线"修改器**：如图 2-41 所示，单击"修改"面板中的"修改器列表"下拉列表框，从弹出的下拉列表中选择"编辑样条线"项即可。该方法不会删除曲线原有的参数，但不能将曲线形状的变化记录为动画的关键帧。

图 2-40　利用对象的右键快捷菜单　　　　　　图 2-41　利用"编辑样条线"修改器

2.2.2 合并图形

复杂二维图形通常由多个基本二维图形构成，利用可编辑样条线的"附加"操作可以将多个二维图形合并到同一可编辑样条线中，具体操作如下。

Step 01 打开本书配套光盘"素材与实例" > "第 2 章"文件夹中的"合并图形.max"文件，场景中已创建了三个二维图形，如图 2-42 左图所示。

Step 02 选中二维图形中任一可编辑样条线，然后单击"修改"面板"几何体"卷展栏中的"附加多个"按钮，打开"附加多个"对话框，如图 2-42 中图所示。

Step 03 在"附加多个"对话框中选中要合并的二维图形的名称，然后单击"附加"按钮，即可将指定的二维图形合并到当前可编辑样条线中，如图 2-42 右图所示。

> 在合并图形时需要注意，若选中"附加多个"按钮右侧的"重定向"复选框，在执行合并操作时，系统会自动调整二维图形的方向和位置，使其局部坐标与轴可编辑样条线的局部坐标轴对齐，如图 2-43 所示。

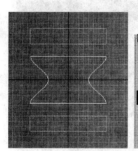

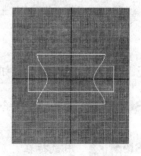

图 2-42　附加二维图形　　　　　　　　　　图 2-43　重定向合并效果

单击选中"几何体"卷展栏中的"附加"按钮，然后单击要合并的二维图形，也可将其合并到当前可编辑样条线中。该方法适于合并单个图形或容易选取的图形。

2.2.3 闭合曲线

闭合曲线就是将可编辑样条线中非闭合样条线的两端用线段连接起来，使其成为闭合样条线。闭合曲线的方法有多种，下面介绍两种常用的闭合曲线的方法。

非闭合样条线是指首端点和尾端点为不同顶点的样条线；闭合样条线是指首尾相连，且首端点和尾端点为同一顶点的样条线。

1. 使用"闭合"按钮闭合曲线

Step 01 打开本书配套光盘"素材与实例">"第 2 章"文件夹中的"非闭合曲线.max"文件，场景中的可编辑样条线包含两条非闭合样条线，如图 2-44 左图所示。

读者也可自己创建非闭合样条线，操作过程为：先创建一个矩形和一个椭圆，然后将二者合并到同一可编辑样条线中；再设置可编辑样条线的修改对象为"线段"，并选中矩形和椭圆中任一线段；接下来，按【Delete】键删除选中线段即可。

Step 02 设置可编辑样条线的修改对象为"样条线"，并选中左侧的折线，然后单击"几何体"卷展栏中的"闭合"按钮，即可将当前非闭合样条线的两端用一条线段连接起来，使其成为闭合样条线，如图 2-44 右图所示。

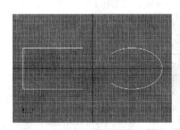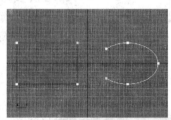

图 2-44 使用"闭合"按钮闭合曲线

2. 使用"连接"按钮闭合曲线

Step 01 设置"非闭合曲线.max"文件中可编辑样条线的修改对象为"顶点"，然后单击"几何体"卷展栏中的"连接"按钮，如图 2-45 左图所示。

Step 02 用鼠标在可编辑样条线中右侧非闭合样条线的两端点间拖出一条直线，即可将样条线两端点用一条直线段连接起来，使样条线闭合，如图 2-45 右图所示。

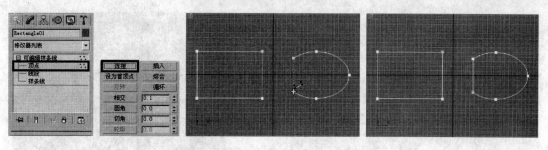

图 2-45 使用"连接"按钮闭合曲线

2.2.4 插入顶点

编辑二维图形时,可以根据需要为二维图形插入顶点,下面介绍几种插入顶点的方法。

1. 使用"插入"按钮插入顶点

该方法可在插入顶点的同时调整样条线的形状,具体操作如下。

Step 01　创建一个矩形并转换为可编辑样条线,然后单击"修改"面板"几何体"卷展栏中的"插入"按钮,再在可编辑样条线上单击鼠标,此时光标变为图 2-46中图所示形状。

Step 02　移动光标调整插入顶点的位置,然后单击鼠标左键,即可在该位置插入一个角点型的顶点,如图 2-46 右图所示;继续移动鼠标并单击,可插入更多顶点(按【Esc】键或右击鼠标可结束插入顶点操作)。

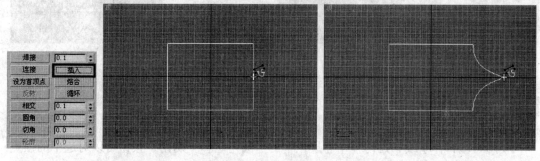

图 2-46 使用"插入"按钮插入顶点

2. 使用"优化"按钮插入顶点

该方法可以在样条线的任意位置插入顶点,且不改变样条线的形状,具体操作如下。

Step 01　设置可编辑样条线的修改对象为"顶点",如图 2-47 左图所示。

Step 02　单击"几何体"卷展栏中的"优化"按钮,然后在要插入顶点的位置单击鼠标即可插入一个新顶点,如图 2-47 中图和右图所示(按【Esc】键或单击鼠标右键可结束插入顶点操作)。

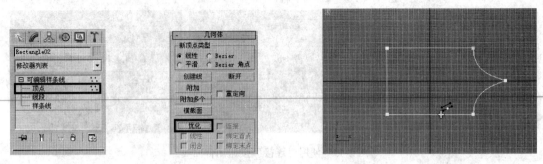

图 2-47 使用"优化"按钮插入顶点

3. 通过"拆分"线段插入顶点

该方法通过等距离拆分选中的线段来插入指定数量的顶点，具体操作如下。

Step 01 设置可编辑样条线的修改对象为"线段"，然后单击选中要进行拆分的线段，如图 2-48 左侧两图所示。

Step 02 在"几何体"卷展栏中"拆分"按钮右侧的编辑框中设置插入的顶点数，然后单击"拆分"按钮，即可完成线段的拆分操作，如图 2-48 右侧两图所示（当插入的顶点数设为 N 时，线段将被拆分为 N+1 段）。

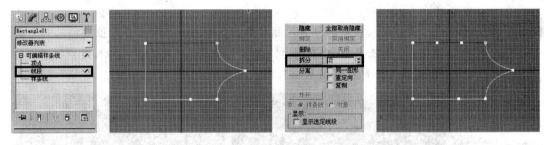

图 2-48 通过拆分线段插入顶点

2.2.5 圆角/切角处理

使用可编辑样条线"几何体"卷展栏中的"圆角"和"切角"按钮可以对选中的顶点进行圆角和切角处理。二者的操作方法类似，下面以顶点的圆角处理为例，进行介绍。

Step 01 创建一个矩形并转换为可编辑样条线，然后设置其修改对象为"顶点"，再单击选中"几何体"卷展栏中的"圆角"按钮，如图 2-49 左侧两图所示。

Step 02 选中矩形左侧的两个顶点，然后移动光标到任一选中顶点上，再单击并拖动鼠标，即可对选中顶点进行圆角处理，如图 2-49 右侧两图所示。

在对顶点进行圆角或切角处理时，利用"圆角"按钮或"切角"按钮右侧的编辑框可以精确设置圆角或切角的大小。

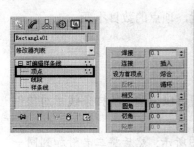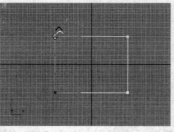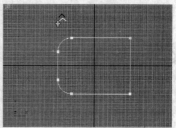

图 2-49　顶点的圆角处理

2.2.6　焊接和熔合顶点

利用可编辑样条线"几何体"卷展栏中的"焊接"和"熔合"按钮可分别对顶点进行焊接和熔合处理。

1. 焊接顶点

焊接顶点就是将选中顶点合并为一个顶点，焊接后的顶点位于选中顶点的中心点处。

Step 01　创建一个圆并转换为可编辑样条线，然后设置其修改对象为"顶点"，并选中圆右侧和下方的顶点，如图 2-50 左侧两图所示。

Step 02　在"几何体"卷展栏"焊接"按钮右侧的编辑框中设置焊接阈值为 200，然后单击"焊接"按钮，即可将两个顶点焊接为一个顶点，如图 2-50 右侧两图所示。

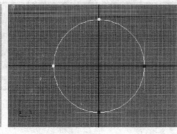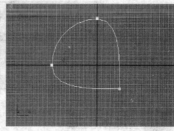

图 2-50　焊接顶点

使用"焊接"按钮焊接顶点时，只能焊接两两相邻的顶点，且两顶点的间距必须小于焊接阈值，否则无法进行焊接。

另外，选中"端点自动焊接"区中的"自动焊接"复选框时，如果非闭合曲线端点间的距离小于指定的阈值距离，系统会自动将两个端点焊接为一个顶点。

2. 熔合顶点

熔合顶点就是将选中的顶点移动到同一位置，该位置为各选中顶点的中心。

熔合顶点与焊接顶点类似，不同的是：熔合操作不受阈值距离的影响，且非相邻顶点间也可进行熔合处理；但熔合顶点只是移动选中顶点的位置，顶点的数目不变。

2.2.7 轮廓处理

利用可编辑样条线"几何体"卷展栏中的"轮廓"按钮可以为选中的样条线子对象创建轮廓线，具体操作如下。

Step 01 创建一条非闭合折线和一个矩形，如图 2-51 左图所示；然后将二者附加到同一可编辑样条线中。

Step 02 设置可编辑样条线的修改对象为"样条线"，然后选中折线和矩形。

Step 03 单击"几何体"卷展栏中的"轮廓"按钮，然后在任一选中样条线上单击并拖动鼠标，到适当位置后释放鼠标左键，确定轮廓线与原样条线的距离。至此就完成了轮廓线的创建，如图 2-51 右侧三图所示。

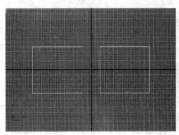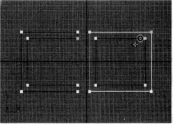

图 2-51　创建样条线的轮廓线

在"轮廓"按钮右侧的编辑框中输入一个不为 0 的数值，按【Enter】键，可直接为所选样条线创建相距指定距离的轮廓。

另外，在创建轮廓线时，若选中"轮廓"按钮右下方的"中心"复选框，原始样条线和轮廓线均发生偏移，且偏移量相同。

2.2.8 镜像处理

利用可编辑样条线"几何体"卷展栏中的"镜像"按钮可以对选中的样条线子对象进行镜像处理，具体操作如下。

Step 01 打开本书配套光盘"素材与实例">"第 2 章"文件夹中的"镜像处理.max"文件，场景中的可编辑样条线中包含两条闭合样条线，如图 2-52 左图所示。

Step 02 设置可编辑样条线的修改对象为"样条线"，并选中要进行镜像处理的样条线。

Step 03 在"几何体"卷展栏中设置镜像处理的方式为"水平镜像" ▐▌，然后单击"镜像"按钮，即可进行镜像处理，效果如图 2-52 右侧三图所示。

进行镜像处理时，如果希望保留原来的样条线，可选中"镜像"按钮下方的"复制"复选框；如果选中"以轴为中心"复选框，镜像操作时将以可编辑样条线的轴心点作为镜像处理的中心点。

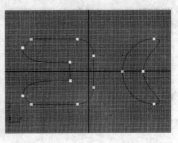

图 2-52　镜像样条线

2.2.9　布尔运算

利用可编辑样条线"几何体"卷展栏中的"布尔"按钮，可以对编辑样条线中两条相交的样条线进行布尔运算，具体操作如下。

Step 01　在场景中创建一个矩形和一个椭圆，并调整二者的位置，使二者相交，如图 2-53 左图所示；然后将二者附加到同一可编辑样条线中。

温馨提示　　进行布尔运算的样条线必须是闭合样条线，且二者必须相交，否则进行布尔运算时，无任何效果。

Step 02　设置可编辑样条线的修改对象为"样条线"，并选中左侧的矩形。

Step 03　在"几何体"卷展栏中设置布尔运算的类型为"并集"　，然后单击选中"布尔"按钮，再单击椭圆，完成样条线的并集布尔运算，如图 2-53 右侧三图所示。

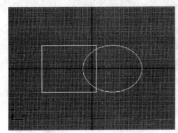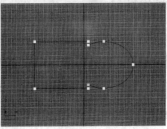

图 2-53　样条线的并集布尔运算

知识库　　样条线的布尔运算有并集、差集和相交三种运算方式，各运算方式的特点如下：
并集：删除相交样条线的重叠部分，保留非重叠部分。
差集：删除样条线 A（首先选中的样条线）中与样条线 B（最后单击的样条线）重叠的部分，并删除样条线 B 的非重叠部分，如图 2-54 所示。
交集：删除相交样条线的非重叠部分，保留重叠部分，最终效果如图 2-55 所示。

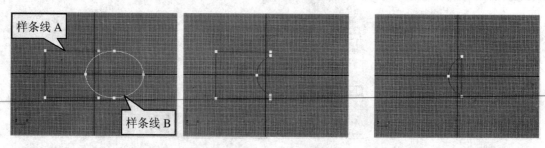

样条线 A

样条线 B

图 2-54　差集布尔运算　　　　　　　　图 2-55　交集布尔运算的效果

综合实例 2——创建镜框的截面图形

本例将制作如图 2-56 左图所示的镜框截面图形，为镜框的截面图形添加车削修改器进行车削处理，即可获得图 2-56 右图所示的镜框模型。

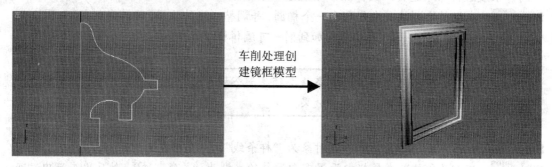

车削处理创建镜框模型

图 2-56　镜框截面图形的效果和镜框的效果

制作思路

创建时，先创建一个矩形，并转换为可编辑样条线进行调整，制作镜框截面图形的主体部分；然后创建三个矩形和一个圆，并合并到可编辑样条线中；最后，对可编辑样条线中的样条线进行布尔运算，制作出镜框的截面图形。

制作步骤

Step 01 使用"矩形"工具在左视图中创建一个矩形，然后为其添加"编辑样条线"修改器，将其转换为可编辑样条线，如图 2-57 所示。

Step 02 设置可编辑样条线的修改对象为"顶点"，然后选中矩形右下角的顶点，再按【Delete】键将其删除，如图 2-58 所示。

Step 03 单击"修改"面板"几何体"卷展栏中的"优化"按钮，然后在删除顶点形成的弧线上单击，插入一个顶点，如图 2-59 所示。

Step 04 选中"Step03"插入的顶点，然后右击鼠标，在弹出的快捷菜单中选择"Bezier"菜单项，更改顶点为 Bezier 型顶点，如图 2-60 所示。

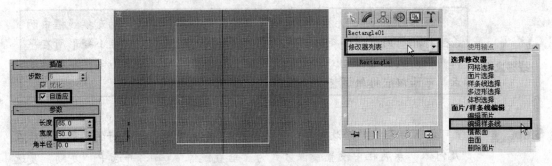

图 2-57　创建一个矩形并转换为可编辑样条线

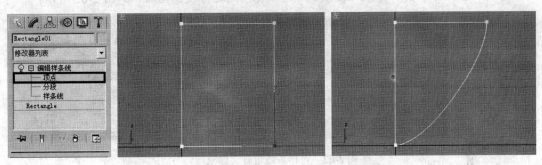

图 2-58　删除矩形右下角的顶点

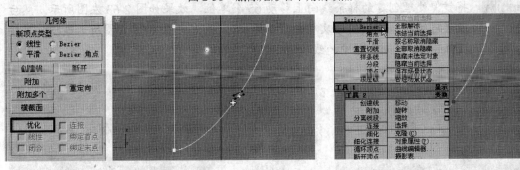

图 2-59　在删除顶点产生的弧形线段上插入一个顶点　　图 2-60　更改新插入顶点的类型

Step 05　调整插入顶点的位置，以及顶点两侧控制柄的斜率，以调整顶点所在线段的形状，效果如图 2-61 左图所示；然后调整图形最下端顶点横向控制柄的长度，效果如图 2-61 右图所示。

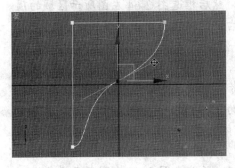 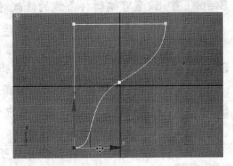

图 2-61　调整可编辑样条线中部分顶点的控制柄

调整 Bezier 或 Bezier 角点型顶点的控制柄时，单击移动变换线框中两条坐标轴间的黄色小矩形，然后拖动控制柄的端点，即可在小矩形所在平面内任意调整其位置；单击变换线框中某一坐标轴，然后拖动控制柄的端点，可沿该坐标轴调整其位置。

Step 06 设置可编辑样条线的修改对象为"样条线"，并选中前面调整好的图形，然后在"几何体"卷展栏中设置镜像方式为"垂直镜像" ，并选中"复制"复选框，再单击"镜像"按钮，对选中样条线进行镜像处理，如图 2-62 所示。

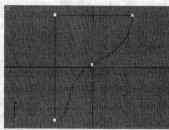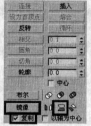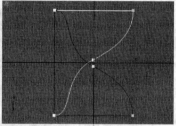

图 2-62 对样条线进行镜像处理

Step 07 将镜像处理创建的样条线向上移动 65 个单位，效果如图 2-63 左图所示。然后设置可编辑样条线的修改对象为"分段"，并选中图 2-63 右图所示线段；再按【Delete】键删除选中的线段。

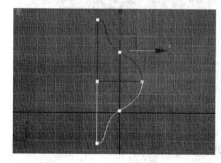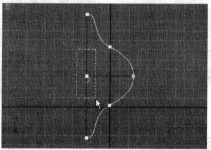

图 2-63 调整样条线的位置并删除样条线纵向和横向的线段

Step 08 设置可编辑样条线的修改对象为"顶点"，然后框选图 2-64 左图所示区域的顶点，并在"几何体"卷展栏"焊接"按钮右侧的编辑框中设置焊接阈值为"5"，再单击"焊接"按钮，将选中顶点焊接为一个顶点，如图 2-64 中图和右图所示。

Step 09 单击"几何体"卷展栏中的"连接"按钮，然后单击样条线上端点并向下拖动鼠标，到样条线下端点后释放左键，将二者用直线段连接起来，如图 2-65 所示。

Step 10 利用"圆"工具在左视图中创建一个半径为 15 的圆，并调整其位置；然后选中前面创建的可编辑样条线，并单击"几何体"卷展栏中的"附加"按钮；再单击新建的圆，将其合并到可编辑样条线中，如图 2-66 所示。

Step 11 设置可编辑样条线的修改对象为"样条线"，并选中图 2-67 左图所示样条线；

然后在"几何体"卷展栏设置布尔运算的运算方式为"差集" 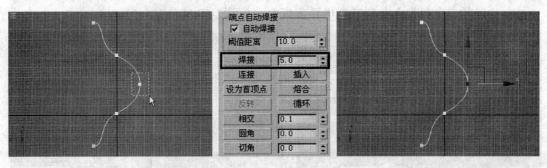，并单击选中"布尔"按钮；再单击圆，完成差集布尔运算，如图 2-67 中图和右图所示。

图 2-64 焊接顶点

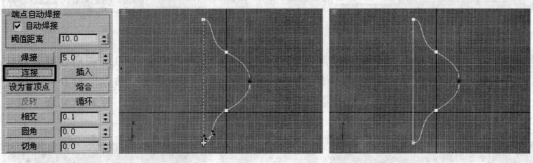

图 2-65 将样条线的两个端点连接起来

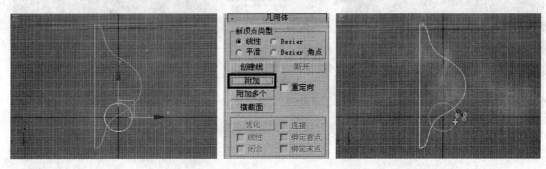

图 2-66 创建一个圆并合并到可编辑样条线中

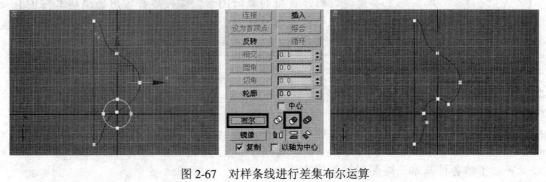

图 2-67 对样条线进行差集布尔运算

Step 12 利用"矩形"工具在左视图中再创建三个矩形，并调整其位置；然后单击"几何体"卷展栏中的"附加多个"按钮，利用打开的"附加多个"对话框将新建的三个矩形合并到可编辑样条线中，如图 2-68 所示。

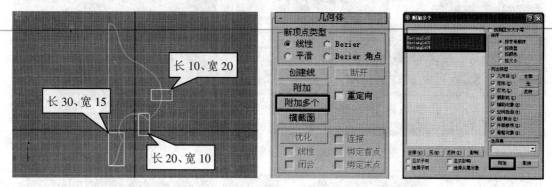

图 2-68 创建三个矩形并合并到可编辑样条线中

Step 13 设置可编辑样条线的修改对象为"样条线"，并选中图 2-69 左图所示样条线；然后设置布尔操作的运算方式为"并集" ⊘ ，并单击"布尔"按钮；再依次单击三个矩形，进行并集运算，如图 2-69 中图和右图所示。至此就完成了镜框截面图形的创建。

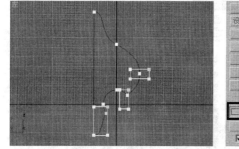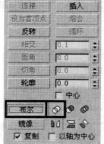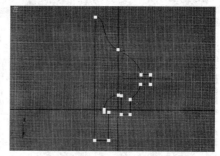

图 2-69 对样条线进行并集布尔运算

> 本实例主要是通过制作镜框的截面图形，练习各种常用的编辑二维图形的操作。创建的过程中，关键要掌握合并图形、焊接顶点、连接顶点、样条线的镜像处理、样条线的布尔运算等的操作方法。

本章小结

本章主要为读者讲述了基本二维图形的创建方法，以及一些常用的二维图形编辑操作。在学习的过程中，读者应：

 ➢ 了解各种基本二维图形的创建方法。

 ➢ 知道如何利用修改面板的参数调整基本二维图形的形状。

➢ 知道如何将基本二维图形转换为可编辑样条线。
➢ 熟练掌握各种常用编辑工具的使用方法，能够使用这些工具编辑二维图形。

课后练习

一、填空题

1. 使用"图形"创建面板_____分类中的"线"按钮创建线时，利用"创建方法"卷展栏_____区中的参数可以设置单击鼠标所建顶点的类型；利用_____区中的参数可以设置拖动鼠标所建顶点的类型。

2. 在"图形"创建面板_____分类中为用户提供了一些扩展样条线创建按钮，利用这些按钮可以创建各种常见墙壁的截面图形。

3. 利用可编辑样条线_____卷展栏中的_____按钮可以对二维图形中的线段进行拆分操作，常使用该操作在线段上等间隔地插入指定数量的顶点。

4. 在合并二维图形时，常单击_____按钮，然后利用打开的_____对话框将多个图形合并到可编辑样条线中。

5. 样条线的布尔操作有_____、_____和_____三种运算方式。

二、选择题

1. 创建矩形时，按住键盘中的_____可以创建正方形？
　　A.【Ctrl】键　　B.【Shift】键　　C.【Alt】键　　D.【Enter】键

2. 在可编辑样条线的顶点中，_____类型的顶点两侧有两个控制柄，利用这两个控制柄可分别调整顶点两侧线段的曲率。
　　A. 平滑　　　　B. 角点　　　　C. Bezier　　　D. Bezier角点

3. 利用可编辑样条线"几何体"卷展栏中的_____工具可以在选中的线段中等距离的插入指定数量的顶点。
　　A. 优化　　　　B. 插入　　　　C. 拆分　　　　D. 断开

4. 在编辑可编辑样条线的顶点时，通过_____操作可以将选中顶点叠加到一起，且顶点的数量不变。
　　A. 自动焊接　　B. 目标焊接　　C. 熔合　　　　D. 焊接

三、操作题

利用本章所学知识绘制图 2-70 左图所示的灯笼截面图形，图 2-70 右图所示为车削处理灯笼截面图形获得的灯笼模型。

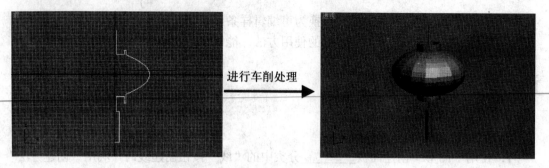

进行车削处理

图 2-70　灯笼的截面图形及灯笼模型的效果

提示：

（1）使用"椭圆"和"矩形"工具在前视图中创建一个椭圆和三个矩形。

（2）将椭圆转换为可编辑样条线，并将矩形合并到其中。

（3）对椭圆和矩形进行并集布尔运算。

（4）删除图形中多余的线段。

第3章
创建基本三维模型

本章内容提要

- 📖 创建标准基本体 65
- 📖 创建扩展基本体 75
- 📖 创建建筑对象 91

章前导读

　　基本三维模型包括标准基本体、扩展基本体和建筑对象三类，标准基本体是 3ds Max 中最基本且最常用的三维模型（像长方体、圆柱体等），扩展基本体是由标准基本体通过圆角、切角等处理获得的稍微复杂的三维模型（像切角长方体、切角圆柱体等），建筑对象是建筑领域常用的三维模型（像门、窗户、楼梯等）。

　　基本三维模型是创建复杂三维模型的基础，本章就为读者介绍一下在 3ds Max 9 中创建基本三维模型的知识。

3.1　创建标准基本体

　　使用3ds Max 9 "几何体" 创建面板 "标准基本体" 分类中的工具按钮可以创建一些最基本的三维对象，具体如下。

3.1.1　创建长方体和四棱锥

　　"几何体" 创建面板 "标准基本体" 分类中的 "长方体" 和 "四棱锥" 按钮分别用于创建长方体和四棱锥。由于二者的创建方法类似，在此以长方体为例进行介绍。

Step 01　单击 "几何体" 创建面板 "标准基本体" 分类中的 "长方体" 按钮，在打开的 "创建方法" 卷展栏中设置长方体的创建方法，如图 3-1 左侧两图所示。

Step 02　在透视视图中单击并拖动鼠标，到适当位置后释放鼠标左键，确定长方体的长度和宽度；再向上移动鼠标到适当位置并单击，确定长方体的高度，即可创建一个长方体，如图 3-1 右侧两图所示。

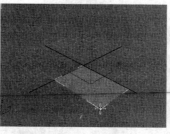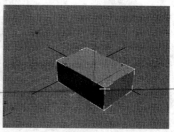

图 3-1 创建长方体

在创建长方体和四棱锥时，若按住【Ctrl】键，创建的将是底面为正方形的长方体或四棱锥。

创建完长方体或四棱锥后，可利用"修改"面板"参数"卷展栏中的参数（参见图 3-2 和图 3-3）调整二者的效果。

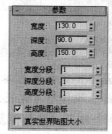

图 3-2 长方体的参数

图 3-3 四棱锥的参数和效果

3.1.2 创建球体和几何球体

"几何体"创建面板"标准基本体"分类中的"球体"和"几何球体"按钮分别用于创建球体和几何球体。这两种标准基本体的创建方法类似，在此以球体为例进行介绍。

Step 01 单击"几何体"创建面板"标准基本体"分类中的"球体"按钮，在打开的"创建方法"卷展栏中设置球体的创建方法，如图 3-4 左图和中图所示。

Step 02 在透视视图中单击并拖动鼠标，到适当位置后释放鼠标左键，即可创建一个球体，如图 3-4 右图所示。

图 3-4 创建球体

创建完球体或几何球体后，利用"参数"卷展栏（参见图3-5和图3-6）中的参数可调整二者的效果，在此着重介绍如下几个参数：

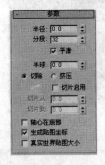
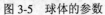

图3-5 球体的参数

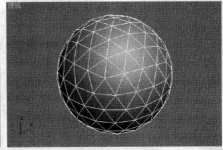

图3-6 几何球体的参数和效果

> 使用球体和几何球体时需要注意，尽管二者在外观上相同，但构成并不相同，球体表面是由纵横交错的经纬线分成的四角平面构成，而几何球体表面是由一个个的正三角形平面构成，如图3-4右图和3-6右图所示（按【F4】键可控制是否在三维对象表面显示其网格线框）。

> **分段：** 设置球体或几何球体的分段数，数值越大，球体、几何球体的表面越光滑。
> **半球：** 在球体的参数中，该编辑框的值不为0时，球体将变为球缺（下方的"切除"和"挤压"单选钮用于设置球缺的形成方式，"切除"是删除球体部分表面产生球缺，分段数减少；"挤压"是挤压球体产生球缺，分段数不变，如图3-7所示）；在几何球体的参数中，选中该复选框时，几何球体将被挤压为半球体。
> **切片启用：** 选中该复选框时，可利用"切片从"和"切片到"编辑框切除球体的某一部分，图3-8所示为切除球体中90°~180°部分后的效果。

切除方式产生的球缺

挤压方式产生的球缺

图3-7 不同方式产生的球缺效果

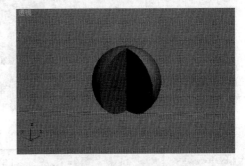

图3-8 切除部分球体后的效果

> **基点面类型：** 该区中的参数用于设置几何球体由哪种规则多面体组合而成，该区中的参数与"分段"编辑框的值共同控制几何球体表面的光滑程度。
> **平滑：** 该复选框用于控制是否对球体和几何球体的表面进行平滑处理。取消选择该复选框时，球体表面为一个个的四角平面，几何球体表面为一个个的正三角平面，如图3-9所示。
> **轴心在底部：** 选中该复选框时，球体和几何球体的轴心将由中心移动到底部。

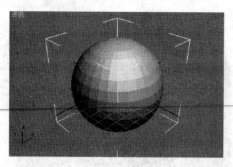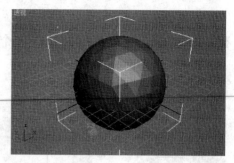

图 3-9　取消选择"平滑"复选框时的球体和几何球体

3.1.3　创建圆柱体、圆锥体和管状体

　　"几何体"创建面板"标准基本体"分类中的"圆柱体"、"圆锥体"和"管状体"按钮分别用于创建圆柱体、圆锥体和管状体，具体如下。

1. 圆柱体

　　圆柱体可以看作是对圆进行拉伸处理获得的三维对象，其创建步骤也是如此，具体如下。

Step 01　单击"几何体"创建面板"标准基本体"分类中的"圆柱体"按钮，在打开的"创建方法"卷展栏中设置圆柱体的创建方法，如图 3-10 左侧两图所示。

Step 02　在透视视图中单击并拖动鼠标，到适当位置后释放左键，确定圆柱体底面圆的半径；再向上移动鼠标到适当位置并单击，确定圆柱体的高度，完成圆柱体的创建，如图 3-10 右侧两图所示。

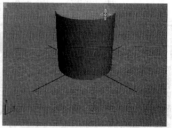

图 3-10　创建圆柱体

　　创建完圆柱体后，利用"修改"面板"参数"卷展栏中的参数可调整圆柱体的效果。其中，"边数"编辑框用于设置圆柱体截面圆的分段数，数值越大，圆柱体的侧面越光滑。

2. 圆锥体

　　圆锥体可以看作是均匀压缩圆柱体的顶面圆（或底面圆）获得的三维对象，其创建步骤也是先创建圆柱体，然后调整圆柱体顶面圆（或底面圆）的半径，具体如下。

Step 01　单击"几何体"创建面板"标准基本体"分类中的"圆锥体"按钮，在打开的
　　　　　"创建方法"卷展栏中设置圆锥体的创建方法，如图 3-11 左侧两图所示。

Step 02　在透视视图中单击并拖动鼠标，到适当位置后释放左键，确定圆锥体半径 1 的
　　　　　大小；再向上移动鼠标到适当位置并单击，确定圆锥体的高度，如图 3-11 中间
　　　　　两图所示。

Step 03　继续移动鼠标，到适当位置后单击，确定圆锥体半径 2 的大小，完成圆锥体的
　　　　　创建，如图 3-11 右图所示。

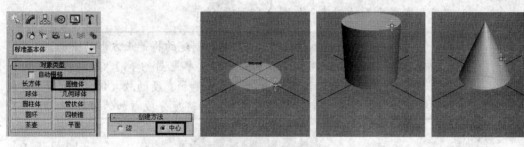

图 3-11　创建圆锥体

3. 管状体

　　管状体可以看作是对二维图形"圆环"进行拉伸处理获得的三维对象，其创建步骤也
是先建圆环，然后进行拉伸处理，具体如下。

Step 01　单击"几何体"创建面板"标准基本体"分类中的"管状体"按钮，在打开的
　　　　　"创建方法"卷展栏中设置管状体的创建方法，如图 3-12 左侧两图所示。

Step 02　在透视视图中单击并拖动鼠标，到适当位置后释放左键，确定管状体半径 1 的
　　　　　大小；再向上移动鼠标到适当位置并单击，确定管状体半径 2 的大小；继续移
　　　　　动鼠标，到适当位置后单击，确定管状体的高度，完成管状体的创建，如图 3-12
　　　　　右侧三图所示。

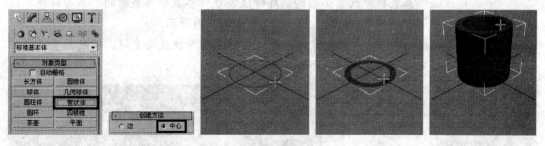

图 3-12　创建管状体

3.1.4　创建平面、茶壶和圆环

　　"几何体"创建面板"标准基本体"分类中的"平面"、"茶壶"和"圆环"按钮分别用
于创建平面、茶壶和圆环，具体如下。

1. 平面

平面可以看作是高度为 0 的长方体，常用作场景中的地面、水面等对象。平面的创建方法与矩形类似，具体如下。

Step 01 单击"几何体"创建面板"标准基本体"分类中的"平面"按钮，在打开的"创建方法"卷展栏中设置所建平面的形状，如图 3-13 左图和中图所示。

Step 02 在透视视图中单击并拖动鼠标，到适当位置后释放鼠标左键，确定平面的长度和宽度，完成平面的创建，如图 3-13 右图所示。

> 在创建矩形平面时，按住【Ctrl】键，创建的将是正方形的平面。
>
> 创建完平面后，利用"参数"卷展栏（参见图 3-14）"渲染倍增"区中的"缩放"编辑框可以设置渲染时平面长度和宽度的放大倍数，利用"密度"编辑框可以设置渲染时平面长度分段和宽度分段增加的倍数。

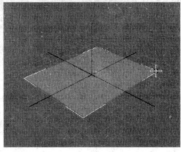

图 3-13 创建平面   图 3-14 平面的参数

2. 茶壶

Step 01 单击"几何体"创建面板"标准基本体"分类中的"茶壶"按钮，在打开的"创建方法"卷展栏中设置茶壶的创建方法，在"参数"卷展栏的"茶壶部件"区中设置茶壶所拥有的部件，如图 3-15 左侧三图所示。

Step 02 在透视视图中单击并拖动鼠标，到适当位置后释放鼠标左键，确定茶壶半径的大小，完成茶壶的创建，如图 3-15 右图所示。

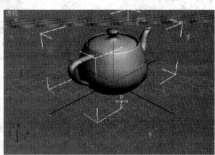

图 3-15 创建茶壶

3. 圆环

圆环可看作是一个圆围绕一条与自己在同一平面的直线旋转一周获得的三维对象，其创建方法也很简单，具体如下。

Step 01 单击"几何体"创建面板"标准基本体"分类中的"圆环"按钮，在打开的"创建方法"卷展栏中设置圆环的创建方法，如图 3-16 左侧两图所示。

Step 02 在透视视图中单击并拖动鼠标，到适当位置后释放鼠标左键，确定圆环半径 1 的大小；再移动鼠标到适当位置并单击，确定圆环半径 2 的大小，完成圆环的创建，如图 3-16 右侧两图所示。

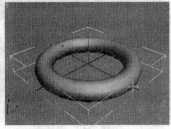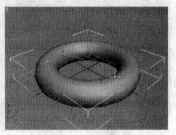

图 3-16 创建圆环

创建好圆环后，利用"修改"面板"参数"卷展栏（参见图 3-17）中的参数可调整其效果，在此着重介绍如下几个参数。

- **半径 1/半径 2**：如图 3-18 所示，"半径 1"编辑框用于设置圆环中心点到圆环截面圆圆心的距离，"半径 2"用于设置圆环截面圆的半径。

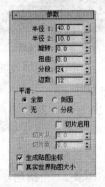

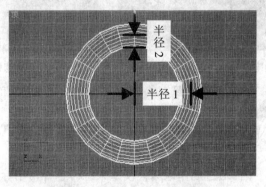

图 3-17 圆环的参数　　　　　　　　　　　　图 3-18 圆环的半径 1 和半径 2

- **旋转**：设置圆环截面圆绕圆心旋转的角度，圆环的边数越少，旋转效果越明显。图 3-19 所示为不同旋转值下三边圆环的效果。
- **扭曲**：设置从起始位置到结束位置，圆环截面圆扭曲的角度，数值越大，扭曲越强烈。图 3-20 所示为不同扭曲值下四边圆环的效果。
- **平滑**：该区中的参数用于设置圆环的平滑方式，默认选中"全部"单选钮。图 3-21 所示分别为选中"侧面"、"分段"和"无"单选钮时圆环的效果。

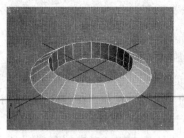 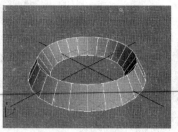 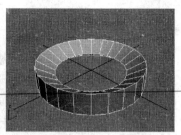

旋转 0°时的效果   旋转 90°时的效果   旋转 180°时的效果

图 3-19   不同旋转值对应的三边圆环效果

 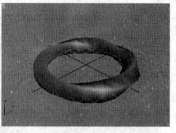 

扭曲 180°的效果   扭曲 360°的效果   扭曲 720°的效果

图 3-20   不同扭曲值对应的四边圆环效果

选中"侧面"单选钮时的效果   选中"分段"单选钮时的效果   选中"无"单选钮时的效果

图 3-21   选中"侧面"、"分段"和"无"单选钮时的圆环效果

综合实例 1——创建地球仪模型

下面通过制作地球仪模型来练习各种常用标准基本体的创建方法，图 3-22 左图所示为创建好的地球仪模型，图 3-22 右图所示为添加材质并渲染后的效果。

制作思路

创建地球仪模型时，首先使用"球体"工具创建一个球体，作为地球仪中的地球；然后利用"圆柱体"和"管状体"工具制作四个圆柱体和一个管状体，并调整圆柱体和管状体的位置，制作地球仪的转轴和支架；最后，使用"圆锥体"工具创建两个圆锥体，并调整其位置，作为地球仪的底座。

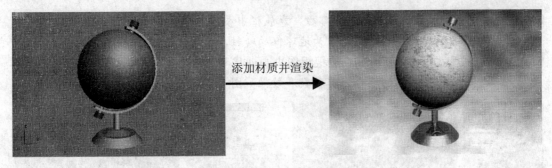

添加材质并渲染

图 3-22 地球仪模型的效果

制作步骤

Step 01 单击"几何体"创建面板"标准基本体"分类中的"球体"按钮，在打开的"创建方法"卷展栏中设置球体的创建方法，如图 3-23 左图和中图所示。

Step 02 在透视视图中单击并拖动鼠标，到适当位置后释放鼠标左键，确定球体半径的大小，完成球体的创建，如图 3-23 右图所示。

Step 03 打开"修改"面板，参照图 3-24 所示调整球体的参数。

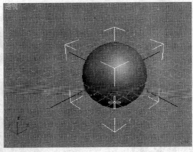

图 3-23 创建球体   图 3-24 球体参数

Step 04 单击"几何体"创建面板"标准基本体"分类中的"圆柱体"按钮，在打开的"创建方法"卷展栏中设置圆柱体的创建方法，如图 3-25 左侧两图所示。

Step 05 在透视视图中单击并拖动鼠标，到适当位置后释放左键，确定圆柱体半径的大小；然后向上移动鼠标，到适当位置后单击，确定圆柱体的高度，至此就完成了圆柱体的创建，如图 3-25 右侧两图所示。

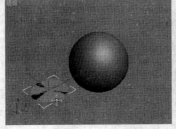

图 3-25 创建一个圆柱体

Step 06 打开"修改"面板，在"参数"卷展栏中参照图 3-26 左图所示设置圆柱体的参数，然后调整其位置，作为地球仪的转轴，如图 3-26 右图所示。

Step 07 利用"圆柱体"工具在透视视图中再创建两个圆柱体，并调整其位置，作为地球仪转轴两端的螺母，其参数和效果如图 3-27 所示。

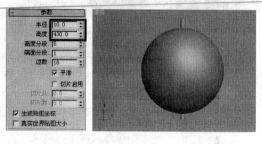

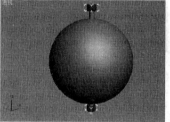

图 3-26　地球仪转轴的参数和效果　　　　图 3-27　转轴两端螺母的参数和效果

Step 08 单击"几何体"创建面板"标准基本体"分类中的"管状体"按钮，在打开的"创建方法"卷展栏中设置管状体的创建方法，如图 3-28 左侧两图所示。

Step 09 在视图中单击并拖动鼠标，到适当位置后释放左键，确定管状体的半径 1；再向上移动鼠标到适当位置并单击，确定管状体的半径 2；继续移动鼠标，到适当位置后单击，确定管状体的高度，创建一个管状体，如图 3-28 右侧三图所示。

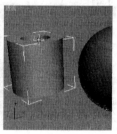

图 3-28　创建一个管状体

Step 10 打开"修改"面板，参照图 3-29 左图所示调整管状体的参数，然后调整管状体的角度和位置，作为地球仪的半环形支架，如图 3-29 右图所示。

Step 11 选中前面创建的球体、圆柱体和管状体，并进行群组；然后将群组后的对象绕 Y 轴旋转 23.26°，效果如图 3-30 所示。至此就完成了地球仪上半部分的创建。

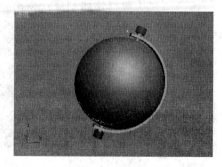

图 3-29　管状体的参数　　　　　　　　　图 3-30　地球仪上半部分的效果

Step 12 单击"几何体"创建面板"标准基本体"分类中的"圆锥体"按钮，在打开的"创建方法"卷展栏中设置圆锥体的创建方法，如图 3-31 左侧两图所示。

Step 13 在视图中单击并拖动鼠标，到适当位置后释放左键，确定圆锥体的半径 1；再向上移动鼠标到适当位置并单击，确定圆锥体的高度；继续移动鼠标，到适当位置后单击，确定圆锥体的半径 2，创建一个圆锥体，如图 3-31 右侧三图所示。

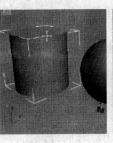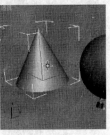

图 3-31　创建一个圆锥体

Step 14 打开"修改"面板，参照图 3-32 左图所示，在"参数"卷展栏中调整圆锥体的参数，效果如图 3-32 右图所示。

Step 15 利用"圆锥体"工具在透视视图中再创建一个圆锥体，参数如图 3-33 左图所示，然后调整两个圆锥体的位置，创建地球仪的底座，如图 3-33 右图所示。

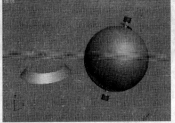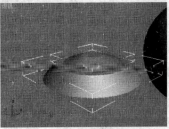

图 3-32　圆锥体的参数　　　　　　　　　　图 3-33　再创建一个圆锥体

Step 16 参照前述操作，在透视视图中再创建一个半径为 15、高度为 100 的圆柱体，然后调整其位置，作为地球仪的支柱，至此就完成了地球仪的创建，效果如图 3-22 左图所示，添加材质并渲染后的效果如图 3-22 右图所示。

　　本实例主要利用了球体、圆柱体、管状体和圆锥体来制作地球仪模型。创建的过程中，关键是利用"修改"面板中的参数调整地球仪各组成部件的效果；另外，还要注意调整地球仪各组成部件的角度和位置。

3.2　创建扩展基本体

使用 3ds Max 9 "几何体"创建面板"扩展基本体"分类中的工具按钮可以创建一些稍微复杂且常用的基本三维对象，像切角长方体、切角圆柱体等。

3.2.1 创建异面体

异面体的创建方法与球体类似，在此不做介绍。下面介绍一下异面体"参数"卷展栏（参见图 3-34）中参数的作用。

➤ **系列**：该区中的参数用于设置异面体的形状，图 3-35 所示为选中各单选钮时异面体的形状。

➤ **系列参数**：调整该区中"P"和"Q"编辑框的值（取值范围为 0.0～1.0，且二者之和≤1）可以双向调整异面体的顶点和面，以产生不同的效果，如图 3-36 所示。

➤ **轴向比率**：调整该区中"P"、"Q"、"R"编辑框的值，可以调整异面体表面外凸或内凹的程度（默认为 100，当数值大于 100 时向外凸出，当数值小于 100 时向内凹陷，单击"重置"按钮可以将 P、Q、R 的值恢复到默认值），图 3-37 所示为调整 P、Q、R 的值时立方体/八面体的效果。

➤ **顶点**：该区中的参数用于设置异面体表面的细分方式，图 3-38 所示为不同细分方式下四面体表面的网格线框。

图 3-34　异面体的参数

　　四面体　　　　　立方体/八面体　　十二面体/二十面体　　　　星形 1　　　　　　星形 2

图 3-35　五种异面体的效果

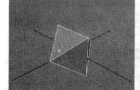 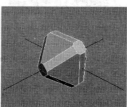  

　P=1.0，Q=0.0　　　　P=0.7，Q=0.2　　　　P=0.2，Q=0.7　　　　P=0.0，Q=1.0

图 3-36　调整 P、Q 值时立方体/八面体的效果

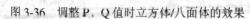

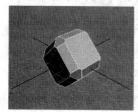 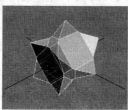 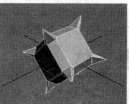 

P=100，Q=100，R=100　P=150，Q=100，R=100　P=100，Q=150，R=100　P=100，Q=150，R=275

图 3-37　调整 P、Q、R 的值时立方体/八面体的效果

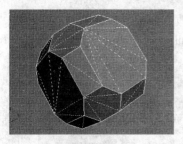
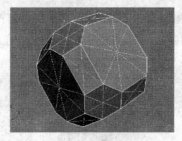
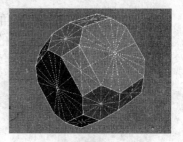

　　　"基点"细分方式　　　　　　　　"中心"细分方式　　　　　　"中心和边"细分方式

图 3-38　各种细分方式下四面体表面的网格线框

3.2.2　创建切角长方体、切角圆柱体和球棱柱

　　使用"几何体"创建面板"扩展基本体"分类中的"切角长方体"、"切角圆柱体"、"球棱柱"按钮可以分别创建切角长方体、切角圆柱体、球棱柱，如图 3-39 所示。三者的创建方法类似，下面以切角长方体为例，介绍一下具体的创建方法。

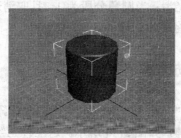
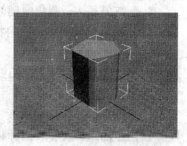

图 3-39　切角长方体、切角圆柱体和球棱柱的效果

Step 01　单击"几何体"创建面板"扩展基本体"分类中的"切角长方体"按钮，在打开的"创建方法"卷展栏中设置切角长方体的创建方法为"长方体"，如图 3-40 左侧两图所示。

Step 02　在透视视图中单击并拖动鼠标，到适当位置后释放鼠标左键，确定切角长方体的长度和宽度；再向上移动鼠标到适当位置并单击，确定切角长方体的高度；继续向上移动鼠标，到适当位置后单击，确定切角长方体各棱圆角的大小，完成切角长方体的创建，如图 3-40 右侧三图所示。

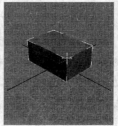

图 3-40　创建切角长方体

创建完切角长方体、切角圆柱体和球棱柱后，利用"修改"面板"参数"卷展栏（参见图 3-41、3-42 和 3-43）中的参数可以调整三者的效果。在此着重介绍如下几个参数：

图 3-41　切角长方体参数　　　　图 3-42　切角圆柱体参数　　　　图 3-43　球棱柱参数

> **圆角**：该编辑框用于设置切角长方体、切角圆柱体和球棱柱各棱圆角的大小。
> **圆角分段**：该编辑框用于设置切角长方体、切角圆柱体和球棱柱圆角面的分段数。数值越大，圆角面越光滑；当圆角分段为 1，且取消选择"参数"卷展栏中的"平滑"复选框时，圆角将变为切角。

3.2.3　创建油罐、胶囊和纺锤体

使用"几何体"创建面板"扩展基本体"分类中的"油罐"、"胶囊"、"纺锤"按钮可以分别创建油罐、胶囊和纺锤体，如图 3-44 所示。这三种三维对象的创建方法类似，下面以油罐为例做一下具体的介绍。

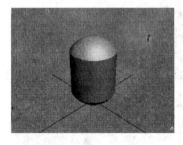 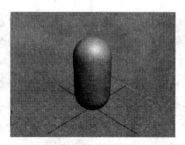 

图 3-44　油罐、胶囊和纺锤体的效果

Step 01　单击"几何体"创建面板"扩展基本体"分类中的"油罐"按钮，在打开的"创建方法"卷展栏中设置油罐的创建方法为"中心"，如图 3-45 左侧两图所示。

Step 02　在透视视图中单击并拖动鼠标，到适当位置后释放左键，确定油罐的半径；再向上移动鼠标到适当位置并单击，确定油罐的高度；继续移动鼠标，到适当位置后单击，确定油罐的封口高度，完成油罐的创建，如图 3-45 右侧三图所示。

利用"修改"面板"参数"卷展栏（参见图 3-46、3-47 和 3-48）中的参数可以调整油罐、胶囊和纺锤体的效果。在此着重介绍如下几个参数：

  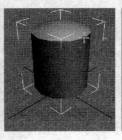 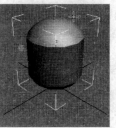

图 3-45 创建油罐

 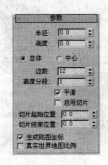 

图 3-46 油罐参数　　　　　图 3-47 胶囊参数　　　　　图 3-48 纺锤体参数

➢ **总体/中心：**这两个单选钮用于设置"高度"编辑框数值的含义。选中"总体"单选钮时，"高度"编辑框的值是指整个油罐、胶囊或纺锤体的高度；选中"中心"单选钮时，"高度"编辑框的值是指油罐、胶囊或纺锤体中非圆角部分的高度。

➢ **混合：**利用该编辑框可以对油罐、纺锤体中非圆角部分和圆角部分的交界处进行平滑处理。

3.2.4 创建 L 形体和 C 形体

使用"几何体"创建面板"扩展基本体"分类中的"L-Ext"和"C-Ext"按钮，可以分别创建 L 形体和 C 形体，常用作建筑模型中的 L 形墙壁或 C 形墙壁。二者的创建方法类似，在此以 L 形体为例，做一下介绍，具体如下。

Step 01 单击"几何体"创建面板"扩展基本体"分类中的"L-Ext"按钮，在打开的"创建方法"卷展栏中设置创建方法为"角"，如图 3-49 左侧两图所示。

Step 02 在透视视图中单击并拖动鼠标，到适当位置后释放鼠标左键，确定 L 形体侧面和前面的长度；然后向上移动鼠标到适当位置并单击，确定 L 形体的高度；继续移动鼠标，到适当位置后单击，确定 L 形体侧面和前面的宽度，完成 L 形体的创建，如图 3-49 右侧三图所示。

温馨提示

利用"修改"面板"参数"卷展栏中的参数可以调整二者的效果，图 3-50 和 3-51 所示分别为 L 形体和 C 形体的参数及各部分的名称。

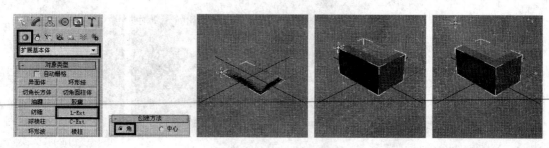

图 3-49 创建 L 形体

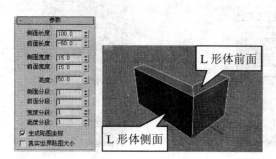

图 3-50 L 形体的参数

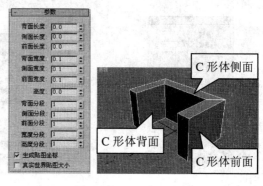

图 3-51 C 形体的参数

3.2.5 创建环形结和环形波

使用"几何体"创建面板"扩展基本体"分类中的"环形结"和"环形波"按钮可以分别创建环形结和环形波，具体如下。

1. 环形结

环形结可以看作是将圆环体打结形成的三维对象，其创建方法与圆环相同。图 3-52 所示为环形结的"参数"卷展栏，在此着重介绍如下几个参数。

➢ **结/圆**：这两个单选钮用于设置环形结的形状，选中"圆"单选钮时，环形结变为标准圆环。

➢ **P/Q**：选中"结"单选钮时，这两个编辑框可用，其中，"P"编辑框用于控制环形结在 Z 轴方向上缠绕的圈数，"Q"编辑框用于控制环形结在 XY 平面绕中心点缠绕的圈数，如图 3-53 所示（P、Q 值相同时产生标准圆环）。

➢ **扭曲数/扭曲高度**：选中"圆"单选钮时，这两个编辑框可用，其中，"扭曲数"编辑框用于控制环形结在 XY 平面的弯曲数，"扭曲高度"编辑框用于控制环形结弯曲部分的高度，如图 3-54 所示。

图 3-52 环形结的参数

P=2，Q=3   P=8，Q=3   P=8，Q=13

图3-53 调整 P、Q 值时环形结的效果

扭曲数=10，扭曲高度=2   扭曲数=5，扭曲高度=2   扭曲数=5，扭曲高度=1

图3-54 调整扭曲数和扭曲高度时环形结的效果

➤ **偏心率**：该编辑框用于设置环形结截面图形被压缩的程度，数值为 1 时截面图形为圆，数值不为 1 时截面图形为椭圆。

➤ **块数**：该编辑框用于设置环形结中块状凸起的数目（当"块高度"编辑框的值不为 0 时，才能显示块凸起的效果，下方的"块偏移"编辑框用于设置块凸起偏离原位置的角度），图 3-55 所示为调整"块数"和"块高度"时环形结的效果。

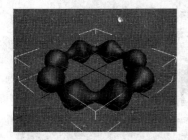 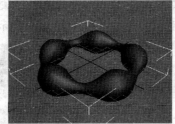 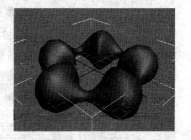

块数=8，块高度=2   块数=5，块高度=2   块数=5，块高度=4

图3-55 调整块数和块高度时环形结的效果

2. 环形波

环形波是 3ds Max 9 中一种比较特殊的对象，创建完成后，可以直接在"参数"卷展栏中设置其动画效果，下面介绍一下具体操作。

Step 01 单击"几何体"创建面板"扩展基本体"分类中的"环形波"按钮，然后在透视视图中单击并拖动鼠标，到适当位置后释放鼠标左键，确定环形波外框的半径，如图 3-56 左图和中图所示。

Step 02 向上移动鼠标到适当位置并单击，确定环形波的宽度，创建一个环形波，如图 3-56 右图所示。

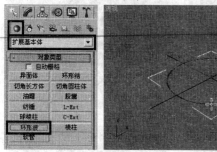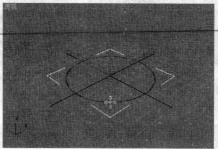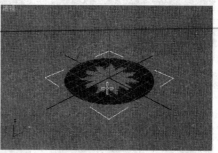

图 3-56 创建环形波

Step 03 打开"修改"面板，在"参数"卷展栏的"环形波大小"区中设置环形波的基本参数，在"环形波计时"区中设置环形波波动动画的开始、结束时间，如图 3-57 所示。

 　　在"环形波计时"区中，"开始时间"和"结束时间"编辑框用于设置环形波在哪一帧开始波动和结束波动；选中"无增长"单选钮时，波动过程中环形波的半径保持不变；选中"增长并保持"单选钮时，波动过程中环形波的半径由 0 增长到指定值，然后保持不变（"增长时间"编辑框用于设置环形波半径由 0 增长到指定值所需的帧数）；选中"循环增长"单选钮时，将不断重复环形波半径从 0 增长到指定值的过程。

Step 04 选中"参数"卷展栏"外边波折"区中的"启用"复选框，开启环形波外边的波动动画，然后参照图 3-58 左图所示设置外边波动动画的参数。接下来，开启环形波内边的波动动画，并参照图 3-58 右图所示设置内边波动动画的参数。

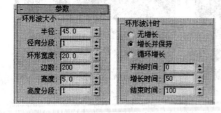

图 3-57 设置环形波的基本参数

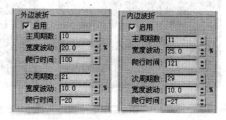

图 3-58 开启环形波的波动动画

 　　在"内边波折"和"外边波折"区中，"主周期数"编辑框用于设置内外边的主波数；"次周期数"编辑框用于设置主波上所产生次波的波数；"宽度波动"编辑框用于设置主波和次波的最大波动幅度占环形波宽度的百分比；"爬行时间"编辑框用于设置主波和次波爬行一周所需的时间（当主波和次波的爬行时间分别为一正一负时，主波和次波的爬行方向相反）。

Step 05 单击动画和时间控件中的"播放"按钮▶，即可在透视视图中查看环形波的波动动画，如图 3-59 所示。

第 10 帧时的效果　　第 35 帧时的效果　　第 70 帧时的效果　　第 90 帧时的效果

图 3-59　不同帧处环形波的效果

3.2.6　创建软管

软管的外形像一条塑料水管，常用来连接两个三维对象，下面以用软管连接两个长方体为例，介绍一下具体的操作。

Step 01 使用"长方体"工具在透视视图中创建两个长方体，如图 3-60 所示。

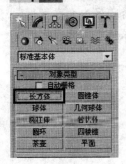 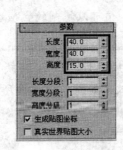 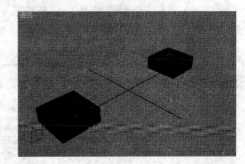

图 3-60　创建两个长方体

Step 02 单击"几何体"创建面板"扩展基本体"分类中的"软管"按钮，然后在透视视图中单击并拖动鼠标，到适当位置后释放鼠标左键，确定软管的直径，如图 3-61 左图和中图所示。

Step 03 向上移动鼠标到适当位置并单击，确定软管的高度，创建一个自由软管，如图 3-61 右图所示。

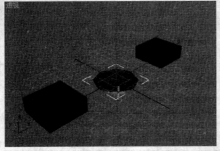 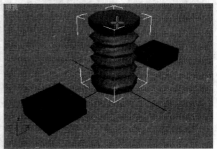

图 3-61　创建一条自由软管

Step 04 如图 3-62 左图所示，选中"修改"面板"软管参数"卷展栏"端点方法"区中的"绑定到对象轴"单选钮，然后单击"绑定对象"区中的"拾取顶部对象"按钮，再单击视图左侧的长方体，将软管顶部绑定到该长方体的轴心上。参照前述操作，将软管底部绑定到右侧长方体的轴心上，效果如图 3-54 右图所示。

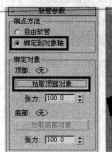
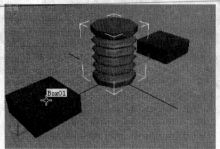
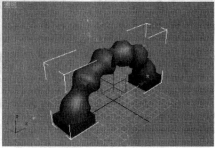

图 3-62 将软管的顶部和底部绑定到两个长方体的轴心上

 知识库 "端点方法"区中的参数用于设置软管的类型，选中"自由软管"单选钮时软管为独立软管，无法绑定到其他对象；"绑定对象"区中的参数用于拾取绑定对象，调整"张力"值可以控制软管顶端和底端远离或靠近绑定对象的程度。

Step 05 参照图 3-63 左侧三图所示，在"绑定对象"、"公用软管参数"和"软管形状"区中调整软管的参数，调整后的效果如图 3-63 右图所示。

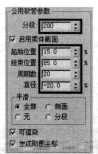

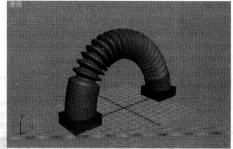

图 3-63 设置软管的参数

 知识库 "公用软管参数"区中的"起始位置"和"结束位置"编辑框用于设置软管中柔体部分的起始和结束位置，"周期数"编辑框用于设置柔体部分凹凸面的数量（显示数量受"分段"编辑框数值的影响）。另外，利用"软管形状"区中的参数还可以设置软管截面图形的形状。

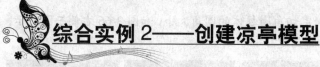

综合实例 2——创建凉亭模型

在本例中，我们将创建图3-64所示的凉亭模型。读者可通过此例进一步熟悉各种扩展基本体的创建方法。

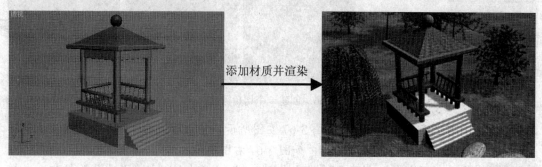

添加材质并渲染

图 3-64　凉亭模型的效果

制作思路

创建时，首先创建一个圆锥体、一个球体、一个切角圆柱体和四个切角长方体，制作凉亭的亭顶；然后创建四个圆柱体，制作凉亭的亭柱；接下来，使用 "C 形体"、"软管"、"油罐" 和 "球棱柱" 等工具制作凉亭的护栏；最后，使用 "长方体" 和 "L 形体" 工具制作凉亭的地基和阶梯。

制作步骤

Step 01 使用 "球体" 和 "圆锥体" 工具在透视视图中创建一个球体和一个圆锥体，并调整其位置，作为凉亭亭顶的圆球和锥体部分，如图 3-65 所示。

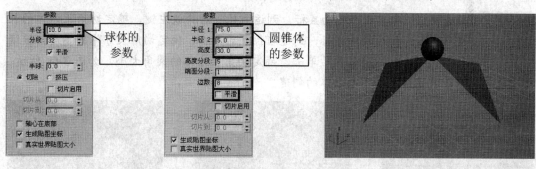

图 3-65　创建一个圆锥体和一个球体

Step 02 将命令面板切换到 "几何体" 创建面板的 "扩展基本体" 分类，然后单击 "切角圆柱体" 按钮，在打开的 "创建方法" 卷展栏中设置切角圆柱体的创建方法为 "中心"，如图 3-66 左侧两图所示。

Step 03 在透视视图中单击并拖动鼠标，到适当位置后释放左键，确定切角圆柱体的半径；然后移动鼠标，到适当位置后单击，确定切角圆柱体的高度；继续移动鼠标，到适当位置后单击，确定切角圆柱体的圆角大小，如图 3-66 右侧三图所示。
至此就完成了切角圆柱体的创建。

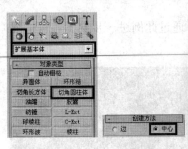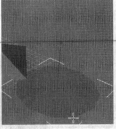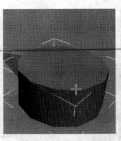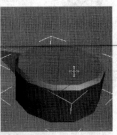

图 3-66　创建一个切角圆柱体

Step 04　打开"修改"面板，参照图 3-67 左图所示调整切角圆柱体的参数，然后调整其
位置，作为凉亭亭顶的檐，如图 3-67 右图所示。

Step 05　单击"几何体"创建面板"扩展基本体"分类中的"切角长方体"按钮，在打
开的"创建方法"卷展栏中设置切角长方体的创建方法，如图 3-68 所示。

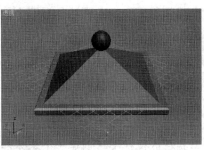

图 3-67　调整切角圆柱体的参数和位置　　　图 3-68　设置切角长方体的创建方法

Step 06　在透视视图中单击并拖动鼠标，到适当位置后释放左键，确定切角长方体的长
度和宽度；然后移动鼠标，到适当位置后单击，确定切角长方体的高度；继续
移动鼠标，到适当位置后单击，确定切角长方体的圆角大小，如图 3-69 所示。
至此就完成了切角长方体的创建。

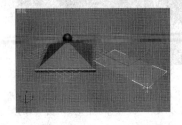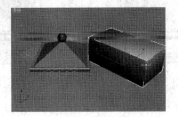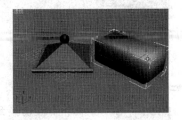

图 3-69　创建切角长方体

Step 07　打开"修改"面板，参照图 3-70 左图所示调整切角长方体的参数；然后将前面
创建的圆锥体和切角圆柱体绕 Z 轴旋转 45°，再利用移动克隆和旋转克隆将前

面创建的切角长方体再复制出三个，并调整四个切角长方体的位置，作为凉亭亭顶的横梁，效果如图 3-70 右图所示。

Step 08 参照前述操作，利用"圆柱体"工具在透视视图中创建四个圆柱体，作为凉亭的亭柱，圆柱体的参数和效果如图 3-71 所示。

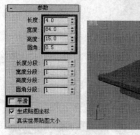
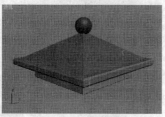
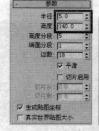

图 3-70 调整切角长方体的参数　　　　　图 3-71 创建凉亭的亭柱

Step 09 参照前述操作，利用"长方体"工具在透视视图中创建一个长方体，并调整其位置，作为凉亭的地基，长方体的参数和效果如图 3-72 所示。

Step 10 单击"几何体"创建面板"扩展基本体"分类中的"C-Ext"按钮，在打开的"创建方法"卷展栏中设置 C 形体的创建方法为"角"，如图 3-73 所示。

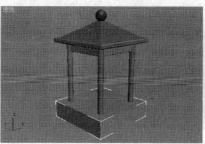

图 3-72 创建凉亭的地基　　　　　图 3-73 设置 C 形体的创建方法

Step 11 在透视视图中单击并拖动鼠标，到适当位置后释放左键，确定 C 形体的背面长度、侧面长度和前面长度；然后移动鼠标，到适当位置后单击，确定 C 形体的高度；继续移动鼠标，到适当位置后单击，确定 C 形体的背面宽度、侧面宽度和前面宽度，如图 3-74 所示。至此就完成了 C 形体的创建。

图 3-74 创建 C 形体

Step 12 打开"修改"面板，参照图 3-75 左图所示调整 C 形体的参数，然后将 C 形体绕 Z 轴旋转 90°，并调整其位置，作为凉亭的座椅，如图 3-75 右图所示。

Step 13 单击"几何体"创建面板"扩展基本体"分类中的"球棱柱"按钮，然后在打开的"创建方法"卷展栏中设置球棱柱的创建方法为"中心"，如图 3-76 所示。

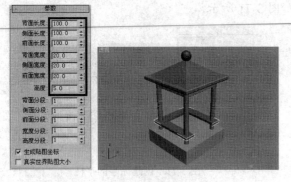

图 3-75　C 形体的参数和结构组成　　　　图 3-76　设置球棱柱的创建方法

Step 14 在透视视图中单击并拖动鼠标，到适当位置后释放左键，确定球棱柱半径的大小；然后移动鼠标到适当位置并单击，确定球棱柱的高度；继续移动鼠标，到适当位置后单击，确定球棱柱侧面各棱圆角的大小，如图 3-77 所示。至此就完成了球棱柱的创建。

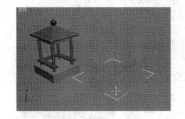
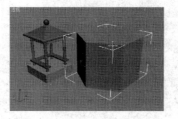
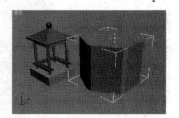

图 3-77　创建一个球棱柱

Step 15 打开"修改"面板，参照图 3-78 左图所示调整球棱柱的参数，然后利用移动克隆再复制出 11 个球棱柱，并调整各球棱柱的位置，作为凉亭座椅下方的石柱，效果如图 3-78 右图所示。

Step 16 单击"几何体"创建面板"扩展基本体"分类中的"油罐"按钮，在打开的"创建方法"卷展栏中设置油罐的创建方法为"中心"，如图 3-79 所示。

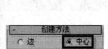

图 3-78　球棱柱的参数和效果　　　　图 3-79　设置油罐的创建方法

Step 17 在透视视图中单击并拖动鼠标,到适当位置后释放左键,确定油罐半径的大小;然后移动鼠标,到适当位置后单击,确定油罐的高度;继续移动鼠标,到适当位置后单击,确定油罐的封口高度,完成油罐的创建,如图 3-80 所示。

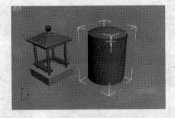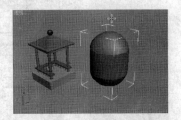

图 3-80　创建一个油罐

Step 18 参照图 3-81 左图所示调整油罐的参数,然后调整油罐的角度和位置,作为凉亭座椅一侧的靠背横条,如图 3-81 右图所示。

Step 19 利用移动克隆再复制出两个油罐,并调整其角度和位置,创建出凉亭座椅其他侧的靠背横条,效果如图 3-82 所示。

图 3-81　油罐的参数和效果　　　　　　　　　图 3-82　创建凉亭座椅的靠背横条

Step 20 单击"几何体"创建面板"扩展基本体"分类中的"软管"按钮,然后在透视视图中单击并拖动鼠标,到适当位置后释放左键,确定软管的直径;再向上移动鼠标,到适当位置后单击,确定软管的高度,创建一个软管,如图 3-83 所示。

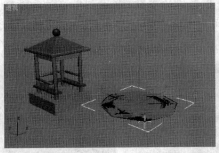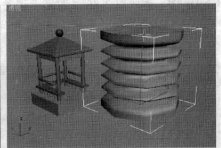

图 3-83　创建一个自由软管

Step 21 打开"修改"面板,参照图 3-84 左侧三图所示调整软管的参数,然后利用移动克隆再复制出 17 个软管,并调整各软管的角度和位置,作为凉亭座椅的靠背条，如图 3-84 右图所示。

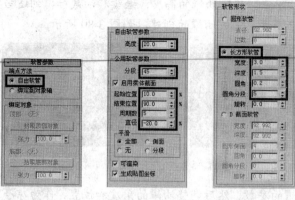

图 3-84 软管的参数

Step 22 单击"几何体"创建面板"扩展基本体"分类中的"L-Ext"按钮，在打开的"创建方法"卷展栏中设置 L 形体的创建方法为"角"，如图 3-85 左侧两图所示。

Step 23 在透视视图中单击并拖动鼠标，到适当位置后释放左键，确定 L 形体的侧面长度和前面长度；然后移动鼠标，到适当位置后单击，确定 L 形体的高度；继续移动鼠标，到适当位置后单击，确定 L 形体的侧面宽度和前面宽度，如图 3-85 右侧三图所示。至此就完成了 L 形体的创建。

图 3-85 创建一个 L 形体

Step 24 参照图 3-86 左图所示调整 L 形体的参数，然后利用移动克隆将 L 形体再复制出两个，并参照图 3-86 中间两图所示调整其参数；接下来，调整各 L 形体的角度和位置，制作凉亭的台阶，效果如图 3-86 右图所示。

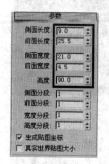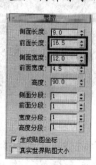

图 3-86 制作凉亭的台阶

Step 25 调整凉亭各部分的位置，完成凉亭的制作，效果如图 3-64 左图所示，添加材质并渲染后的效果如图 3-64 右图所示。

> 　　本实例主要利用了圆锥体、球体、长方体、圆柱体、切角圆柱体、切角长方体、L 形体、C 形体、软管、油罐和球棱柱等来制作凉亭模型。创建的过程中，关键是利用"修改"面板的参数调整凉亭各部分的效果；另外，还要注意调整凉亭各部分的角度和位置。

3.3 创建建筑对象

　　除了前面介绍的标准基本体和扩展基本体外，3ds Max 9还为用户提供了一些建筑对象创建工具，像门、窗户、墙壁、楼梯、护栏、植物等，本节就为读者介绍一下这些建筑对象的具体创建方法。

3.3.1 创建门和窗

　　使用"几何体"创建面板"门"和"窗"分类中的工具按钮可以创建各种常见的门和窗户模型，下面分别进行介绍。

1. 门

　　3ds Max 9 为用户提供了枢轴门、推拉门和折叠门三种门模型，如图 3-87 所示。由于这三种门的创建方法类似，在此以枢轴门为例介绍一下具体操作。

枢轴门　　　　　　　　　　　推拉门　　　　　　　　　　折叠门

图 3-87　枢轴门、推拉门和折叠门的效果

Step 01 单击"几何体"创建面板"门"分类中的"枢轴门"按钮，在打开的"创建方法"卷展栏中设置枢轴门的创建方法（默认为"宽度/深度/高度"），如图 3-88 左侧两图所示。

Step 02 在透视视图中单击并拖动，然后释放鼠标左键，确定门的宽度；再向上移动鼠标到适当位置单击，确定门的深度；继续向上移动鼠标，到适当位置后单击，确定门的高度，即可创建枢轴门，如图 3-88 右侧三图所示。

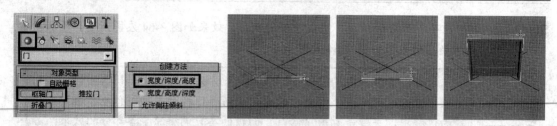

图 3-88　创建枢轴门

创建完枢轴门后，利用"修改"面板"参数"和"页扇参数"卷展栏（参见图 3-89）中的参数可以调整门和门扇的效果，在此着重介绍如下几个参数。

- ➤ **双门**：该复选框决定是创建单扇门（默认）还是双扇门。
- ➤ **翻转转动方向**：该复选框决定门是外拉（默认）还是内推。
- ➤ **翻转转枢**：该复选框决定转枢在右侧（默认）还是左侧。
- ➤ **打开**：该编辑框决定门打开的角度。
- ➤ **门框**：该区中的参数决定是否创建门框，以及门框的宽度、深度，门前表面与门框前表面间的距离。
- ➤ **页扇**：该区中的参数用于设置门的厚度，门挺/顶梁、底梁的宽度，水平和垂直窗格数，以及门窗格中镶板的类型（如果镶板为玻璃，可以设置玻璃的厚度。如果镶板为木质，可以设置倒角参数。图 3-90 所示为木质镶板枢轴门的结构）。

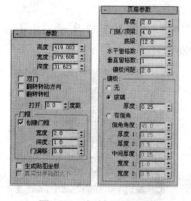

图 3-89　枢轴门的参数

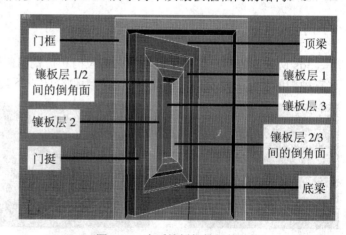

图 3-90　木质镶板枢轴门的结构

在"页扇参数"卷展栏中，"镶板"区"有倒角"单选钮下方的参数用于设置木质镶板的效果。其中，"厚度 1"和"宽度 1"编辑框决定镶板层 1 的厚度和宽度，"厚度 2"和"宽度 2"编辑框决定镶板层 2 的厚度和宽度，"中间厚度"编辑框决定镶板层 3 的厚度。

2. 窗户

3ds Max 9 为用户提供了遮篷式窗、平开窗、固定窗、旋开窗、伸出式窗和推拉窗 6

种窗户模型，如图 3-91 所示。

遮篷式窗

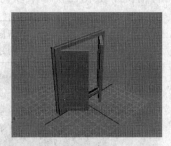

平开窗

固定窗

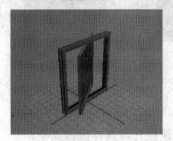

旋开窗

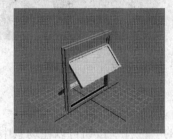

伸出式窗

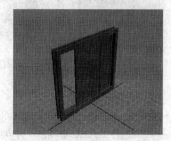

推拉窗

图 3-91　各种窗户的效果

　　由于窗户的创建方法与门类似，在此不做介绍。创建完窗户后，利用"修改"面板"参数"卷展栏中的参数可调整窗户的效果。各参数的作用与枢轴门参数类似，在此不做介绍。

3.3.2　创建 AEC 扩展对象

　　利用 3ds Max 9 "几何体"创建面板"AEC 扩展"分类中的工具按钮，可以在场景中创建植物、栏杆和墙壁，下面分别进行介绍。

1. 植物

　　3ds Max 9 为用户提供了一个植物库，利用该库中的植物创建按钮可以非常方便地创建各种常见的植物模型，具体操作如下。

Step 01　单击"几何体"创建面板"AEC 扩展"分类中的"植物"按钮，打开"收藏的植物"卷展栏，如图 3-92 左图和中图所示。

Step 02　在"收藏的植物"卷展栏中单击要创建的植物，然后在视图中单击鼠标，即可创建该植物，如图 3-92 右图所示。

　　创建完植物后，利用"修改"面板"参数"卷展栏（参见图 3-93）中的参数可以调整植物的效果，在此着重介绍如下几个参数。

　　➢　**密度：**设置植物中树叶的密度。

　　➢　**修剪：**修剪植物，以增加或减少植物的枝叶。

　　➢　**种子：**调整该编辑框的值时，植物形态将产生随机的变化。

➢ **视口树冠模式：**设置何种情况下植物在视口中以树冠模式显示。

图 3-92　创建植物　　　　　　　　　　　　　图 3-93　植物的参数

2. 栏杆

使用"AEC 扩展"分类中的"栏杆"按钮可以在场景中创建栏杆，具体操作如下。

Step 01　单击"几何体"创建面板"AEC 扩展"分类中的"栏杆"按钮，然后在视图中单击并拖动鼠标，到适当位置后释放鼠标左键，确定栏杆的长度，如图 3-94 左图和中图所示。

Step 02　向上移动鼠标到适当位置并单击，确定栏杆的高度，完成栏杆的创建，如图 3-94 右图所示。

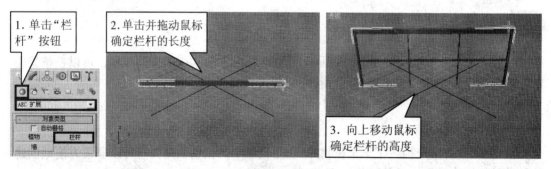

图 3-94　创建栏杆

利用"修改"面板"栏杆"卷展栏中的参数可以调整栏杆上围栏的形状和尺寸，以及下围栏、立柱、栅栏的形状、尺寸和数量；另外，使用"拾取栏杆路径"按钮，可以为栏杆指定一条路径曲线，使栏杆沿路径曲线排列分布，如图 3-95 所示。

3. 墙壁

使用"AEC 扩展"分类中的"墙"按钮，可以在场景中创建墙壁，具体操作如下。

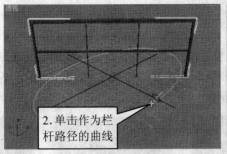

1.创建完直线型栏杆后,单击此按钮

2.单击作为栏杆路径的曲线

3.调整栏杆参数后的效果

图 3-95 沿路径曲线创建栏杆

Step 01 单击"几何体"创建面板"AEC 扩展"分类中的"墙"按钮,在打开的"参数"卷展栏中设置墙壁的宽度和高度,如图 3-96 左图和中图所示。

Step 02 在视图中单击鼠标左键,确定墙壁起始点的位置;然后移动鼠标到适当位置并单击,确定墙壁第一个拐点的位置;继续移动鼠标并单击,确定墙壁其他拐点的位置,如图 3-96 右图所示。创建完成后,右击鼠标可退出墙壁创建模式。

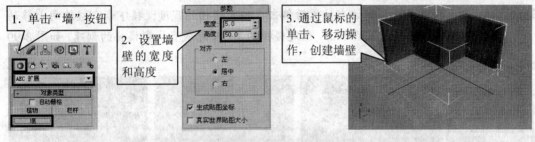

1. 单击"墙"按钮

2. 设置墙壁的宽度和高度

3. 通过鼠标的单击、移动操作,创建墙壁

图 3-96 创建墙壁

经验之谈

　　创建完墙壁后,设置墙壁的修改对象为"剖面",然后选中墙壁的任一分段,并设置"编辑剖面"卷展栏中"高度"编辑框的值;再依次单击"创建山墙"和"删除"按钮,可为该墙壁分段创建山墙,如图 3-97 所示。

　　创建好山墙后,利用工具栏中的"选择并移动"工具 ✛ ,可水平调整山墙顶点的位置。

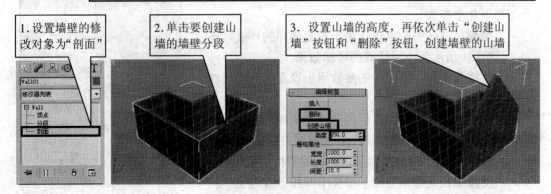

1.设置墙壁的修改对象为"剖面"

2.单击要创建山墙的墙壁分段

3.设置山墙的高度,再依次单击"创建山墙"按钮和"删除"按钮,创建墙壁的山墙

图 3-97 创建墙壁剖面的山墙

3.3.3 创建楼梯

使用 3ds Max 9 "几何体" 创建面板 "楼梯" 分类中的相关按钮，可以分别在场景中创建 L 型楼梯、U 型楼梯、直线型楼梯和螺旋型楼梯，如图 3-98 所示。由于各种楼梯模型的创建方法类似，在此以直线型楼梯为例做一下具体介绍。

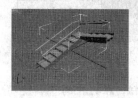

图 3-98 L 型楼梯、U 型楼梯、直线型楼梯和螺旋型楼梯效果

Step 01 单击 "几何体" 创建面板 "楼梯" 分类中的 "直线楼梯" 按钮，然后在透视视图中单击并拖动鼠标，到适当位置后释放鼠标左键，确定楼梯的长度，如图 3-99 左侧两图所示。

Step 02 向上移动鼠标，到适当位置后单击，确定楼梯的宽度；接下来，继续向上移动鼠标，到适当位置后单击，确定楼梯的高度，完成直线型楼梯的创建，如图 3-99 右侧两图所示。

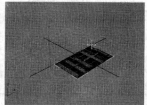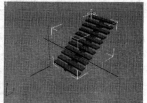

图 3-99 创建直线型楼梯

创建完楼梯后，利用 "修改" 面板中 "参数"、"支撑梁"、"侧弦" 和 "栏杆" 卷展栏中的参数可设置楼梯的样式、组成部分、布局和台阶等，如图 3-100 所示。在此着重介绍如下几个参数。

➢ **类型：**该区中的单选钮用于设置楼梯的样式，图 3-101 所示为不同样式的楼梯效果。

➢ **生成几何体：**该区中的参数用于设置创建的楼梯包含哪些部件。

➢ **梯级：**该区中的编辑框用于设置楼梯的高度、阶梯数及每级阶梯的高度。各编辑框右侧的 "锁定" 按钮 🔒 用于控制是否锁定当前编辑框中的数值。

➢ **支撑梁：**支撑梁为位于楼梯中间和下方的梁。利用该卷展栏中的参数可以设置支撑梁的数量（默

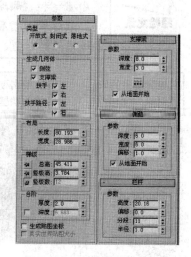

图 3-100 直线型楼梯的参数

认情况下，只有一个支撑梁），以及支撑梁的深度和宽度。

开放式直线型楼梯

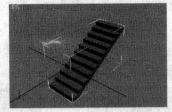
封闭式直线型楼梯

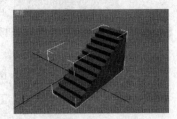
落地式直线型楼梯

图 3-101　不同样式的直线型楼梯效果

> **侧弦**：侧弦为位于楼梯两侧的挡板，利用该卷展栏中的参数可以设置侧弦的深度和宽度，以及侧弦距楼梯的距离。

> **栏杆**：该卷展栏中的参数用于设置楼梯扶手的效果。其中，"高度"编辑框用于设置扶手距楼梯的距离；"偏移"编辑框用于设置扶手偏离楼梯边缘的距离；"分段"编辑框用于设置扶手截面圆的分段数，数值越大，扶手越光滑；"半径"编辑框用于设置扶手截面圆的半径。

综合实例 3——创建房屋模型

下面通过制作房屋模型来练习各种常用建筑对象的创建方法，图 3-102 左图所示为创建好的房屋模型，图 3-102 右图所示为添加材质并渲染后的效果。

图 3-102　房屋模型的效果

制作思路

创建时，先使用"墙"工具创建房屋的墙壁，然后使用"固定窗"和"推拉窗"工具制作房屋的窗户；再使用"枢轴门"、"栏杆"和"直线楼梯"工具制作房屋的门、栏杆和台阶；最后，导入房屋的其他组件，完成房屋模型的制作。

制作步骤

Step 01　单击"几何体"创建面板"AEC 扩展"分类中的"墙"按钮，在打开的"参数"

卷展栏中设置墙的宽度为 10、高度为 480，再在顶视图中图 3-103 右上图所示
位置依次单击，此时墙壁的效果如图 3-103 左下图所示。

Step 02 单击墙壁的起始顶点，在弹出的对话框中单击"是"按钮，将墙壁的起始点和
结束点焊接起来；然后连续右击鼠标，退出墙壁创建模式，至此就完成了墙壁
的创建，效果如图 3-103 右下图所示。

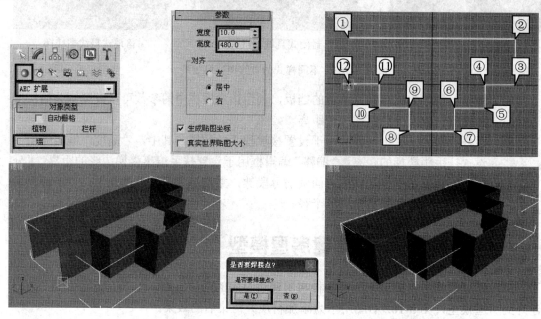

图 3-103　创建一个闭合墙壁

Step 03 打开"修改"面板，设置墙壁的修改对象为"顶点"，然后参照图 3-104 右图所
示的顶点间距调整墙壁各顶点的位置。

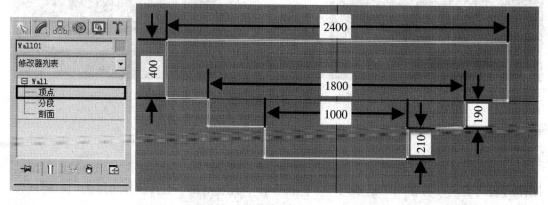

图 3-104　调整墙壁各顶点的位置

Step 04 单击"编辑顶点"卷展栏中的"连接"按钮，然后依次单击墙壁中图 3-105 中
图所示的两个顶点，将二者连接起来，效果如图 3-105 右图所示。

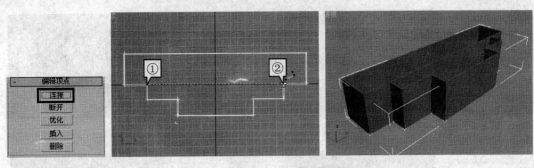

图 3-105　连接墙壁的顶点

Step 05　单击"编辑顶点"卷展栏中的"优化"按钮，然后在图 3-106 中图所示位置单击鼠标，插入四个顶点；接下来，利用"编辑顶点"卷展栏中的"连接"按钮将插入的顶点两两连接起来，如图 3-106 右图所示。

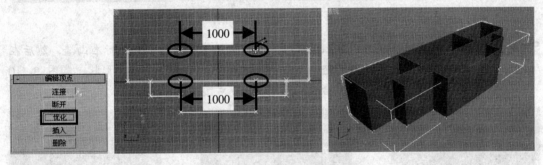

图 3-106　插入四个顶点并连接插入的顶点

Step 06　如图 3-107 所示，设置墙壁的修改对象为"分段"，然后选中左二图所示的墙壁分段，再调整"编辑分段"卷展栏中"高度"编辑框的值为 600。

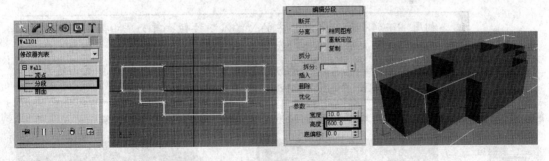

图 3-107　调整墙壁分段的高度（1）

Step 07　参照前述操作，将墙壁中图 3-108 左图所示分段的高度设为"360"，将图 3-108 中图所示分段的高度设为"240"，效果如图 3-108 右图所示。

Step 08　如图 3-109 所示，设置墙壁的修改对象为"剖面"，并选中左二图中所示的剖面；然后设置"编辑剖面"卷展栏中"高度"编辑框的值为"120"；接下来，依次单击"创建山墙"和"删除"按钮，为选中剖面创建标准山墙。

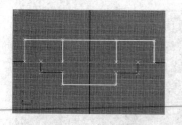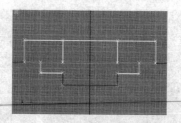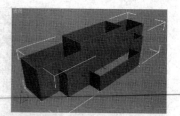

图 3-108 调整墙壁分段的高度（2）

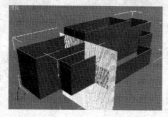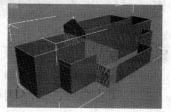

图 3-109 创建标准山墙

Step 09 参照前述操作，为图 3-110 左图所示剖面创建高度为 120 的标准山墙，然后在左视图中沿水平方向调整山墙最高点的位置，以调整山墙的形状，如图 3-110 中图所示，调整后的山墙效果如图 3-110 右图所示。

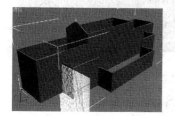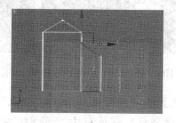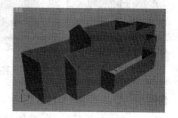

图 3-110 创建非标准山墙

经验之谈

利用"编辑剖面"卷展栏中的"插入"按钮也可为选中的剖面创建山墙。如图 3-111 所示，单击"编辑剖面"卷展栏中的"插入"按钮，然后单击墙壁剖面的上端并拖动鼠标，到适当位置后释放左键，确定山墙最高点的位置；再单击"删除"按钮，即可完成山墙的创建。

Step 10 参照前述操作，为墙壁的其他剖面创建山墙，效果如图 3-112 所示。

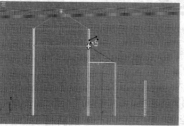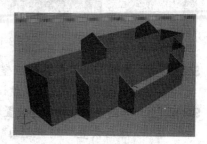

图 3-111 利用插入工具创建山墙　　　　　图 3-112 为其他墙壁分段创建山墙

Step 11　设置墙壁的修改对象为"顶点"，然后使用"优化"按钮在墙壁中插入 8 个顶点，并参照图 3-113 所示调整各顶点的位置。

Step 12　设置墙壁的修改对象为"剖面"，然后为插入顶点间的墙壁分段创建标准山墙(长 170 的墙壁分段，山墙高度为 60；长 110 的墙壁分段，山墙高度为 36)，效果如图 3-114 所示。至此就完成了房屋墙壁的创建。

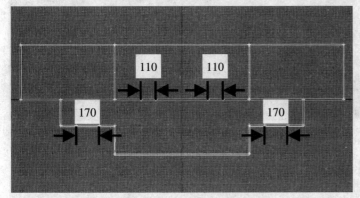

图 3-113　为墙壁插入 8 个顶点　　　　　图 3-114　创建好的房屋墙壁

Step 13　单击"几何体"创建面板"窗"分类中的"固定窗"按钮，然后在打开的"创建方法"卷展栏中设置固定窗的创建方法（默认为"宽度/深度/高度"），如图 3-115 左侧两图所示。

Step 14　在透视视图中单击并拖动鼠标，到适当位置后释放鼠标左键，确定固定窗的宽度；然后向上移动鼠标，到适当位置后单击，确定固定窗的深度（即窗户的厚度）；继续移动鼠标，到适当位置后单击，确定固定窗的高度，如图 3-115 右侧三图所示。至此就完成了固定窗的创建。

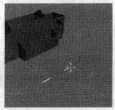

图 3-115　创建一个固定窗

Step 15　打开"修改"面板，在"参数"卷展栏中参照图 3-116 左图所示调整固定窗的参数；然后利用移动克隆再复制出三个固定窗，并调整各固定窗的位置，作为阁楼的侧窗，效果如图 3-116 右图所示。

Step 16　利用移动克隆将前面创建的固定窗再克隆出 6 个，并参照图 3-117 左图所示调整其参数，然后调整其位置，作为主房间的侧窗，效果如图 3-117 右图所示。

Step 17　利用移动克隆将前面创建的固定窗再克隆出 2 个，并参照图 3-118 左图所示调整其参数，然后调整其位置，作为房屋阳台的窗户，效果如图 3-118 右图所示。

图 3-116 制作阁楼的侧窗

图 3-117 创建主房间的侧窗

图 3-118 创建阳台的窗户

Step 18 参照固定窗的创建操作，利用"几何体"创建面板"窗"分类中的"推拉窗"按钮在透视视图中创建一个推拉窗，并参照图 3-119 左图所示调整其参数；然后利用移动克隆将推拉窗再克隆出 1 个，并调整其位置，作为阁楼的主窗，效果如图 3-119 右图所示。

图 3-119　创建阁楼的主窗

利用推拉窗"参数"卷展栏"打开窗"区中的"打开"编辑框可以设置窗户的打开程度，利用"悬挂"复选框可以设置推拉窗的推拉方向（选中时推拉窗的推拉方向为垂直方向；取消选择时，推拉窗的推拉方向为水平方向）。

Step 19 利用移动克隆将前面创建的推拉窗再克隆出 2 个，并参照图 3-120 左图所示调整其参数，然后调整其位置，作为主房间的主窗，效果如图 3-120 右图所示。

图 3-120　创建主房间的主窗

Step 20 单击"几何体"创建面板"门"分类中的"枢轴门"按钮，在打开的"创建方法"卷展栏中设置枢轴门的创建方法，如图 3-121 左侧两图所示。

Step 21 在透视视图中单击并拖动鼠标，到适当位置后释放鼠标左键，确定枢轴门的宽度；然后向上移动鼠标，到适当位置后单击，确定枢轴门的深度（即枢轴门的厚度）；继续移动鼠标，到适当位置后单击，确定枢轴门的高度，如图 3-121 右侧三图所示。至此就完成了枢轴门的创建。

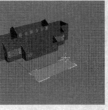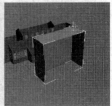

图 3-121　创建一个枢轴门

Step 22 打开"修改"面板，在"参数"卷展栏中参照图 3-122 左图和中图所示调整枢轴门的参数；然后利用移动克隆再复制出一个枢轴门，并调整两个枢轴门的位置，作为阳台的门，效果如图 3-122 右图所示。

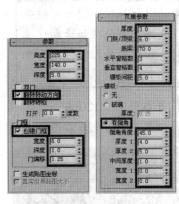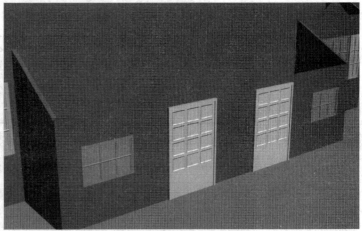

图 3-122　创建阳台门

Step 23 利用文件合并操作，导入本书配套光盘"素材与实例" > "第 3 章" > "房屋组件"文件夹中"门.max"、"屋顶.max"、"拱形窗.max"、"天窗.max"、"烟囱.max"和"地基和脚线.max"等文件中的模型，然后进行克隆、缩放和位置调整，效果如图 3-123 所示。

Step 24 单击"几何体"创建面板"AEC 扩展"分类中的"栏杆"按钮，然后在透视视图中单击并拖动鼠标，到适当位置后释放左键，确定栏杆的长度；再向上移动鼠标到适当位置并单击，确定栏杆的高度，创建直线型栏杆，如图 3-124 所示。

Step 25 打开"修改"面板，参照图 3-125 左侧三图所示在"栏杆"、"立柱"和"栅栏"卷展栏中调整栏杆的基本参数，此时栏杆的效果如图 3-125 右图所示。

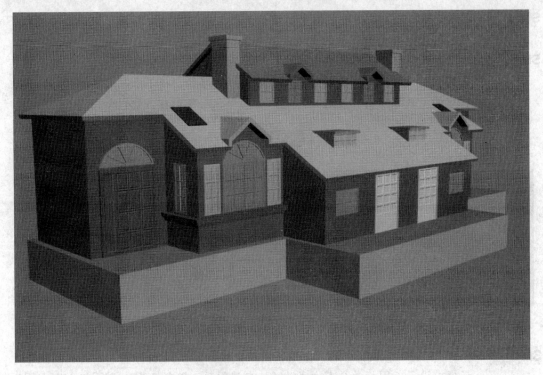

图 3-123 导入房屋组件

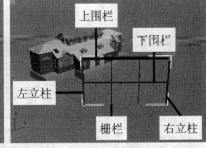

图 3-124 创建直线型栏杆

图 3-125 栏杆的参数

Step 26 利用"矩形"工具在顶视图中创建一个长 150、宽 1000 的矩形，然后转换为可编辑样条线并删除矩形的上边，效果如图 3-126 所示。

Step 27 选中直线型栏杆，然后单击"栏杆"卷展栏中的"拾取栏杆路径"按钮，再单击前面创建的矩形，拾取该矩形作为栏杆的路径；接下来，选中"栏杆"卷展栏中的"匹配拐角"复选框，使栏杆的形状与矩形相匹配，如图 3-127 所示。

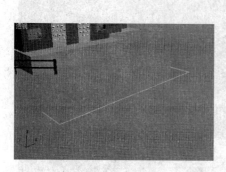 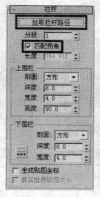 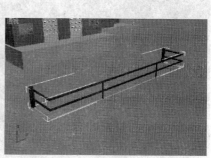

图 3-126　创建一个矩形并进行调整　　　　　　图 3-127　使栏杆沿矩形分布

Step 28 单击"栏杆"卷展栏中的"下围栏间距"按钮，在打开的"下围栏间距"对话框中设置下围栏的分布方式为"从末端间隔，指定数量"，如图 3-128 左侧两图所示；参照下围栏间距的调整方法，设置立柱的数量为 10，栅栏的数量为 4；最后，调整栏杆的位置，作为房屋阳台的栏杆，效果如图 3-128 右图所示。

 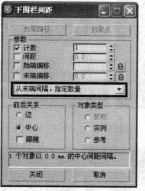 

图 3-128　调整栏杆中下围栏、立柱和栅栏的数量

Step 29 利用"栏杆"工具创建一个直线型栏杆，并设置其长度为 150，立柱数量为 1，其他参数与前面栏杆相同，然后调整其位置，效果如图 3-129 所示。

Step 30 利用移动克隆将前面创建的直线型栏杆再复制出 4 个，并设置立柱的数量为 2，然后调整各栏杆的角度和位置，作为侧门的栏杆，效果如图 3-130 所示。

Step 31 单击"几何体"创建面板"楼梯"分类中的"直线楼梯"按钮，然后在透视视图中单击并拖动鼠标，到适当位置后释放左键，确定楼梯的长度；再向上移动鼠标,到适当位置后单击,确定楼梯的宽度;继续移动鼠标,到适当位置后单击,确定楼梯的高度,完成直线型楼梯的创建,如图 3-131 所示。

图 3-129 创建阳台间的栏杆隔断   图 3-130 创建侧门的栏杆

图 3-131 创建直线型楼梯

Step 32 打开"修改"面板,参照图 3-132 左图和中图所示调整直线型楼梯的基本参数,然后利用移动克隆再复制出一个直线型楼梯,并调整两楼梯的角度和位置,作为房屋侧门前的阶梯,效果如图 3-132 右图所示。

图 3-132 创建房屋侧门前的阶梯

Step 33 利用"球体"工具在透视视图中创建 12 个半径为 15 的球体,并调整各球体的位置,作为栏杆立柱顶端的小球,至此就完成了房屋模型的创建,效果如图 3-102 左图所示,为房屋模型添加材质并渲染后的效果如图 3-102 右图所示。

实例点评

> 本实例主要利用了墙壁、固定窗、推拉窗、枢轴门、栏杆、直线型楼梯等来制作房屋模型。创建的过程中，关键是编辑房屋的墙壁，及利用"修改"面板的参数调整门窗等部件的效果；另外，还要注意调整房屋各部件的位置、角度，以及导入组件的大小。

本章小结

本章主要介绍了 3ds Max 9 中各种常用基本三维模型的创建方法，并提供了相应的实例进行练习。在三维动画设计中，大部分模型都是通过编辑、修改基本三维模型获得。通过本章的学习，读者应：

➤ 掌握各种标准基本体、扩展基本体和建筑对象的创建方法。
➤ 了解各标准基本体、扩展基本体、建筑对象基本参数的含义，知道如何使用这些参数调整基本三维对象的效果。

思考与练习

一、填空题

1. 基本三维对象包括＿＿＿＿＿＿、＿＿＿＿＿＿＿和＿＿＿＿＿＿三类，其中，＿＿＿＿＿＿是3ds Max 9中最基本且常用的三维模型，＿＿＿＿＿＿是建筑领域常用的基本三维模型。

2. 创建完圆环后，利用"修改"面板"参数"卷展栏中的＿＿＿＿编辑框可以设置圆环中心点到圆环截面圆圆心的距离，利用＿＿＿＿编辑框可以设置圆环截面圆的半径。

3. 在切角长方体的"参数"卷展栏中，＿＿＿＿编辑框用于设置切角长方体各棱圆角的大小，＿＿＿＿编辑框于设置切角长方体圆角面的分段数，数值越大，圆角面越光滑。

4. 环形结可以看作是将＿＿＿＿＿打结形成的三维对象，在调整其参数时，选中＿＿＿＿＿单选钮，环形结变为标准圆环；选中＿＿＿＿单选钮，环形结变为打结的圆环。

5. 使用"几何体"创建面板＿＿＿＿和＿＿＿＿分类中的按钮可以创建各种常见的门和窗户模型；使用＿＿＿＿＿分类中的按钮，可以在场景中创建植物、栏杆和墙壁；在＿＿＿＿分类中系统为用户提供了一些常见楼梯模型的创建按钮。

二、选择题

1. 创建茶壶时，取消"参数"卷展栏"茶壶部件"区中的＿＿＿＿复选框，可以创建一个无盖茶壶。

    A．壶体   B．壶嘴   C．壶把   D．壶盖

2. 下列三维对象中，＿＿＿＿不能通过调整参数变成圆柱体。

    A．管状体   B．圆环   C．圆锥体   D．纺锤体

3. _____外形像一条塑料水管，常用来连接两个三维对象。

    A．软管   B．环形结   C．胶囊   D．栏杆

4. 在下列门模型中，_____不能使用 3ds Max 9 中的工具直接创建。

    A．枢轴门   B．推拉门   C．旋转门   D．折叠门

三、操作题

利用本章所学知识，创建图 3-133 所示的挂钟模型。

图 3-133　挂钟效果

提示：

（1）使用长方体、圆柱体、圆环和切角长方体创建挂钟的外壳和表盘，如图 3-134 左图所示。

（2）使用球体和圆柱体创建挂钟的钟摆，如图 3-134 中图所示。

（3）使用圆锥体和圆柱体创建挂钟的指针和指针转轴，如图 3-134 右图所示。

（4）调整挂钟各部分的位置并进行群组，完成挂钟模型的创建。

图 3-134　挂钟的创建过程

第4章

使用修改器

本章内容提要

- 修改器概述 110
- 二维图形修改器 112
- 三维对象修改器 122
- 动画修改器 131

章前导读

修改器是三维动画设计中常用的编辑修改工具，为对象添加修改器后，调整修改器的参数或编辑其子对象，即可修改对象的形状。

本章将从修改面板的使用、二维图形修改器、三维对象修改器、动画修改器等方面，为读者介绍一下 3ds Max 9 中修改器的使用方法。

4.1　修改器概述

在介绍修改器之前，我们先系统的了解一下修改器和修改面板。

4.1.1　什么是修改器——制作子弹头

简单地讲，修改器就是"修改对象显示效果的利器"。下面以一个使用"挤压"修改器制作子弹头的例子，说明什么是修改器。

Step 01 使用"圆柱体"工具在透视视图中创建一个圆柱体，作为制作子弹头的基本几何体，圆柱体的参数和效果如图 4-1 所示。

Step 02 选中圆柱体，然后单击"修改"面板中的"修改器列表"下拉列表框，从弹出的下拉列表中选择"挤压"项，为圆柱体添加挤压修改器，如图 4-2 所示。

Step 03 在"修改"面板的"参数"卷展栏中参照图 4-3 左图所示设置挤压修改器的参数，即可创建子弹头模型，效果如图 4-3 右图所示。

  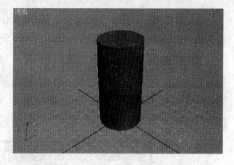

图 4-1 创建一个圆柱体

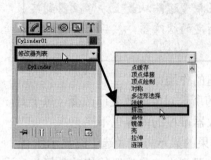  

图 4-2 为圆柱体添加挤压修改器 　　　图 4-3 修改器的参数和修改后的效果

4.1.2 认识修改面板

修改面板是使用修改器时的主操作区，单击 3ds Max 9 命令面板中的"修改"标签 即可打开该面板，如图 4-4 所示。它由修改器列表、修改器堆栈、修改器控制按钮和参数列表四部分组成，各部分作用如下。

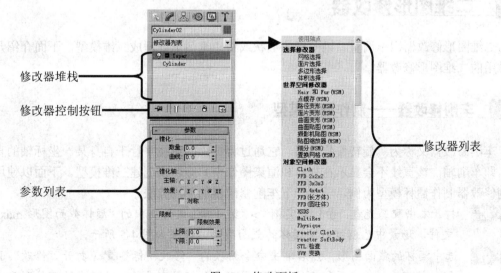

图 4-4 修改面板

(1)修改器列表：单击该下拉列表框会弹出修改器下拉列表，如图 4-4 右图所示。在下拉列表中单击要添加的修改器，即可将该修改器应用于当前对象。

(2)修改器堆栈：修改器堆栈用于显示和管理当前对象使用的修改器。拖动修改器在堆栈中的位置，可以调整修改器的应用顺序（系统始终按由底到顶的顺序应用堆栈中的修改器）；此时对象最终的修改效果将随之发生变化；右击堆栈中修改器的名称，通过弹出的快捷菜单可以剪切、复制、粘贴、删除或塌陷修改器。

> 塌陷修改器就是在不改变修改器修改效果的基础上删除修改器，使系统不必每次选中对象都要进行一次修改器修改，以节省内存。
>
> 如果希望塌陷所有修改器，可在修改器堆栈中右击任一修改器，然后从弹出的快捷菜单中选择"塌陷全部"；如果希望塌陷从最上方修改器到某个指定修改器之间的所有修改器，可右击指定的修改器，然后从弹出的快捷菜单中选择"塌陷到"。

(3)修改器控制按钮：该按钮区包含 5 个按钮，各按钮的作用如下。

➤ **锁定堆栈**：锁定修改器堆栈，使堆栈内容不随所选对象的改变而改变（每个对象都有对应的修改器堆栈。所选对象不同，修改器堆栈的内容也不同）；

➤ **显示最终结果开/关切换**：控制修改器修改效果的显示方式（选中时显示所有修改器的修改效果，取消选择时只显示底部修改器到当前修改器的修改效果）；

➤ **使唯一**：断开对象或修改器间的实例和参考关系；

➤ **从堆栈中移除修改器**：删除修改器堆栈中当前选中的修改器；

➤ **配置修改器集**：配置修改器集合，以调整修改器列表中修改器的显示方式。

(4)参数列表：该区显示了修改器堆栈中当前所选修改器的参数，利用这些参数可以修改对象的显示效果。

4.2 二维图形修改器

二维图形修改器用于调整二维图形的形状或将二维图形处理成三维模型，下面介绍几种常用的二维图形修改器。

4.2.1 车削修改器——制作酒杯模型

车削修改器又称为"旋转"修改器，它通过将二维图形绕平行于自身某一坐标轴的直线（即车削轴，该直线不会显示在视口和渲染图像中）旋转来创建三维模型。下面以使用车削修改器制作酒杯模型为例，学习一下车削修改器的使用方法。

Step 01 打开本书配套光盘"素材与实例">"第 4 章"文件夹中的"酒杯截面图形.max"文件，场景中已创建好了酒杯的截面图形，效果如图 4-5 所示。

Step 02 选中酒杯的截面图形，然后单击命令面板的"修改"标签，打开"修改"面板；接下来，单击面板中的"修改器列表"下拉列表框，从弹出的下拉列表中选择"车削"项，为酒杯的截面图形添加车削修改器，如图 4-6 所示。

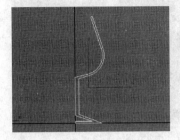
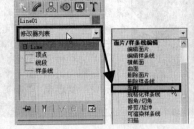
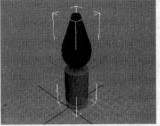

图 4-5 酒杯截面图形的效果　　　　　　　　图 4-6 为酒杯截面图形添加车削修改器

Step 03 参照图 4-7 中图所示，调整车削修改器的参数，完成酒杯模型的创建，效果如图 4-7 右图所示。

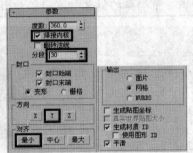
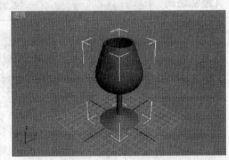

图 4-7 调整车削修改器的参数

在车削修改器的"参数"卷展栏中，"焊接内核"复选框用于焊接车削对象中两两重合的顶点，以获得结构简单、平滑无缝的三维对象，如图 4-8 所示；"翻转法线"复选框用于翻转车削对象表面的法线方向，使内外表面互换；"封口"区中的参数用于控制是否对车削对象的开始和结束端进行封口处理，如图 4-9 所示。

利用"方向"区中的参数可以调整车削轴的方向，使其与二维图形自身的 X 轴、Y 轴或 Z 轴同向；利用"对齐"区中的参数可以调整车削轴在二维图形中的位置，"最小"表示与图形左边界对齐，"中心"表示与图形中心点对齐，"最大"表示与图形右边界对齐。

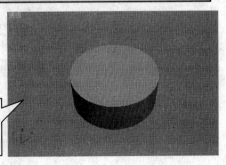

未选中"焊接内核"复选框时的车削效果

选中"焊接内核"复选框时的车削效果

图 4-8 选中"焊接内核"复选框前后的车削效果

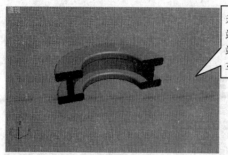
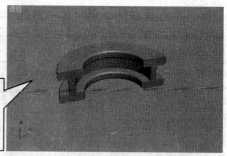

未选中"封口始端"和"封口末端"复选框时的车削效果

选中"封口始端"和"封口末端"复选框时的车削效果

图 4-9　为车削对象封口前后的车削效果

除利用车削修改器"参数"卷展栏"方向"和"对齐"区中的参数调整车削轴的方向和位置外，还可以设置修改器的修改对象为"轴"，然后利用移动和旋转操作来手动调整车削轴的位置和方向，如图 4-10 所示。

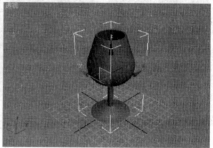

图 4-10　调整车削轴的位置

4.2.2　挤出修改器——制作三维文字

挤出修改器通过将二维图形沿自身 Z 轴拉伸一定的高度来创建三维模型，下面以挤出处理文本创建三维文字为例，介绍一下挤出修改器的使用方法。

Step 01　在前视图中创建文本，并为其添加"挤出"修改器，如图 4-11 左侧两图所示。

Step 02　在挤出修改器的"参数"卷展栏中设置挤出的数量、分段数和封口方式，完成文本的挤出处理，如图 4-11 右侧两图所示。

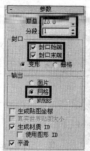

图 4-11　使用挤出修改器

4.2.3　倒角修改器——制作三维泊车标志

倒角修改器也是通过拉伸二维图形创建三维模型，不同的是倒角修改器可以进行多次拉伸处理，而且在拉伸的同时可以缩放二维图形，以产生倒角面。下面以倒角处理二维图形制作三维泊车标志为例，介绍一下倒角修改器的使用方法。

Step 01　打开本书配套光盘"素材与实例"＞"第 4 章"文件夹中的"泊车标志截面图形.max"文件，场景中已创建了泊车标志的截面图形，效果如图 4-12 所示。

Step 02　参照 4.2.1 节中的操作，为泊车标志的截面图形添加"倒角"修改器，然后参照图 4-13 左图和中图所示，在"参数"和"倒角值"卷展栏中设置倒角修改器的参数，完成三维泊车标志的制作，效果如图 4-13 右图所示。

图 4-12　泊车标志截面图形　　　　图 4-13　添加倒角修改器并调整倒角值

使用倒角修改器时，利用"倒角值"卷展栏中的"起始轮廓"编辑框可设置二维图形的初始缩放值；利用"高度"和"轮廓"编辑框可设置各级拉伸处理的拉伸高度和拉伸过程中二维图形的缩放值；利用"级别 2/3"复选框可控制是否进行 2 级和 3 级拉伸处理。

另外，选中"参数"卷展栏"曲面"区中的"曲线侧面"单选钮，且倒角对象的曲面分段数大于 1 时，倒角面将由平面变为曲面，如图 4-14 所示；利用"级间平滑"复选框可控制是否对各级倒角面的相交处进行平滑处理，如图 4-15 所示；选中"避免线相交"复选框可防止倒角对象中出现曲线交叉现象，但系统的运算量也大大增加。

图 4-14　选中"曲线侧面"单选钮的效果　　　图 4-15　选中"级间平滑"复选框的效果

4.2.4 倒角剖面修改器——制作肥皂盒

使用"倒角剖面"修改器可以将二维图形沿指定路径曲线进行拉伸处理，以创建三维模型。该修改器主要用于创建具有多个倒角面的三维对象，下面以倒角剖面处理二维图形创建肥皂盒为例，介绍一下倒角剖面修改器的使用方法。

Step 01 打开本书配套光盘"素材与实例">"第4章"文件夹中的"肥皂盒剖面.max"文件，场景中已创建了肥皂盒的剖面图形，效果如图4-16所示。

Step 02 利用"椭圆"工具在顶视图中创建一个椭圆，作为肥皂盒的轮廓线，其参数和效果如图4-17所示。

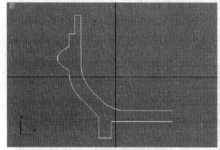
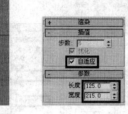
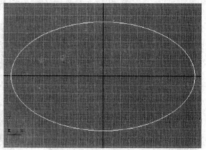

图4-16 肥皂盒的剖面图像　　　　　图4-17 椭圆的参数和效果

Step 03 为"Step02"创建的椭圆添加"倒角剖面"修改器，然后单击"参数"卷展栏中的"拾取剖面"按钮；再单击肥皂的剖面图形，将该图形作为修改器的剖面图形，如图4-18所示。

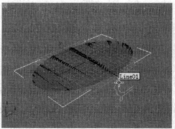
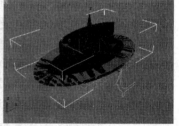

图4-18 对椭圆进行倒角剖面处理

Step 04 由于倒角剖面对象的效果不符合要求，需进行进一步的调整。如图4-19左图所示，设置倒角剖面修改器的修改对象为"剖面Gizmo"，然后利用旋转工具将倒角剖面对象中的剖面Gizmo线框绕Z轴旋转180°，此时倒角剖面对象的效果如图4-19右图所示。至此就完成了肥皂盒的创建。

> 　　使用倒角剖面修改器处理二维图形时需注意，作为剖面的二维图形属于倒角剖面对象的一部分，完成倒角剖面处理后不能删除。
> 　　另外，如果倒角剖面对象的大小不合适，可通过调整倒角剖面对象中剖面Gizmo线框的位置，来调整倒角剖面对象的大小。

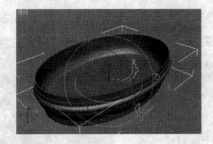

图 4-19 调整倒角剖面修改器中剖面 Gizmo 线框的角度

综合实例 1——创建沙发模型

本实例通过制作沙发模型来练习各种常用二维图形修改器的使用方法,图 4-20 左图所示为制作好的沙发模型,图 4-20 右图所示为添加材质后的效果。

图 4-20 沙发模型的效果

制作思路

创建沙发模型时,首先使用挤出和倒角修改器处理二维图形,创建沙发的扶手;然后使用倒角剖面修改器处理二维图形,创建沙发的靠背和底座;接下来,使用倒角剖面修改器处理二维图形,创建沙发的坐垫;最后,利用镜像克隆和移动克隆复制沙发各部分,并调整其角度和位置,完成沙发的创建。

制作步骤

Step 01 在前视图中创建一个长 13、宽 23 的椭圆,并转换为可编辑样条线,然后设置其修改对象为"顶点",并使用"几何体"卷展栏中的"优化"按钮为椭圆插入两个顶点,如图 4-21 所示。

Step 02 使用"插入"按钮为椭圆再插入两个顶点,如图 4-22 中图所示;然后删除椭圆最下方的顶点,并将优化操作插入顶点的类型切换为 Bezier 角点;接下来,调整这两个顶点的控制柄,使图形底部的线段变为直线段,如图 4-22 右图所示。

Step 03 在前视图中创建一个长 50、宽 10 的矩形,并调整其位置,效果如图 4-23 左图所示;然后将矩形附加到前面创建的图形中,并利用"布尔"工具对二者进行并集布尔运算，创建沙发扶手的截面图形，效果如图 4-23 右图所示。

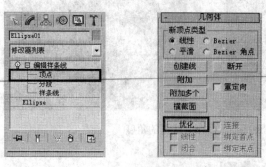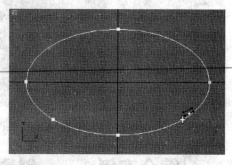

图 4-21 创建一个椭圆并为其插入两个顶点

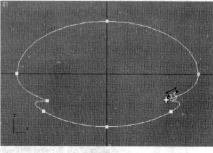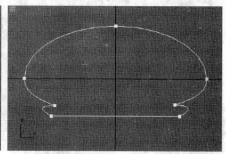

图 4-22 为椭圆再插入两个顶点

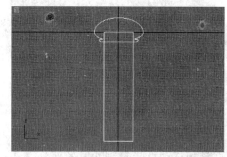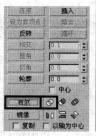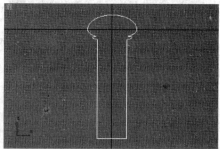

图 4-23 布尔运算创建扶手的截面图形

Step 04 利用移动克隆再复制一个沙发扶手截面图形，然后在前视图中再创建一个长 35、宽 5、角半径为 2 的圆角矩形，并附加到任一沙发扶手截面图形中，创建扶手前端装饰部的截面图形，如图 4-24 所示。

Step 05 选中沙发扶手的截面图形，然后单击命令面板中的"修改"标签 ，打开"修改"面板；再单击"修改器列表"下拉列表框，在弹出的下拉列表中选择"挤出"项，为沙发扶手的截面图形添加挤出修改器，如图 4-25 所示。

Step 06 参照图 4-26 左图所示调整挤出修改器的参数，创建沙发扶手的主体，效果如图 4-26 右图所示。

Step 07 参照前述操作，为扶手装饰部的截面图形添加"倒角"修改器，然后参照图 4-27 左图所示调整倒角修改器"倒角值"卷展栏的参数，创建扶手的装饰部；再调整装饰部的位置，完成扶手的创建，效果如图 4-27 右图所示。

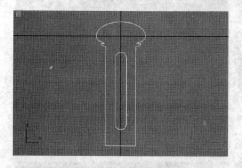

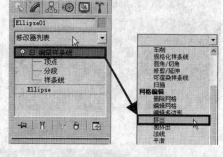

图 4-24 扶手装饰部的截面图形 　　　　　图 4-25 为扶手截面图形添加挤出修改器

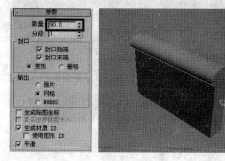

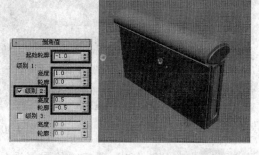

图 4-26 挤出修改器的参数和挤出效果 　　　　图 4-27 倒角修改器的参数和扶手效果

Step 08 在左视图中创建一条长 95、宽 90，效果如图 4-28 左图所示的闭合折线，然后按图示顺序更改指定顶点的类型为 "Bezier"，再使用 "几何体" 卷展栏中的 "圆角" 工具对闭合折线最上端的顶点进行圆角处理，创建沙发靠背和底座的路径曲线，效果如图 4-28 右图所示。

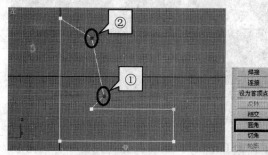

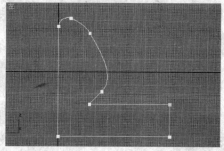

图 4-28 创建一条折线并调整其顶点

Step 09 在前视图中创建一个椭圆（长 2、宽 4）和一个矩形（长 25、宽 40、角半径为 7.5），然后调整椭圆的角度和位置，效果如图 4-29 左图所示。将椭圆和矩形合并到同一可编辑样条线中，然后使用 "几何体" 卷展栏中的 "布尔" 工具对矩形和椭圆进行 "并集" 运算，效果如图 4-29 右图所示。

Step 10 设置 "Step09" 所建二维图形的修改对象为 "分段"，然后删除图 4-30 中图所示线段，创建沙发靠背和底座的剖面图形，效果如图 4-30 右图所示。

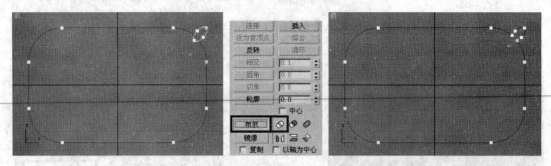

图 4-29　创建矩形和椭圆并进行布尔运算

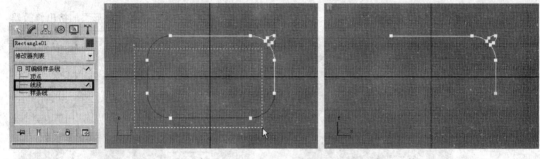

图 4-30　删除线段

Step 11 为 "Step08" 所建二维图形添加 "倒角剖面" 修改器，然后利用 "参数" 卷展栏中的 "拾取剖面" 按钮拾取 "Step10" 创建的二维图形，作为倒角剖面对象的剖面图形；再选中 "参数" 卷展栏中的 "避免线相交" 复选框，使倒角剖面对象不产生曲线交叉现象，此时倒角剖面对象的效果如图 4-31 右图所示。

图 4-31　倒角剖面处理沙发靠背底座的路径曲线和剖面图形

Step 12 设置倒角剖面修改器的修改对象为 "剖面 Gizmo"，然后在透视视图中将倒角剖面对象的剖面 Gizmo 线框绕 Z 轴旋转 90°，并沿 Y 轴移动 20 个单位，获得图 4-32 右图所示的倒角剖面对象。

Step 13 通过镜像克隆将 "Step12" 创建的倒角剖面对象再复制一个，并进行群组，完成沙发靠背和底座的创建，克隆的参数和效果如图 4-33 所示。

Step 14 使用 "矩形" 工具在顶视图中创建一个长 55、宽 65、角半径为 5 的矩形，作为沙发垫的路径曲线，效果如图 4-34 所示。

Step 15 使用 "矩形" 工具在左视图中创建一个长 15、宽 10 的矩形，然后将其转换为可编辑样条线，并删除矩形右侧的边；再将矩形所有顶点改为平滑型顶点，创建沙发垫的剖面图形，效果如图 4-35 所示。

Step 16　为"Step14"创建的矩形添加"倒角剖面"修改器，并拾取"Step15"创建的曲线作为剖面图形；然后在透视视图中将倒角剖面对象的剖面 Gizmo 线框绕 Z 轴旋转 180°，并沿 X 轴移动 - 10 个单位，获得图 4-36 所示的沙发垫。

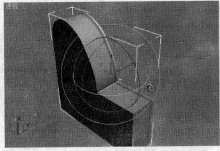

图 4-32　调整倒角剖面对象

图 4-33　镜像克隆创建沙发靠背和底座的另一半　　　　图 4-34　创建沙发垫的路径曲线

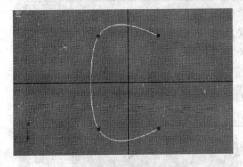
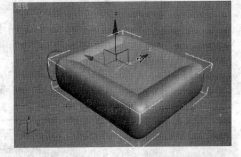

图 4-35　创建沙发垫的剖面图形　　　　　　图 4-36　沙发垫的效果

Step 17　克隆沙发各组成部分，并调整其位置和角度，完成沙发模型的创建，效果如图 4-20 左图所示，添加材质并渲染后的效果如图 4-20 右图所示。

　　本实例主要利用了挤出、倒角和倒角剖面修改器来处理二维图形，以创建沙发模型。创建时，关键要学会这几种修改器的使用方法；另外，还要注意调整沙发各组成部件的角度和位置。

4.3 三维对象修改器

三维对象修改器又称为"参数化修改器"，主要用于修改三维对象的形状。下面介绍几种典型且常用的三维对象修改器。

4.3.1 弯曲修改器——弯曲圆柱体

弯曲修改器用于将三维对象沿自身某一坐标轴弯曲一定的角度，下面以弯曲处理圆柱体为例，介绍一下其使用方法。

Step 01 在透视视图中创建一个圆柱体，然后为圆柱体添加"弯曲"修改器，如图 4-37 左侧两图所示。

Step 02 在"参数"卷展栏的"弯曲"区中设置弯曲处理的角度和方向，然后在"弯曲轴"区中设置弯曲处理的基准轴，完成圆柱体的弯曲处理，此时圆柱体将沿指定轴弯曲指定的角度，如图 4-37 右图所示。

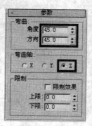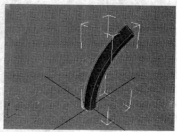

图 4-37　使用弯曲修改器

利用弯曲修改器"参数"卷展栏"限制"区中的参数可限制对象的弯曲效果。"上限"表示上部限制平面与修改器中心的距离，不能为负数；"下限"表示下部限制平面与修改器中心的距离，不能为正数；限制平面间的部分产生指定的弯曲效果，限制平面外的部分无弯曲效果，如图 4-38 所示。

设置修改器的修改对象为"中心"，然后利用"选择并移动"工具 ✥ 可调整修改器中心点的位置。

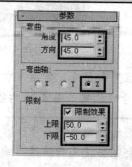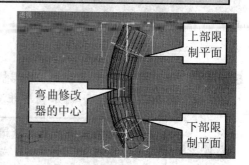

图 4-38　利用"限制"区中的参数限制修改器的弯曲效果

4.3.2 锥化修改器——锥化长方体

锥化修改器用于沿指定的坐标轴锥化处理三维对象（即沿指定方向，从始端到末端逐渐缩小或放大三维对象，以产生锥化变形）。下面以锥化处理长方体为例，介绍一下锥化修改器的使用方法。

Step 01 在透视视图中创建一个长方体，然后为长方体添加"锥化"修改器，如图 4-39 左侧两图所示。

Step 02 在"参数"卷展栏的"锥化"区中设置锥化修改的数量（"数量"编辑框的值大于 0 时，放大三维对象的末端，否则缩小三维对象的末端）和修改器 Gizmo 线框的侧面曲率（"曲线"编辑框的值大于 0 时，在 Gizmo 线框影响下，三维对象的侧面向外凸出；否则，向内凹陷）。

Step 03 在"锥化轴"和"限制"区中设置锥化修改的基准轴、效果轴和受限情况，完成长方体的锥化处理，如图 4-39 右侧两图所示。

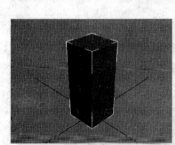   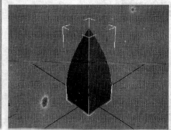

图 4-39 使用锥化修改器

温馨提示

使用锥化修改器锥化处理三维对象时，三维对象在锥化轴方向的分段要大于 1，否则调整"曲线"编辑框的值无任何效果。

另外，利用锥化修改器"参数"卷展栏"锥化轴"区中的"对称"复选框可控制三维对象是否沿锥化轴产生对称的锥化效果。

4.3.3 拉伸修改器——制作长颈壶

拉伸修改器用于沿三维对象自身某一坐标轴进行拉长或压缩处理。下面以拉伸处理茶壶，制作长颈壶为例，介绍一下其使用方法。

Step 01 在透视视图中创建一个茶壶，然后为茶壶添加"拉伸"修改器，如图 4-40 左侧两图所示。

Step 02 在"参数"卷展栏的"拉伸"区中设置对象拉伸的倍数和中间变细部分的放大倍数，然后在"拉伸轴"和"限制"区中设置拉伸的基准轴和受限制情况，完成茶壶的拉伸处理，如图 4-40 右侧两图所示。

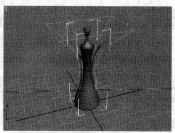

图 4-40　使用拉伸修改器

4.3.4　扭曲修改器——扭曲长方体

扭曲修改器用于绕三维对象自身的某一坐标轴进行扭曲处理。下面以扭曲处理长方体为例，介绍一下扭曲修改器的使用方法。

Step 01　在透视视图中创建一个长方体，然后为长方体添加"扭曲"修改器，如图 4-41 左侧两图所示。

Step 02　在"参数"卷展栏的"扭曲"区中设置三维对象扭曲的角度和扭曲部分向对象两端聚拢的程度（"偏移"编辑框的值为正数时向对象末端聚拢，否则向对象始端聚拢），然后在"扭曲轴"和"限制"区中设置扭曲的基准轴和受限制情况，完成长方体的扭曲处理，如图 4-41 右侧两图所示。

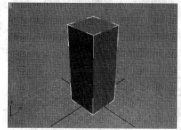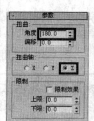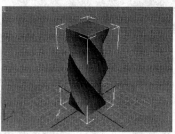

图 4-41　使用扭曲修改器

4.3.5　FFD 修改器——制作抱枕

FFD 修改器（即"自由形式变形"修改器）有"FFD 2×2×2"、"FFD 3×3×3"、"FFD 4×4×4"、"FFD（长方体）"和"FFD（圆柱体）"五种类型。这几种修改器的使用方法类似，下面以使用 FFD 4×4×4 修改器制作抱枕为例，介绍一下 FFD 修改器的使用方法。

Step 01　在透视视图中创建一个切角长方体，并为其添加"FFD 4×4×4"修改器，此时在切角长方体周围产生一个 4×4×4 的晶格阵列，如图 4-42 右图所示。

Step 02　设置修改器的修改对象为"控制点"，然后在顶视图中框选图 4-43 中图所示区域的控制点，并将其沿 Z 轴放大到原来的 300%，效果如图 4-43 右图所示。

Step 03　框选晶格阵列中图 4-44 左图所示控制点，并沿 Z 轴压缩到原来的 15%；然后框选晶格阵列中图 4-44 中图所示控制点，并沿 XY 平面放大到原来的 115%。至此，就完成了抱枕的创建，效果如图 4-44 右图所示。

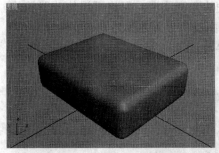

图 4-42 创建一个切角长方体并为其添加 FFD 4×4×4 修改器

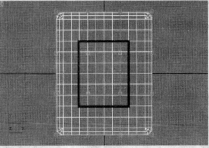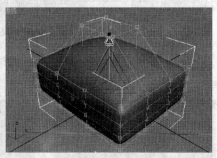

图 4-43 调整晶格阵列中的控制点（1）

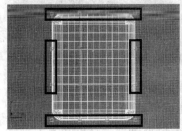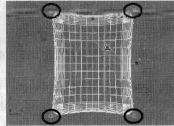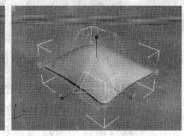

图 4-44 调整晶格阵列中的控制点（2）

图 4-45 所示为 FFD 4×4×4 修改器的参数。利用"显示"区中的参数可设置晶格阵列的显示方式（设为"晶格"时，晶格阵列的形状随控制点的调整而变化；设为"源体积"时，晶格阵列始终保持最初的状态）；利用"变形"区中的参数可设置对象哪一部分受修改器影响（设为"仅在体内"时，只有晶格阵列内的部分受影响；设为"所有顶点"时，整个对象都受影响）。

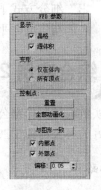

图 4-45 FFD 4×4×4 修改器参数

4.3.6　网格平滑修改器

网格平滑修改器用于平滑处理三维对象的边角，使边角变圆滑。网格平滑修改器的使用方法很简单，为三维对象添加修改器后，在"修改"面板中设置其参数即可。图 4-46 所示为网格平滑修改器的参数，在此着重介绍如下几个参数。

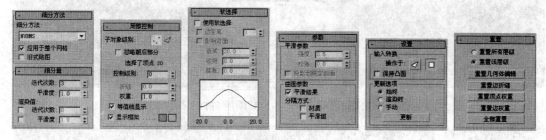

图 4-46　网格平滑修改器的参数

> **细分方法**：该卷展栏中的参数用于设置网格平滑的细分方式、应用对象和贴图坐标的类型。细分方式不同，平滑效果也有所区别，如图 4-47 所示。

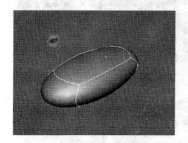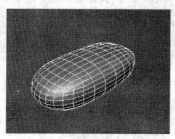

图 4-47　不同细分方式下对象的平滑效果（从左到右依次为：NURMS、经典和四边形输出）

> **细分量**：该卷展栏中的参数用于设置网格平滑的效果。需要注意的是，"迭代次数"越高，网格平滑的效果越好，但系统的运算量也成倍增加。因此，"迭代次数"最好不要过高（若系统运算不过来，可按【Esc】键返回前一次的设置）。

> **参数**：在该卷展栏中，"平滑参数"区中的参数用于调整"经典"和"四边形输出"细分方式下网格平滑的效果；"曲面参数"区中的参数用于控制是否为对象表面指定同一平滑组号，并设置对象表面各面片间平滑处理的分隔方式。

综合实例 2——创建办公椅模型

本实例通过制作办公椅模型，练习一下前面学习的三维对象修改器。图 4-48 左图所示为创建好的办公椅模型，图 4-48 右图所示为添加材质并渲染后的效果。

制作思路

创建办公椅模型时，首先使用 FFD 4×4×4 修改器处理长方体和切角长方体，制作椅座和椅背；然后使用弯曲修改器处理软管，制作椅座和椅背的连接部分；再使用弯曲修改器处理圆柱体和切角长方体，制作扶手；接下来，使用圆柱体、切角长方体（使用弯曲修改器令切角长方体弯曲变形）和球体制作支架和滚轮；最后，调整办公椅各组成部分的位置，完成办公椅模型的创建。

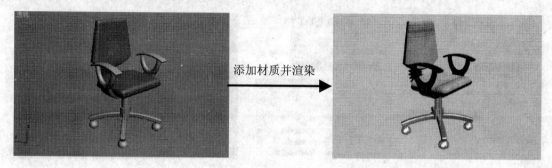

添加材质并渲染

图 4-48　办公椅的效果

制作步骤

Step 01　利用"长方体"和"切角长方体"工具在顶视图中创建一个长方体和一个切角长方体，参数和效果如图 4-49 所示。

长方体的参数

切角长方体的参数

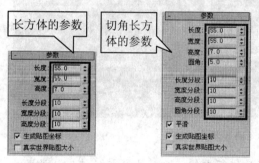

图 4-49　创建一个长方体和一个切角长方体

Step 02　参照前述操作，为切角长方体添加"FFD 4×4×4"修改器，然后设置其修改对象为"控制点"，再框选图 4-50 中图所示控制点并移动到图示位置，此时切角长方体的效果如图 4-50 右图所示。

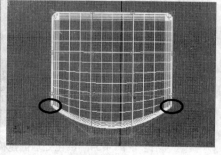

图 4-50　利用 FFD 4×4×4 修改器调整切角长方体的形状

Step 03 退出 FFD 4×4×4 修改器的子对象修改模式，然后右击修改器堆栈中修改器的名称，从弹出的快捷菜单中选择"复制"项，复制修改器；再单击长方体，打开其修改器堆栈；接下来，右击长方体的名称，从弹出的快捷菜单中选择"粘贴"项，将复制的修改器粘贴到长方体上，此时长方体效果如图 4-51 右图所示。

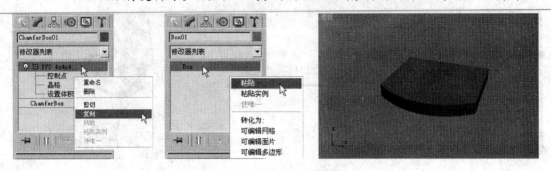

图 4-51　复制和粘贴修改器

Step 04 设置长方体中 FFD 4×4×4 修改器的修改对象为"控制点"，然后将图 4-52 中图所示区域的控制点均匀缩放到原来的 70%，效果如图 4-52 右图所示。

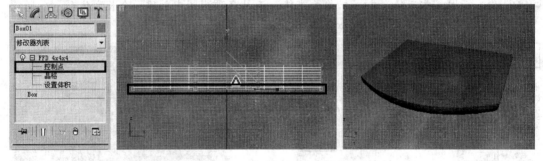

图 4-52　缩放 FFD 4×4×4 修改器的控制点

Step 05 调整长方体和切角长方体的位置，然后进行群组，创建办公椅的椅座，效果如图 4-53 所示。

Step 06 利用旋转克隆再复制出一个椅座，并为其添加"锥化"修改器，进行锥化处理，创建办公椅的椅背，锥化修改器的参数和椅背的效果如图 4-54 所示。

图 4-53　制作好的椅座

图 4-54　锥化处理创建椅背

Step 07 利用"软管"工具在透视视图中创建一条软管，作为制作椅座和椅背连接部分的基本三维对象，软管的参数和效果如图 4-55 所示。

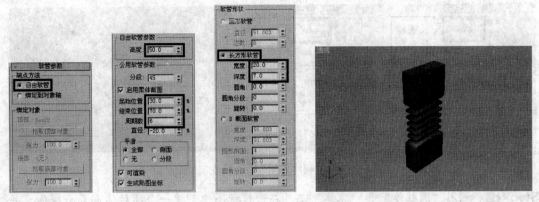

图 4-55 软管的参数和效果

Step 08 为软管添加"弯曲"修改器，然后参照图 4-56 中图所示调整修改器的参数，进行弯曲处理；接下来，调整软管的位置和角度，将其作为办公椅椅座和椅背间的连接部分，效果如图 4-56 右图所示。

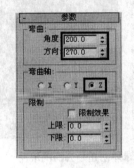

图 4-56 弯曲处理软管

Step 09 利用"切角长方体"工具在顶视图中创建两个切角长方体，参数如图 4-57 左图所示；然后为切角长方体添加"弯曲"修改器，进行弯曲处理，参数如图 4-57 中图所示；再调整两个切角长方体的角度和位置，创建办公椅的支架座，效果如图 4-57 右图所示。

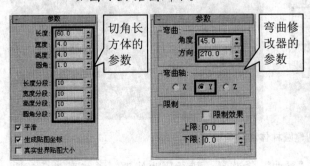

图 4-57 创建切角长方体并进行弯曲处理

Step 10 利用"圆柱体"工具在顶视图中创建两个圆柱体，并调整其位置，创建办公椅
支架的立柱，圆柱体的参数和调整后的效果如图 4-58 所示。

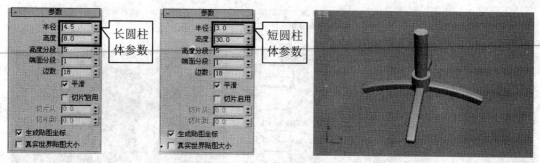

图 4-58　使用圆柱体创建办公椅支架的立柱

Step 11 利用"圆柱体"和"球体"工具在透视视图中创建一个圆柱体和两个球体，并
调整其位置，制作办公椅的滚轮，圆柱体和球体的参数及调整后的效果如图
4-59 所示。然后利用移动克隆再复制出三个滚轮，完成办公椅滚轮的制作。

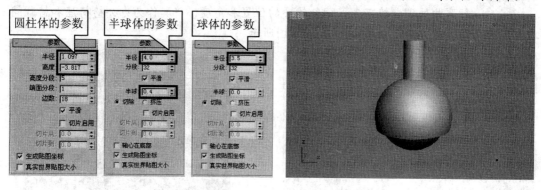

图 4-59　利用圆柱体和球体创建办公椅的滚轮

Step 12 利用"圆柱体"和"切角长方体"工具在顶视图中创建一个圆柱体和两个切角
长方体，参数和效果如图 4-60 所示。

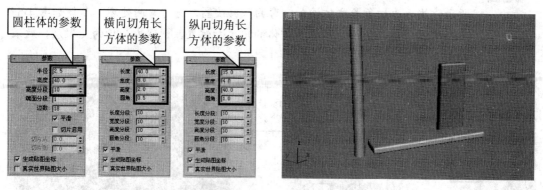

图 4-60　创建圆柱体和切角长方体

Step 13 为圆柱体和切角长方体添加"弯曲"修改器，进行弯曲处理，并将弯曲后的圆

柱体沿 Z 轴放大到原来的 150%；然后调整圆柱体和切角长方体的位置，创建办公椅的扶手，各对象弯曲处理的参数和扶手的效果如图 4-61 所示。

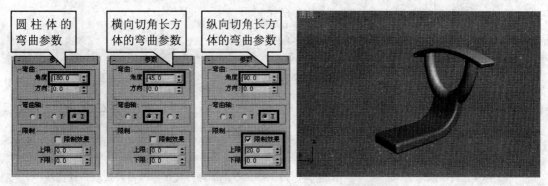

图 4-61 对圆柱体和切角长方体进行弯曲处理

Step 14 利用镜像克隆创建出办公椅另一侧的扶手，然后调整办公椅各部分的位置，并进行群组，完成办公椅模型的创建，效果如图 4-48 左图所示，添加材质并渲染后的效果如图 4-48 右图所示。

> 本实例主要利用了 FFD 4×4×4、弯曲、锥化等修改器来处理各种常用三维对象，以制作办公椅模型。
>
> 创建时，关键是利用 FFD 4×4×4 修改器处理长方体和切角长方体创建椅座，以及使用弯曲修改器处理软管、圆柱体、切角长方体制作椅座和椅背的连接部分及扶手。另外，还要注意调整办公椅各部分角度和位置的。

4.4 动画修改器

3ds Max 为用户提供了许多动画修改器，使用这些修改器可以非常方便地为模型创建动画，下面介绍几种比较常用的动画修改器。

4.4.1 路径变形修改器——沿路径运动的三维文字

路径变形修改器可以使三维对象在沿路径曲线运动的同时，随曲线的形状变形，常用于制作三维对象沿某一路径运动的动画。下面以使用路径变形修改器制作三维文字沿路径运动的动画为例，介绍一下其使用方法。

Step 01 打开本书配套光盘"素材与实例">"第 4 章"文件夹中的"路径变形.max"文件，场景中已创建了一个地球、一个圆和一个三维文本，效果如图 4-62 所示。

Step 02 为三维文本添加"路径变形"修改器，然后利用修改器"参数"卷展栏中的"拾取路径"按钮，拾取圆作为三维文本的运动路径，此时在三维文本中出现一个橙色的圆形曲线，代表三维文本的实际运动路径，如图 4-63 右图所示。

Step 03 选中路径变形修改器"参数"卷展栏"路径变形轴"区中的"X"单选钮，使三维文字 X 轴向的部分随路径发生变形；然后选中"翻转"复选框，翻转三维文字的运动方向；再在透视视图中将三维文字绕 X 轴旋转 - 90°，使文字中的橙色曲线与圆平行，如图 4-64 所示。

图 4-62　场景效果 　　　　　　　　　　　图 4-63　为三维文本添加路径变形修改器并拾取路径曲线

Step 04 设置"参数"卷展栏"路径变形"区中"旋转"编辑框的值为"- 90"，使三维文字绕自身的 X 轴旋转 - 90°，然后调整三维文字的位置，使三维文字中的橙色曲线与场景中的圆在 X 轴和 Y 轴上对齐，如图 4-65 所示。

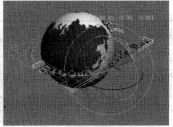

图 4-64　调整三维文字的变形轴和运动路径 　　　　图 4-65　调整三维文字的旋转值和位置

> 在路径变形修改器的"参数"卷展栏中，"拉伸"编辑框用于设置三维对象沿路径曲线拉伸的倍数，"扭曲"编辑框用于设置三维对象从始端到末端绕路径曲线扭曲的角度。

Step 05 如图 4-66 所示，单击动画和时间控件中的"自动关键点"按钮，开启动画的自动关键帧模式；然后拖动时间滑块到第 100 帧，并在路径变形修改器"参数"卷展栏的"路径变形"区中设置"百分比"编辑框的值为"100"（即动画运行到第 100 帧时，三维文字位于路径曲线的末端）。

Step 06 单击"自动关键点"按钮，退出动画的自动关键帧模式，完成动画关键帧的创建。此时，单击动画和时间控件中的"播放"按钮▶，即可在透视视图中观察到三维文字沿路径曲线运动的动画，如图 4-67 所示。

4.4.2　噪波修改器——波动的水面

噪波修改器可以使对象的表面因顶点的随机变动而变得凹凸不平，常用于制作复杂的地形和水面；此外，使用该修改器还可以创建对象表面的噪波波动动画。下面以创建水面的噪波波动动画为例，介绍一下噪波修改器的使用方法，具体操作如下。

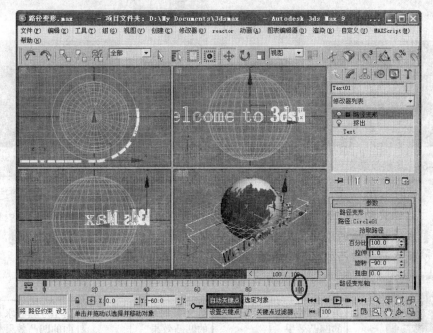

图 4-66 设置三维文字沿路径运动的关键帧

第 0 帧效果　　　　　第 33 帧效果　　　　　第 67 帧效果　　　　　第 100 帧效果

图 4-67 三维文字沿路径运动的动画

Step 01 打开本书配套光盘"素材与实例">"第4章"文件夹中的"噪波修改器.max"文件，场景效果如图 4-68 所示。

Step 02 选中作为水面的平面，然后为其添加"噪波"修改器；再在修改器"参数"卷展栏的"噪波"区中设置噪波的"种子"（控制噪波的随机效果，不同的种子值具有不同的效果）和"比例"（控制噪波修改器的影响程度，数值越大噪波效果越平缓），在"强度"区中设置噪波效果在 X/Y/Z 轴的最大偏移距离，完成水面凹凸效果的设置，如图 4-69 所示。

> 　　在噪波修改器的参数中，"噪波"区中的"分形"复选框用于控制是否产生分形噪波（选中时，噪波将变得无序且复杂）；"粗糙度"和"迭代次数"编辑框用于控制对象表面的起伏程度（数值越大，起伏越剧烈，表面越粗糙）和分形函数的重复次数（数值越低，起伏越少，表面越平缓）。

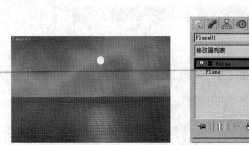  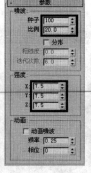 

图 4-68　场景效果　　　　　　　　　　图 4-69　创建水面的凹凸效果

Step 03　如图 4-70 所示，选中"参数"卷展栏"动画"区中的"动画噪波"复选框，开启噪波动画；然后设置"频率"和"相位"编辑框的值分别为 0.1 和 100，完成噪波动画的创建。此时，单击动画和时间控件中的"播放"按钮 ▶，即可看到水面的凹凸效果不断发生变化，如图 4-71 所示。

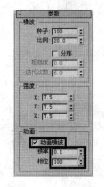   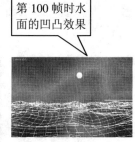

第 0 帧时水面的凹凸效果　　第 50 帧时水面的凹凸效果　　第 100 帧时水面的凹凸效果

图 4-70　开启噪波动画　　　　　　图 4-71　不同帧处水面的凹凸效果

> 使用"噪波"修改器创建噪波动画时，只需选中"参数"卷展栏"动画"区中的"动画噪波"复选框即可，无需设置关键帧；利用下方的"频率"和"相位"编辑框可设置噪波抖动的速度和当前帧噪波的相位。

4.4.3　变形器修改器——人物表情动画

变形器修改器具有多个变形通道，为各通道指定不同的变形结果后，就可以使对象随时从一个变形结果转换到另一个变形结果。将人物的表情、口型与动画的音频进行同步处理时，常使用该修改器。下面以人物表情动画为例，介绍一下该修改器的使用方法。

Step 01　打开本书配套光盘"素材与实例">"第 4 章"文件夹中的"人物表情.max"文件，场景中已创建了三种人物表情的头部模型，效果如图 4-72 所示。

Step 02　为左侧的头部模型添加"变形器"修改器，然后单击"通道列表"卷展栏中的第一个"空"按钮，激活 1 号变形通道；再单击"通道参数"卷展栏中的"从

场景中拾取对象"按钮，然后单击中间的头部模型，将该头部模型的表情设为
1 号变形通道的变形结果，如图 4-73 所示。

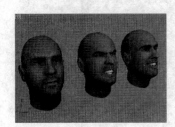

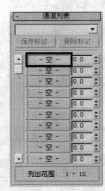

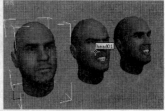

图 4-72　场景效果　　　　　　　　　　　图 4-73　为变形通道指定变形结果

Step 03　参照"Step02"所述操作，将右侧头部模型的表情设为 2 号变形通道的变形结果，完成变形目标的分配。

Step 04　如图 4-74 所示，单击动画和时间控件中的"自动关键点"按钮，进入动画的自动关键帧模式，然后拖动时间滑块到第 25 帧，并设置 1 号变形通道的数量为 100（即动画播放到第 25 帧时，人物表情变形为中间头部模型的表情）。再拖动时间滑块到第 50 帧，并设置 1 号变形通道的数量为 0，使人物表情在第 50 帧时恢复到最初状态。

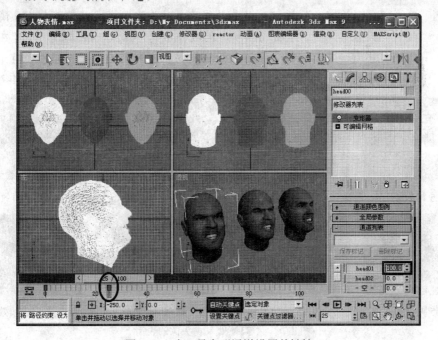

图 4-74　为 1 号变形通道设置关键帧

Step 05 拖动时间滑块到第 75 帧，然后设置 2 号变形通道的数量为 100（即动画播放到第 75 帧时，人物表情变形为右侧头部模型的表情），如图 4-75 所示；再拖动时间滑块到第 50 帧和第 100 帧，并设置这两帧处 2 号变形通道的数量为 0，使人物的表情在第 50 和第 100 帧处恢复到最初状态。

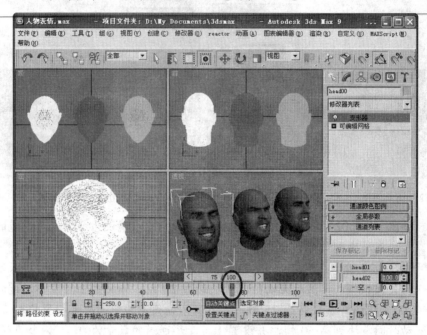

图 4-75　为 2 号变形通道设置关键帧

Step 06 单击"自动关键点"按钮，退出动画的自动关键帧模式，完成人物表情动画关键帧的设置。此时，单击动画和时间控件中的"播放"按钮 ▶，即可在透视视图中观察到：左侧人物头像的表情从最初状态渐变为中间头部的表情，又恢复到最初状态；然后渐变为右侧头部的表情，又恢复到最初状态，如图 4-76 所示。

第 15 帧效果

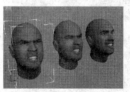
第 25 帧效果

第 40 帧效果

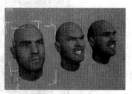
第 50 帧效果

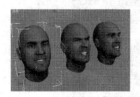
第 65 帧效果

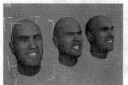
第 75 帧效果

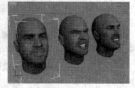
第 90 帧效果

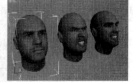
第 100 帧效果

图 4-76　不同帧处人物头像的表情

如果从最初状态变形为通道的目标状态时幅度过大，变形过程可能与实际不符。此时可利用"通道参数"卷展栏中的"从场景中拾取对象"按钮为当前变形通道指定几个中间变形结果，然后利用"渐进变形"区中的参数调整各变形结果的顺序、目标值和张力即可。图 4-77 和图 4-78 所示分别为指定中间变形结果前后圆柱体的变形过程。

中间变形结果

图 4-77　未指定中间变形结果时圆柱体的变形过程

图 4-78　指定中间变形结果时圆柱体的变形过程

4.4.4　融化修改器——融化的冰块

融化修改器主要用来模拟现实生活中的融化效果，下面通过制作冰块的融化动画，介绍一下融化修改器的使用方法，具体操作如下。

Step 01　打开本书配套光盘"素材与实例">"第 4 章"文件夹中的"融化修改器.max"文件，场景效果如图 4-79 所示；然后选中冰块模型，并选择"编辑">"克隆"菜单，通过原位克隆再复制出一个冰块。

Step 02　为任一冰块模型添加"融化"修改器，然后在"参数"卷展栏中设置融化的"数量"（融化的程度）、"融化百分比"（数量增加到多少时对象会产生扩散及扩散的程度）、"固体"类型（融化过程中对象凸出部分的相对高度）和融化轴（沿哪一轴进行融化），模拟冰块已融化的部分，如图 4-80 所示。

图 4-79　场景效果　　　　图 4-80　对任一冰块进行"融化"修改模拟已融化的部分

Step 03 如图 4-81 所示，为另一冰块添加"融化"修改器，然后单击动画和时间控件中
的"自动关键点"按钮，开启动画的自动关键帧模式。在第 60、90 和 100 帧
处设置融化的"数量"分别为 60、116 和 166；再选中另一块冰块，在第 60、
90 和 100 帧处设置融化的"数量"分别为 500、600 和 650。

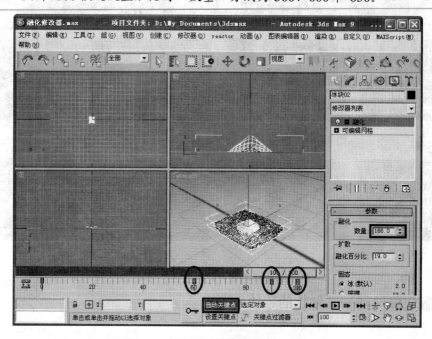

图 4-81　设置冰块融化动画的关键帧

Step 04 单击"自动关键点"按钮，退出动画的自动关键帧模式，完成融化动画关键帧
的设置。此时，单击动画和时间控件中的"播放"按钮▶，即可观察到冰块融
化的过程，如图 4-82 所示为不同帧处冰块的融化效果。

 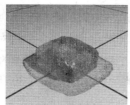 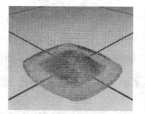 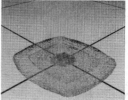

第 0 帧效果　　　　　第 60 帧效果　　　　　第 90 帧效果　　　　　第 100 帧效果

图 4-82　不同帧处场景的效果

本章小结

修改器是三维动画制作中常用的修改工具，使用修改器可以将二维图形处理成三维对
象，还可以修改三维对象的显示效果以及创建动画。通过本章的学习，读者应：

➤　熟悉修改面板的组成，了解各组成部分的作用。

> 掌握各常用二维图形修改器的使用方法，能够使用本章介绍的二维图形修改器将二维图形处理成三维对象。

> 掌握各常用三维对象修改器的使用方法，能够使用本章介绍的三维对象修改器修改三维对象的显示效果。

> 掌握各种常用动画修改器的使用方法。

思考与练习

一、填空题

1. 简单地说，修改器就是 _____ 。单击 _____ 面板的 _____ 下拉列表框，在弹出的下拉列表中单击修改器的名称即可添加相应的修改器。

2. FFD 修改器又称为 _____ 修改器，它包括 _____、_____、_____、_____ 和 _____ 五种修改器。

3. 使用二维图形修改器可以将二维图形处理成三维对象，其中，_____ 修改器是通过绕二维图形的某一坐标轴进行旋转获得三维对象，_____ 修改器是通过对二维图形进行拉伸处理获得三维对象；_____ 修改器可对二维图形进行多次拉伸操作，在拉伸的同时还可以缩放二维图形，以产生 _____。

4. 3ds Max 9 为用户提供了许多动画修改器，使用这些修改器可以非常方便地为模型创建动画。其中，_____ 修改器可以使对象在沿路径曲线运动的同时随路径曲线的形状发生变形，_____ 修改器主要用来模拟现实生活中的融化效果。

二、选择题

1. 在修改面板中，_____ 用于显示和管理当前对象使用的修改器。
   A. 修改器列表下拉列表框　　　　　　　B. 参数列表
   C. 修改器堆栈　　　　　　　　　　　　D. 修改器控制按钮

2. 利用三维对象修改器中的 _____ 修改器可以将选中的三维对象沿自身某一坐标轴进行拉长或压缩处理。
   A. 弯曲修改器　　B. 锥化修改器　　　C. 扭曲修改器　　D. 拉伸修改器

3. 下列修改器中，_____ 常用来平滑处理三维对象的边角，使边角变圆滑。
   A. 弯曲修改器　　B. 网格平滑修改器　　C. 倒角修改器　　　D. 拉伸修改器

4. 利用动画修改器中的 _____ 修改器可以使三维对象在沿曲线运动的同时，随曲线的形状变形。
   A. 路径变形修改器　　　　　　　　　　B. 噪波修改器
   C. 变形器修改器　　　　　　　　　　　D. 融化修改器

5. 下列修改器中，_____ 常用来对人物的表情、口型与动画的音频进行同步处理。
   A. 变形器修改器　　　　　　　　　　　B. FFD 修改器
   C. 网格平滑修改器　　　　　　　　　　D. 噪波修改器

三、操作题

利用本章所学知识创建如图 4-83 所示的冰激淋模型。

图 4-83　冰激淋模型

提示：

（1）创建一个圆角星形，效果如图 4-84 左图所示；然后依次利用挤出、扭曲和锥化修改器进行挤出、扭曲和锥化处理，制作出冰激淋的上半部分，如图 4-84 中图所示。

（2）创建一个圆，并进行倒角处理，制作出冰激淋的下半部分，如图 4-84 右图所示。

（3）调整冰激淋上下两部分的位置，并进行群组，完成冰激淋模型的创建。

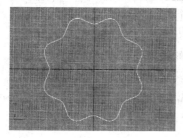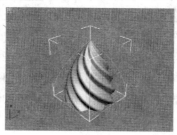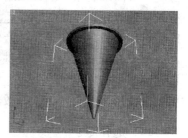

图 4-84　冰激淋的创建过程

第 5 章
高级建模

本章内容提要

- 多边形建模 ·· 141
- 网格建模 ·· 156
- 面片建模 ·· 162
- NURBS 建模 ··· 171
- 复合建模 ·· 189

章前导读

本章将为读者介绍一些在 3ds Max 9 中创建复杂模型时常用的建模方法，如多边形建模法、网格建模法、面片建模法、NURBS 建模法、复合建模法等，这些建模方法统称为"高级建模"。

5.1　多边形建模

多边形建模属于曲面建模的一种，也是应用最广泛的建模方法。相对于其他建模方法来说，该方法在调整三维对象时，控制更简单，操作更方便。下面介绍一下如何使用该方法创建复杂模型。

5.1.1　转换可编辑多边形

进行多边形建模，首先要将三维对象转换为可编辑多边形，方法有两种，具体如下：

- **利用对象的右键快捷菜单：**如图 5-1 所示，选中进行多边形建模的三维对象，然后在"修改"面板的修改器堆栈中右击对象的名称，从弹出的快捷菜单中选择"可编辑多边形"菜单项即可。使用该方法转换可编辑多边形时，三维对象的性质发生改变，因此，无法再利用其创建参数来修改对象。

- **为三维对象添加"编辑多边形"修改器：**如图 5-2 所示，选中进行多边形建模的三维对象，然后单击"修改"面板中的"修改器列表"下拉列表框，从弹出的下

拉列表中选择"编辑多边形"项即可。使用该方法时，仍可利用三维对象的创建
参数来修改其效果，但对象的编辑调整无法记录为动画的关键帧。

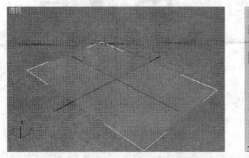

图 5-1   通过对象的右键快捷菜单转化可编辑多边形

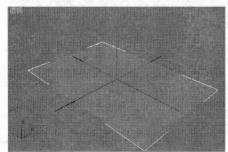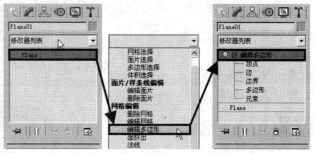

图 5-2   为三维对象添加编辑多边形修改器

由图 5-1 右图和图 5-2 右图可知，可编辑多边形中有顶点、边、多边
形、边界和元素 5 种子对象。其中，"多边形"是由三条或多条首尾相连的
边构成的最小单位的曲面，如图 5-3 所示；"边界"是指独立非闭合曲面的
边缘或删除多边形产生的孔洞的边缘，如图 5-4 所示；可编辑多边形中每
个独立的曲面就是一个"元素"。

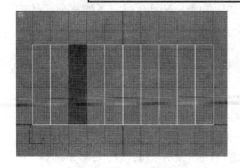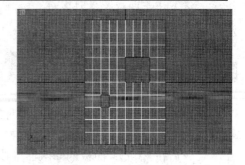

图 5-3   多边形子对象   图 5-4   边界子对象

5.1.2   编辑可编辑多边形的子对象

将三维对象转换为可编辑多边形后，即可使用"修改"面板中的参数编辑其子对象。

各参数主要集中在如下几个卷展栏中。

1. "选择"卷展栏

如图 5-5 所示,该卷展栏中的参数用于设置当前所处的子对象修改模式,以及可编辑多边形子对象的选择方式。在此着重介绍如下几个参数。

> **按顶点:** 选中该复选框后,只能通过单击顶点选择子对象,且系统会选中所有使用该顶点的子对象。

> **忽略背面:** 选中该复选框后,无法选中法线方向与视口法线方向相反的子对象。

图 5-5 "选择"卷展栏

> **按角度:** 选中此复选框后,选取多边形时,系统将根据复选框右侧的角度值决定是否选中邻近的多边形。

> **收缩/扩大:** 这两个按钮用于缩小或扩大子对象的选择区域。单击"收缩"按钮会取消当前子对象选区中最外围子对象的选择状态,单击"扩大"按钮会选择与当前子对象选区相邻的子对象,如图 5-6 所示。

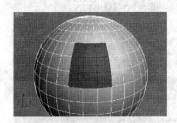
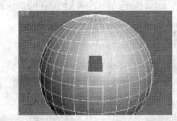
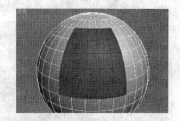

原始选区　　　　　　　　收缩后的选区　　　　　　　　扩大后的选区

图 5-6 单击"收缩"和"扩大"按钮时子对象选区的大小

> **环形/循环:** 这两个按钮只能应用于"边"和"边界"子对象。单击"环形"按钮会选中所有与当前选中边或边界平行的边;单击"循环"按钮会选中所有与当前选中边或边界对齐,且有交点的相邻边,如图 5-7 所示。

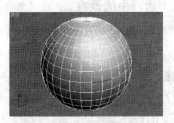

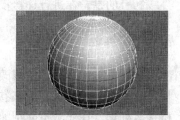

最初的选中边　　　　单击"环形"按钮后的选中边　　　单击"循环"按钮后的选中边

图 5-7 单击"环形"和"循环"按钮后的选中边

2. "编辑顶点"卷展栏

设置可编辑多边形的修改对象为"顶点"时,在"修改"面板中将出现"编辑顶点"卷展栏,如图 5-8 所示。利用该卷展栏中的参数可对选中的顶点进行移除、断开、焊接、挤出、切角、连接等处理，在此着重介绍如下几个参数。

> **移除**：删除选中的顶点，并重新组合使用这些顶点的多边形。

> **断开**：在与选中顶点相连的各多边形上创建一个新顶点，使各多边形在该顶点的角与顶点分开。

> **挤出**：该按钮用于拉伸顶点，使三维对象表面产生凸起或凹陷的效果。选中此按钮后，单击要进行挤出处理的顶点并拖动鼠标，到适当位置后释放左键，即可完成顶点的挤出处理（右侧的"设置"按钮 ☐ 用于精确设置挤出的高度和基面宽度），如图 5-9 所示。

图 5-8 "编辑顶点"卷展栏

> **焊接**：该按钮用于焊接选中的顶点。焊接顶点时，首先单击按钮右侧的"设置"按钮 ☐，设置焊接阈值；然后选中要焊接的顶点，再单击"焊接"按钮，即可将阈值范围内的已选顶点焊接为一个顶点。

> **切角**：该按钮用于对选中的顶点进行切角处理。选中该按钮后，单击要进行切角处理的顶点并拖动鼠标，到适当位置后释放左键，即可完成顶点的切角处理（右侧的"设置"按钮 ☐ 用于精确设置切角处理的大小），如图 5-10 所示。

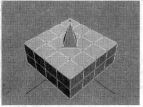

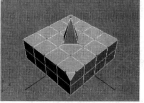

图 5-9 "挤出顶点"对话框和挤出效果 　　　图 5-10 "切角顶点"对话框和切角效果

> **目标焊接**：选中此按钮后，单击某一顶点，然后单击目标顶点，即可将该顶点焊接到目标顶点上。

> **连接**：单击此按钮，可在选中的顶点间创建一条边，将二者连接起来。需要注意的是，在进行连接操作的顶点中，必须有一个顶点属于边界中的顶点。

3. "编辑边"卷展栏

设置可编辑多边形的修改对象为"边"时，在"修改"面板中将出现"编辑边"卷展栏，如图 5-11 所示。利用该卷展栏中的参数可以对选中的边进行分割、挤出、切角、焊接、桥接等处理，在此着重介绍如下几个参数：

> **分割**：单击此按钮，可以将网格平面在选中的边处断开。需要注意的是，在要进行分割操作的边中，某一端点必须是边界中的顶点，否则无法进行分割操作。

> **桥**：单击此按钮，可以将选中的两条边用一个多边形连接起来，如图 5-12 所示。需要注意的是，这两条边必须是边界中的边，否则无法进行桥接处理。

> **利用所选内容创建图形**：选中某些边后，单击此按钮，在弹出的对话框中设置好曲线名和图形类型，然后单击"确定"按钮，即可根据选中的边创建二维图形。

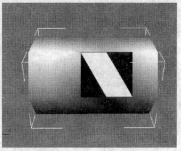

图 5-11 "编辑边"卷展栏　　　　　　图 5-12 使用"桥"按钮桥接选中的边

> **连接**：单击此按钮，可以将选中边的中心点用一条新的边连接起来。

> **编辑三角形**：单击此按钮，系统会在可编辑多边形的所有四边多边形中创建对角线，使四边形变为三角形。选中"旋转"按钮，然后单击任一四边多边形的对角线，即可翻转该对角线的方向。

> 设置可编辑多边形的修改对象为"边界"时，在"修改"面板中将出现"编辑边界"卷展栏，如图 5-13 所示。该卷展栏中的参数同"编辑边"卷展栏中的参数类似，在此不多做介绍。需要注意的是，当选中边界为首尾相连的闭合式边界时，单击卷展栏中的"封口"按钮，可使用一个平面为边界封口，如图 5-14 所示；此时，边界也就不再是边界了。

图 5-13 "编辑边界"卷展栏　　　　　　图 5-14 边界封口前后的效果

4. "编辑多边形"卷展栏

设置可编辑多边形的修改对象为"多边形"时，在"修改"面板中将出现"编辑多边形"卷展栏，如图 5-15 所示。利用该卷展栏中的参数可以对选中的多边形进行挤出、倒角、从边旋转、沿样条线挤出等处理，在此着重介绍如下几个参数：

> **挤出/倒角**：利用这两个按钮可对选中的多边形进行挤出或倒角处理。操作时，只需单击按钮右侧的"设置"按钮□，在打开的"挤出多边形"或"倒角多边形"对话框（参见图 5-16）中设置相关参数，然后单击"确定"按钮即可。

> **轮廓**：该按钮用于缩小或放大选中多边形的轮廓，利用右侧的"设置"按钮□可精确设置轮廓缩小或放大的数值。

图 5-15 "编辑多边形"卷展栏

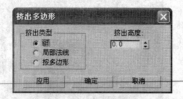 

图 5-16 "挤出多边形"对话框和"倒角多边形"对话框

在"挤出多边形"和"倒角多边形"对话框中，"挤出类型"和"倒角类型"区中的参数用于设置挤出和倒角处理的方式。其中，"组"表示沿选中多边形的平均法线进行挤出或倒角处理；"局部法线"表示沿多边形自身的法线进行挤出或倒角处理，并保持多边形的连接状态；"按多边形"表示沿多边形自身的法线进行独立的挤出或倒角处理，图 5-17 所示为不同挤出和倒角类型下多边形的处理效果。

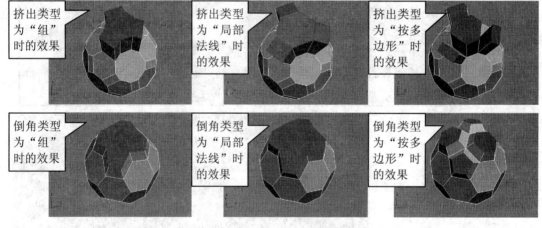

图 5-17 不同挤出和倒角类型下多边形的处理效果

➤ **插入：** 利用此按钮可以在选中多边形内部创建一个轮廓缩小的多边形。利用右侧的"设置"按钮□可精确设置多边形轮廓缩小的数值以及多边形的插入方式，图 5-18 和图 5-19 所示分别为"插入多边形"对话框和不同插入方式下的插入效果。

图 5-18 "插入多边形"对话框　　　　图 5-19 不同插入方式下的插入效果

➤ **从边旋转：** 利用此按钮可将选中多边形绕自身某一边旋转一定角度，右侧的"设置"按钮□用于精确设置多边形旋转的角度及连接面的分段数，如图 5-20 所示。

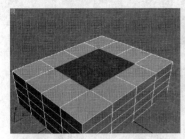
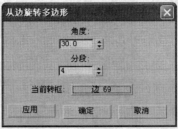
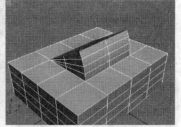

图 5-20　从边旋转多边形

> **沿样条线挤出**：利用此按钮为选中多边形指定一个作为挤出路径的曲线后，多边形将沿此曲线进行挤出处理。右侧的设置按钮■用于精确设置沿样条线挤出的参数和效果，如图 5-21 所示。

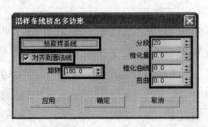
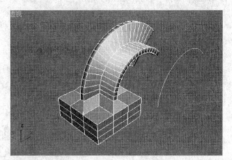

图 5-21　"沿样条线挤出多边形"对话框和沿样条线挤出多边形的效果

5. "编辑几何体"卷展栏

如图 5-22 所示，该卷展栏为用户提供了许多编辑可编辑多边形的工具，像附加、切片、网格平滑、细分、隐藏等。在此着重介绍如下几个参数。

> **塌陷**：将选中子对象塌陷成位于选择区中间位置的单个子对象，并重新组合可编辑多边形的表面。

> **分离**：将选中子对象从可编辑多边形中分离出去，使之成为独立的对象。

> **切片平面**：选中此按钮后，在可编辑多边形中会出现一个黄色的矩形框，如图 5-23 所示；调整矩形框的位置和角度，然后单击下方的"切片"按钮，即可在矩形框与可编辑多边形相交的位置，创建新的顶点和边，以细分可编辑多边形。

> **快速切片**：选中此按钮后，在对象上单击，在该位置就会出现一条切割线，如图 5-24 所示；移动鼠标调整切割线的角度，然后单击鼠标，系统就会在可编辑多边形中切割线所在的位置，创建新的顶点和边，以细分可编辑多边形。

图 5-22　"编辑几何体"卷展栏

温馨提示
在进行切片处理时要注意，"切片平面"和"快速切片"只能应用于顶点、边、边界三种子对象；选中"分割"复选框进行切片处理时，可编辑多边形将被分为两个元素，如图 5-25 所示。

 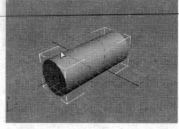 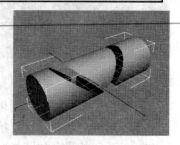

图 5-23　切片平面处理的矩形框　　图 5-24　快速切片处理的切割线　　图 5-25　分割后的对象

> **切割**：选中此按钮后，可以利用鼠标的单击操作在可编辑多边形上创建新边，以细分可编辑多边形。

> **网格平滑**：使用此按钮可对可编辑多边形或选中的子对象进行平滑处理。单击右侧的"设置"按钮□可精确设置网格平滑的平滑度和分隔方式。

> **细分**：单击此按钮可在可编辑多边形或选中的子对象中创建新边，以细分可编辑多边形或选中的子对象。右侧的"设置"按钮□用于设置细分的方式，"边"表示从多边形中心到各边的中心创建新边，"面"表示从多边形中心到多边形各顶点创建新边，如图 5-26 所示。

  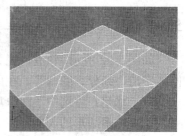

细分前的多边形　　　　　　边细分方式的效果　　　　　　面细分方式的效果

图 5-26　细分多边形

6. "多边形属性"卷展栏

如图 5-27 所示，该卷展栏中的参数主要用于设置选中的多边形或元素要使用的材质 ID 和平滑组号。在此着重介绍如下几个参数。

> **设置 ID**：该编辑框用于为选中的多边形或元素指定材质 ID 号。

> **选择 ID**：单击此按钮可选中所有材质 ID 为右侧编辑框中数值的多边形或元素。

> **平滑组**：该区中的参数用于为选中的多边形或元素设置平滑组号，以平滑处理可编辑多边形；单击"清除全部"按钮可清除选中多边形使用的平滑组号；单击"自动平滑"按钮可根据右侧编辑框中的阈值角度决定是否平滑处理已选多边形。

在 3ds Max 9 中，材质 ID 用于实现材质和多边形子对象的一一对应关系（为可编辑多边形分配"多维/子对象"材质时，材质 ID 为 1 的子材质将分配给材质 ID 为 1 的多边形子对象）；平滑组号用于控制是否对相连多边形的共享边进行平滑处理（如果相连的多边形使用同一平滑组号，系统会自动对其共享边进行平滑处理，如图 5-28 所示）。

图 5-27　"多边形属性"卷展栏

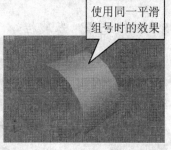

使用不同平滑组号时的效果

使用同一平滑组号时的效果

图 5-28　为平面指定不同和相同平滑组号时的效果

7.　"细分曲面"卷展栏

如图 5-29 所示，该卷展栏中的参数主要用于设置可编辑多边形使用的平滑方式和子对象的显示方式等，在此着重介绍如下几个参数。

> **平滑结果**：为所有多边形应用相同的平滑组号，以平滑处理可编辑多边形。

> **使用 NURMS 细分**：使用 NURMS 细分方式平滑处理可编辑多边形。下方"显示"和"渲染"区中的参数用于设置在视图中或渲染时 NURMS 细分的迭代次数和平滑度。图 5-30 所示为 NURMS 细分对可编辑多边形的影响效果。

> **等值线显示**：选中后，在视图中只显示平滑前对象的原始边，使显示更有条理。取消该选项时，视图中显示的是 NURMS 细分后的网格线框。

图 5-29　"细分曲面"卷展栏

未使用 NURMS 细分时的效果

使用 NURMS 细分时的效果

图 5-30　NURMS 细分对可编辑多边形的影响效果

> **显示框架：** 对可编辑多边形进行 NURMS 细分后，选中此复选框，在视图中会以指定颜色的线框显示可编辑多边形中选中和未选中的子对象。右侧的两个按钮用于设置未选中子对象和选中子对象框架的颜色。

> **分隔方式：** 该区中的参数用于设置哪些多边形间不进行平滑处理。当选中"平滑组"复选框时，不同平滑组间的多边形不进行平滑处理；当选中"材质"复选框时，不同材质 ID 号间的多边形不进行平滑处理。

8. "软选择"卷展栏

该卷展栏的作用是控制当前子对象对周围子对象的影响程度。如图 5-31 所示，选中卷展栏中的"使用软选择"复选框，开启软选择功能；然后设置"衰减"、"收缩"和"膨胀"编辑框的值，确定软选择的影响范围；再选中球体的某一顶点，并向上移动，此时该顶点周围没有被选中的顶点也会随之移动一定的距离。

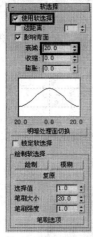 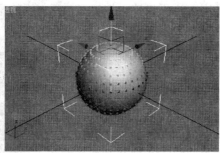 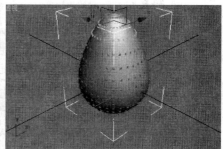

图 5-31　开启软选择功能后的效果

　　　　使用软选择功能时，若系统自动设置的受影响子对象不符合要求，我们还可以通过"绘制软选择"区中的"绘制"和"模糊"按钮，绘制软选择影响的子对象。

综合实例 1——创建水龙头模型

本实例通过创建水龙头模型，来熟悉一下多边形建模的流程，并练习一下多边形建模中一些比较常用的子对象编辑方法。图 5-32 左图所示为创建好的水龙头模型，图 5-32 右图所示为添加材质并渲染后的效果。

制作思路

在本实例中，水龙头可分为主体、开关和底座三部分进行创建。

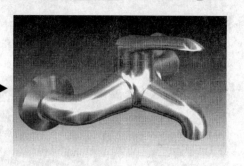

添加材质并渲染

图 5-32　水龙头模型的效果

　　创建水龙头主体时，先创建三个圆柱体，并合并到同一可编辑多边形中；然后删除圆柱体的部分多边形，并桥接边界，制作进水管、出水管和控制杆的根部；再利用"沿样条线挤出"和"插入"、"挤出"工具处理多边形，制作进水管、出水管和控制杆。

　　创建水龙头的开关时，先创建一个油罐，然后删除油罐的部分多边形，并调整其顶点位置；再利用"网格平滑"工具平滑处理油罐，即可完成水龙头开关的制作。

　　创建水龙头的底座时，先创建一个圆柱体，然后倒角处理圆柱体的前端面，制作底座前端的收缩部分；再调整倒角面的平滑组号，平滑倒角面，即可完成水龙头底座的创建。

制作步骤

Step 01　利用"圆柱体"工具在左视图、前视图和顶视图中分别创建一个圆柱体（将前视图中创建的圆柱体沿 Y 轴压缩到原来的 80%），并调整各圆柱体的位置，作为创建水龙头进水管、出水管和控制杆的基本三维对象，如图 5-33 所示。

左视图所建圆柱体的参数

前视图所建圆柱体的参数

顶视图所建圆柱体的参数

图 5-33　在视图中创建三个圆柱体

Step 02　为左视图中创建的圆柱体添加"编辑多边形"修改器，将其转换为可编辑多边形；然后设置修改器的修改对象为"多边形"，并选中图 5-34 中图所示的多边形子对象，再按【Delete】键将其删除，效果如图 5-34 右图所示。

Step 03　利用"编辑几何体"卷展栏中的"附加"按钮将前视图所建圆柱体附加到可编辑多边形中，然后删除该圆柱体中与左视图所建圆柱体对应的端面，效果如图 5-35 右图所示。

Step 04 设置可编辑多边形的修改对象为"边界"，然后选中两个圆柱体中由删除多边形产生的边界；再单击"编辑边界"卷展栏中的"桥"按钮，桥接两个边界，效果如图 5-36 右图所示。

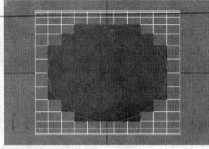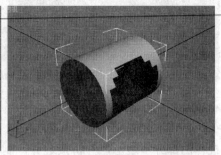

图 5-34　删除左视图所建圆柱体中部分多边形

图 5-35　附加前视图所建圆柱体并删除其端面　　　　图 5-36　桥接两圆柱体删除部分的边界

Step 05 删除左视图所建圆柱体中图 5-37 左图所示的多边形，然后参照"Step03"和"Step04"所述操作，将顶视图所建圆柱体附加到可编辑多边形中，并删除其下端面，再将删除部分对应的边界桥接起来，效果如图 5-37 右图所示。

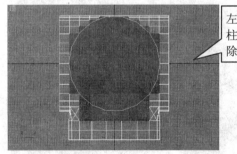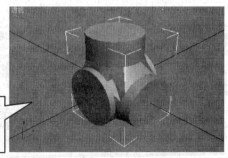

左视图所建圆柱体中需要删除的多边形

桥接删除部分对应边界后的效果

图 5-37　左视图所建圆柱体中需删除的部分及桥接后的效果

Step 06 如图 5-38 左图所示，选中除圆柱体各端面外的所有多边形，然后单击"多边形属性"卷展栏"平滑组"区中的"清除全部"按钮，清除所有选中多边形使用的平滑组号；再单击"2"按钮，为所选多边形分配统一的平滑组号，完成多边形的平滑处理，效果如图 5-38 右图所示。

Step 07 选中图 5-39 左图所示的多边形，然后单击"编辑多边形"卷展栏"插入"按钮右侧的"设置"按钮□，在打开的对话框中设置插入量为 0.5，再单击"确定"按钮，为选中多边形插入一个轮廓缩小 0.5 的多边形，如图 5-39 右图所示。

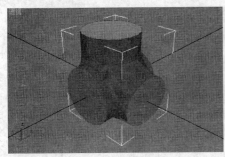

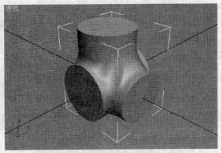

图 5-38　利用平滑组号平滑处理多边形

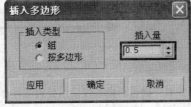
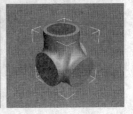

图 5-39　为选中多边形插入一个多边形

Step 08　选中 "Step07" 插入的多边形，然后单击 "编辑多边形" 卷展栏 "挤出" 按钮右侧的 "设置" 按钮□，打开 "挤出多边形" 对话框；再参照图 5-40 中图所示设置挤出处理的参数，将选中多边形挤出 1 个单位，效果如图 5-40 右图所示。

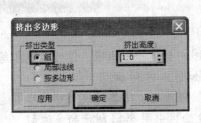
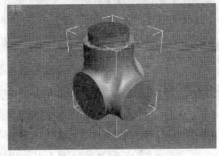

图 5-40　挤出处理选中的多边形

Step 09　在左视图中创建如图 5-41 左上图所示的曲线，作为出水管的挤出路径；然后选中图 5-41 上部中图所示多边形，再单击 "编辑多边形" 卷展栏 "沿样条线挤出" 按钮右侧的 "设置" 按钮□，利用打开对话框中的 "拾取样条线" 按钮拾取前面创建的曲线作为挤出路径；接下来，参照图 5-41 右下图所示设置对话框中其他参数的值，进行沿样条线挤出处理，创建水龙头的出水管。

Step 10　在顶视图中创建两条曲线，作为水龙头左右入水管的挤出路径，效果如图 5-42 左图所示；然后参照 "Step09" 所述操作，利用 "沿样条线挤出" 工具对左视图所建圆柱体左右两端的多边形进行沿样条线挤出处理，创建入水管，效果如图 5-42 右图所示。

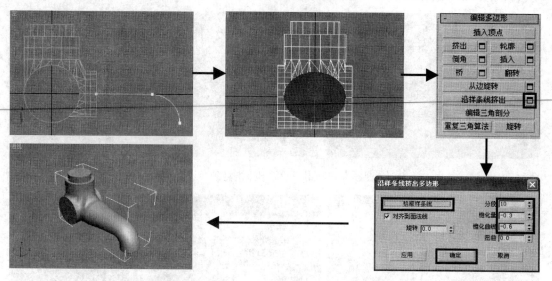

图 5-41 通过沿样条线挤出处理圆柱体的端面创建出水管

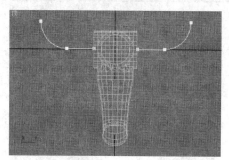

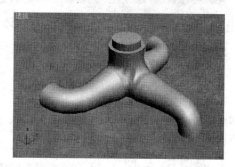

图 5-42 通过沿样条线挤出处理创建左右入水管

Step 11 使用"油罐"工具在顶视图中创建一个油罐，作为创建水龙头开关的基本三维对象，油罐的参数和效果如图 5-43 所示。

Step 12 为油罐添加"编辑多边形"修改器，将其转换为可编辑多边形，然后设置修改对象为"多边形"，再删除油罐中图 5-44 所示的多边形。

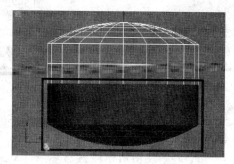

图 5-43 创建一个油罐   图 5-44 删除油罐下部的多边形

Step 13 选中油罐中如图 5-45 左图所示的多边形，然后利用"编辑多边形"卷展栏的"挤出"工具对选中多边形进行两次挤出处理（挤出类型为"组"，挤出高度可随意），效果如图 5-45 右图所示。

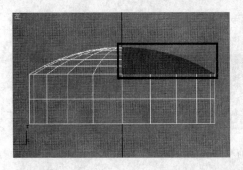

图 5-45 通过两次挤出处理创建开关的把手

Step 14 设置可编辑多边形的修改对象为"顶点"，然后在左视图中调整油罐挤出部分各顶点的位置，效果如图 5-46 中图所示；再在顶视图中将油罐挤出部分的顶点沿 X 轴压缩到原来的 65%，效果如图 5-46 右图所示。

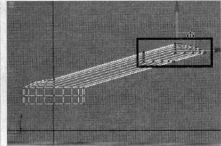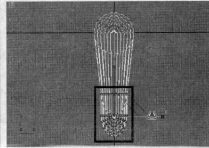

图 5-46 调整油罐挤出部分顶点的位置

Step 15 按【Ctrl+A】组合键，选中油罐中的所有多边形，然后单击"编辑几何体"卷展栏中的"网格平滑"按钮，对选中的多边形进行网格平滑处理，完成水龙头开关的创建，如图 5-47 所示。

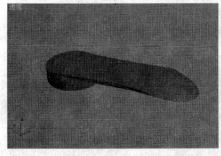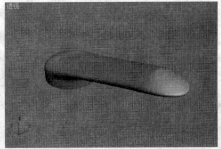

图 5-47 网格平滑处理水龙头的开关

Step 16 在前视图中创建一个半径为 3.5、高度为 1、边数为 30 的圆柱体，并将其转换为可编辑多边形；然后设置可编辑多边形的修改对象为"多边形"，并选中圆柱体的前端面；接下来，单击"编辑多边形"卷展栏"倒角"按钮右侧的"设置"按钮□，在打开的对话框中设置多边形倒角处理的参数，进行多边形的倒角处理，如图 5-48 所示。

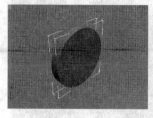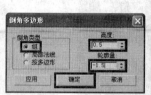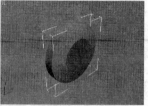

图 5-48　创建一个圆柱体并对其前端面进行倒角处理

Step 17　选中圆柱体中图 5-49 左图所示的多边形，然后单击"多边形属性"卷展栏"平滑组"区中的"30"按钮，为选中多边形分配平滑组号，平滑处理多边形，效果如图 5-49 右图所示。至此就完成了水龙头一侧底座的创建。

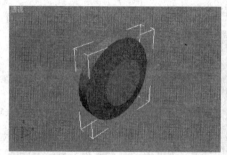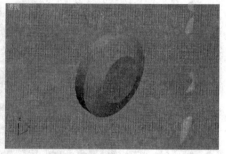

图 5-49　对底座中的多边形进行平滑处理

Step 18　通过移动克隆复制出另一侧的底座，然后调整水龙头各部分的位置，并进行群组，完成水龙头模型的创建，效果如图 5-32 左图所示，添加材质并渲染后的效果如图 5-32 右图所示。

　　本实例主要通过对圆柱体进行多边形建模，来创建水龙头模型。创建的过程中，关键是桥接边界创建水龙头进水管和出水管的根部，以及通过沿样条线挤出处理创建水龙头的进水管和出水管。

　　另外，要学会使用"插入"、"挤出"和"倒角"工具处理多边形，以及使用"平滑组"和"网格平滑"工具进行多边形的平滑处理。

5.2　网格建模

　　网格建模的操作流程与多边形建模类似，也是先将三维对象转换为可编辑网格，然后使用"修改"面板中的参数调整可编辑网格的顶点、边、面（由三条首尾相连的边构成的三角形曲面）、多边形和元素，从而创建所需的三维模型。

　　可编辑网格的修改工具主要集中在"编辑几何体"和"曲面属性"两个卷展栏中，下面分别介绍一下这两个卷展栏。

5.2.1 "编辑几何体"卷展栏

如图 5-50 所示，该卷展栏中集成了网格建模中绝大多数的编辑工具，各工具的作用和用法与多边形建模类似。在此着重介绍如下几个参数。

用于可编辑网格子对象的创建、删除、附加、分离、断开、改向等处理

对可编辑网格的子对象进行各种切片处理

用于可编辑网格中面、多边形和元素子对象的细分和炸开处理

用于可编辑网格中各子对象的挤出和切角处理

用于可编辑网格中顶点子对象的焊接处理

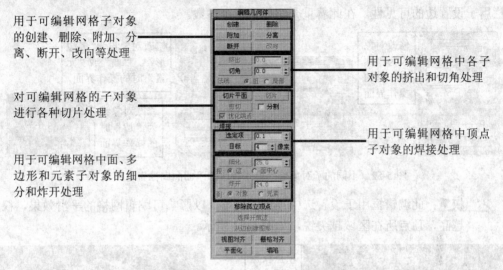

图 5-50 "编辑几何体"卷展栏

➢ **优化端点**：选中该复选框进行可编辑网格的剪切处理时，剪切线端点为原表面的附属点，曲面保持连接状态；否则，曲面在剪切线端点处断开，如图 5-51 所示。

选中"优化端点"复选框创建的剪切线

未选中"优化端点"复选框创建的剪切线

图 5-51 "优化端点"复选框对剪切效果的影响

➢ **选定项/目标**：这两个按钮用于顶点的焊接，其中，"选定项"按钮用于焊接选中的顶点；"目标"按钮用于将顶点焊接到指定的目标顶点。

➢ **炸开**：单击此按钮可将选中的面、多边形或元素打散分离成一个新的独立的可编辑网格，与分离操作中的"分离为对象"效果相同。

5.2.2 "曲面属性"卷展栏

可编辑网格处于不同的子对象修改模式时，"曲面属性"卷展栏的界面也不相同，如图

5-52 所示。

　　当可编辑网格处于"顶点"修改模式时，该卷展栏用于设置顶点的颜色、照明度和透明度；当可编辑网格处于"多边形"、"面"或"元素"修改模式时，该卷展栏用于设置多边形、面、元素使用的材质 ID 和平滑组号；当可编辑网格处于"边"修改模式时，该卷展栏用于设置边的可见性。在此着重介绍如下几个参数。

图 5-52　不同的子对象修改模式对应的"曲面属性"卷展栏

> **权重：** 此编辑框用于设置选中顶点的权重，以影响可编辑网格的平滑效果，权重越高，顶点所在区域越尖锐，如图 5-53 所示。

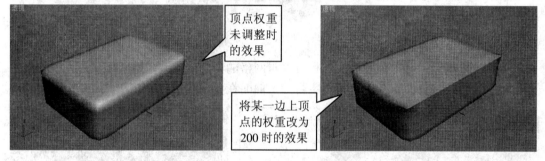

图 5-53　顶点权重对可编辑网格平滑效果的影响

> **自动边：** 单击此按钮时，系统会将选中边两侧平面间夹角的度数与按钮右侧编辑框中的"阈值"进行比较，并配合下方的单选按钮确定选中边的可见性。

　　　　利用"自动边"按钮设置边的可见性时，若选中"设置"单选钮，两侧平面夹角大于阈值的选中边变为可见，其他边的可见性保持不变；若选中"清除"单选钮，两侧平面夹角小于阈值的选中边变为不可见，其他边的可见性保持不变；若选中"设置和清除边可见性"单选钮，两侧平面夹角大于阈值的选中边变为可见，小于阈值的选中边变为不可见。

综合实例 2——创建圆珠笔模型

　　本实例通过创建圆珠笔模型，来熟悉一下网格建模的流程，并练习一下网格建模中一些常用的子对象编辑方法。图 5-54 左图所示为创建好的水龙头模型，图 5-54 右图所示为添加材质并渲染后的效果。

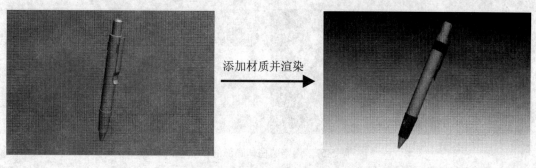

添加材质并渲染

图 5-54　圆珠笔模型的效果

制作思路

创建时，首先创建一个圆柱体，然后将其转换为可编辑网格，并利用顶点的塌陷和切角处理制作圆珠笔的笔尖；再利用多边形的挤出处理制作圆珠笔的塑料套；接下来，利用多边形的挤出和倒角处理，制作圆珠笔顶部的按钮；最后，利用多边形的挤出处理，制作圆珠笔的嵌板，完成圆珠笔的制作。

制作步骤

Step 01　利用"圆柱体"工具在顶视图中创建一个圆柱体，作为制作圆珠笔的基本三维模型，圆柱体的参数和效果如图 5-55 所示。

Step 02　为圆柱体添加"编辑网格"修改器，将其转换为可编辑网格，如图 5-56 所示。

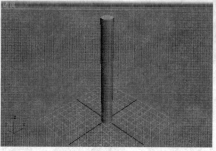
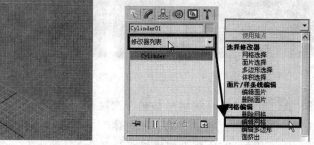

图 5-55　创建一个圆柱体　　　　　　　　图 5-56　将圆柱体转换为可编辑网格

Step 03　设置可编辑网格的修改对象为"顶点"，然后在前视图中框选圆柱体最底部的一排顶点；再单击"编辑几何体"卷展栏中的"塌陷"按钮，将选中的顶点塌陷为一个顶点，如图 5-57 所示。

Step 04　单击"编辑几何体"卷展栏中的"切角"按钮，然后在前视图中单击塌陷操作生成的顶点，并向上拖动一段距离，创建圆珠笔的笔尖，如图 5-58 所示。

Step 05　选中图 5-59 左图所示的顶点，然后利用"选择并均匀缩放"按钮 ▣ 进行缩放处理，制作出圆珠笔前端的形状，如图 5-59 右图所示；再利用"选择并移动"按钮 ✛ 在前视图中调整其他顶点的位置，效果如图 5-60 所示。

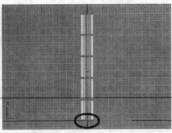

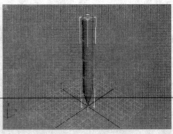

图 5-57　塌陷圆柱体底部的顶点

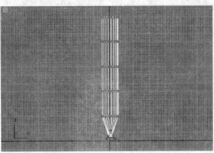
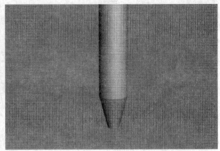

图 5-58　切角处理塌陷后的顶点创建笔尖

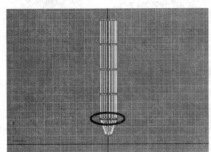
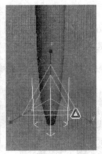
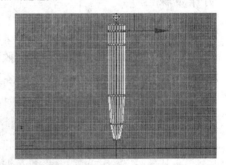

图 5-59　缩放圆柱体的顶点　　　　　　　　　图 5-60　调整顶点的位置

Step 06 设置可编辑网格的修改对象为"多边形",并选中图 5-61 中图所示的多边形;
然后选中"编辑几何体"卷展栏"法线"区中的"局部"单选钮,并设置"挤
出"按钮右侧编辑框的值为 1,再按【Enter】键,将选中多边形挤出 1 个单位,
创建圆珠笔下端的塑料外皮,效果如图 5-61 右图所示。

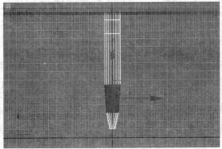

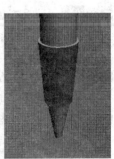

图 5-61　通过挤出处理制作塑料外皮

Step 07 参照 "Step06" 所述操作,将圆柱体上端面挤出 1 个单位,效果如图 5-62 左图所示;然后设置 "倒角" 按钮右侧编辑框的值为 – 1.5,并按【Enter】键,将选中多边形的轮廓缩小 2 个单位,完成多边形的倒角处理,如图 5-62 右图所示。

图 5-62 倒角处理圆柱体的上端面多边形

Step 08 参照前述操作,将圆柱体上端面的多边形再进行两次挤出处理(挤出值依次为 20 和 2),然后对多边形进行倒角处理(倒角值为 – 2.5),完成圆珠笔顶部按钮的创建,效果如图 5-63 所示。

Step 09 选中图 5-64 左图所示的多边形,然后参照前述操作,将其挤出 1 个单位(挤出类型为 "局部"),制作圆珠笔嵌板的圆箍,效果如图 5-64 右图所示。

 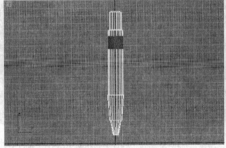

图 5-63 圆珠笔顶端按钮的效果   图 5-64 制作圆珠笔嵌板的圆箍

Step 10 在前视图中选中图 5-65 左图所示的多边形,然后在 "编辑几何体" 卷展栏中设置多边形挤出处理的类型为 "组",如图 5-65 中图所示;再参照前述操作,对选中多边形进行两次挤出处理,挤出值依次为 3 和 2,效果如图 5-65 右图所示。

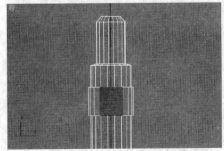  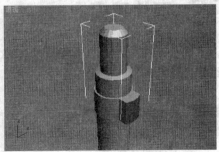

图 5-65 制作圆珠笔嵌板的底座

Step 11 将顶视图中图 5-66 左图所示多边形挤出 7 个单位，制作圆珠笔嵌板上端的伸出部分；然后对底视图中 5-66 中图所示多边形进行四次挤出处理，创建圆珠笔嵌板下端的伸出部分（挤出值依次为：20、5、7.5、5），效果如图 5-66 右图所示。

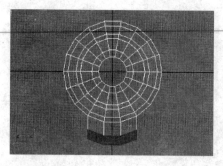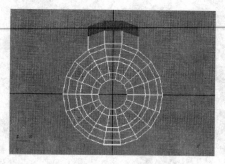

图 5-66　创建嵌板上端和下端的伸出部分

Step 12 设置可编辑网格的修改对象为"顶点"，然后将左视图中图 5-67 左图所示顶点向左移动 3 个单位，制作嵌板下端伸出部分的卡扣，如图 5-67 右图所示。至此就完成了圆珠笔的创建，效果如图 5-54 左图所示，添加材质并渲染后的效果如图 5-54 右图所示。

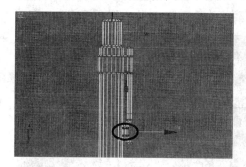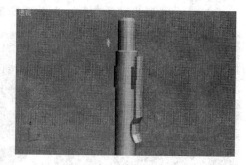

图 5-67　制作圆珠笔嵌板下端伸出部分的卡扣

　　本实例主要通过对圆柱体进行网格建模，来创建圆珠笔。创建的过程中，关键是利用多边形的挤出和倒角处理，制作圆珠笔下端的塑料皮、顶端的按钮和圆珠笔的嵌板。另外，要注意调整圆柱体顶点的位置。

5.3　面片建模

　　面片建模是介于网格建模和 NURBS 建模之间的一种建模方法，其特点是：创建的三维模型结构简单，占用内存少。

5.3.1　创建可编辑面片

　　与多边形建模类似，使用面片建模法创建模型时，首先要将三维对象转化为可编辑面片，然后利用"修改"面板的参数调整可编辑面片的子对象，获得我们所需的三维模型。

利用"编辑面片"修改器或对象的右键快捷菜单可将三维对象转换为可编辑面片，如图 5-68 和图 5-69 所示。

 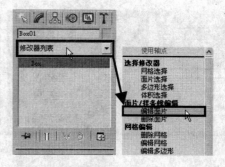

图 5-68　利用对象的右键快捷菜单　　　　　　图 5-69　利用"编辑面片"修改器

可编辑面片中有顶点、控制柄、边、面片、元素 5 种子对象（参见图 5-70 左图），其中，"控制柄"是可编辑面片特有的子对象，该子对象只能进行移动、旋转、缩放等变换处理。当可编辑面片处于该子对象修改模式时，可编辑面片上会出现许多控制柄，如图 5-70 中图所示；利用移动、旋转和缩放工具变换处理控制柄，即可调整该位置处曲面的曲率。

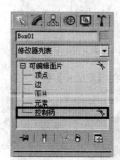 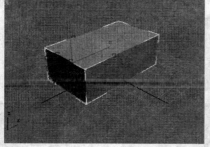 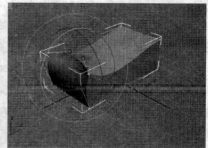

图 5-70　调整可编辑面片中的控制柄

5.3.2　编辑面片对象

面片建模的子对象编辑工具集中在"选择"、"软选择"、"几何体"和"曲面属性"四个卷展栏中，各参数的作用与多边形建模中的参数类似，在此只介绍一下边的延展处理和面片的倒角处理，具体如下。

1. 边的延展处理

通过边的延展处理创建新曲面是面片建模中特有的子对象处理方法，其操作步骤类似于变换克隆，具体操作如下。

Step 01　设置可编辑面片的修改对象为"边"，然后选中要进行延展处理的边子对象，在此选中长方体顶面的四条边，如图 5-71 左侧两图所示。

Step 02 按住【Shift】键，然后对选中的边进行移动、旋转或缩放等变换操作，即可实现边的延展处理，图 5-71 右侧两图所示分别为对选中的边子对象进行移动延展和缩放延展时的效果。

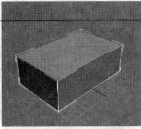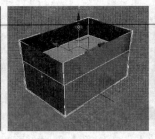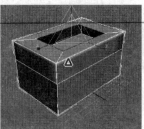

图 5-71 边子对象的延展处理

2. 面片的倒角处理

在面片建模中，面片子对象的倒角处理同网格建模和多边形建模不同，具体操作如下。

Step 01 设置可编辑面片的修改对象为"面片"，然后选中要进行倒角处理的面片，在此选中长方体的顶面，如图 5-72 左侧两图所示。

Step 02 在"几何体"卷展栏的"法线"和"倒角平滑"区中设置倒角处理的方式和倒角面与对象原始面相交部分的平滑方式。

Step 03 在"挤出"编辑框中设置面片的挤出高度，并按【Enter】键，将面片挤出一定高度；然后在"轮廓"编辑框中设置面片轮廓的缩放值，并按【Enter】键，缩放面片，即可完成面片的倒角处理，效果如图 5-72 右图所示。

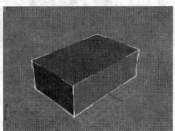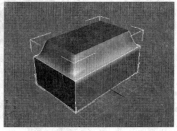

图 5-72 面片子对象的倒角处理

倒角平滑方式发生变化时，只影响下一次倒角处理的效果，前一次倒角处理不受影响。因此，进行面片的倒角处理时，首先要设置其倒角平滑方式，然后设置挤出高度和轮廓值。

在可编辑面片"几何体"卷展栏的"倒角平滑"区中，"开始"区中的参数用于设置倒角面始端使用的平滑方式；"结束"区中的参数用于设置倒角面末端使用的平滑方式。各平滑方式的特点如下。

➤ **平滑：**使用该平滑方式时，倒角面与对象原始面相交处，倒角面内的顶点控制柄变为水平，倒角面和周围面片相交处的弯曲程度较大，如图 5-73 所示。

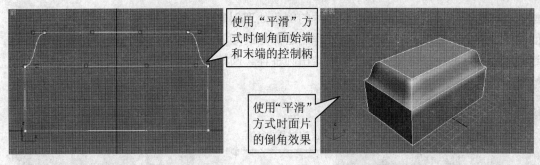

图 5-73 使用"平滑"方式时控制柄的调整情况和倒角的效果

> **线性**：使用该平滑方式时，倒角面与对象原始面相交处，倒角面内的顶点控制柄变为斜向下或斜向上，倒角面和周围面片的相交处比较平滑，如图 5-74 所示。

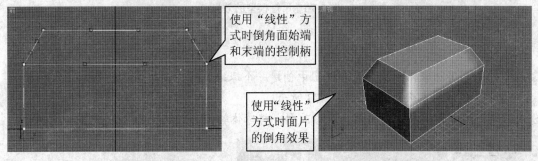

图 5-74 使用"线性"方式时控制柄的调整情况和倒角的效果

> **无**：使用该平滑方式时，系统不对顶点的控制柄作任何调整，如图 5-75 所示。

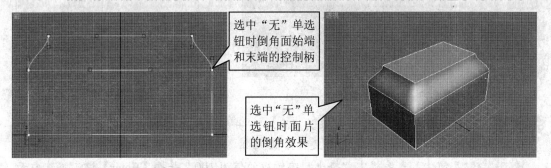

图 5-75 选中"无"单选钮时控制柄的调整情况和倒角的效果

综合实例 3——创建吊灯模型

本实例通过创建吊灯模型，熟悉一下面片建模的操作流程，并练习一下面片建模中一些常用的子对象编辑方法。图 5-76 所示为吊灯模型的效果。

制作思路

在本实例中，吊灯模型可分为主灯、侧灯和灯架三部分进行创建。创建主灯时，先创建一个球缺，然后利用边的延展和面片的倒角处理创建主灯的灯箍即可；创建侧灯时，先创建一个胶囊，然后利用边的延展处理创建侧灯的灯箍，再利用弯曲修改器处理圆锥体创建侧灯与主灯的连接部即可；灯架则是由圆锥体、圆柱体和圆环组合而成。

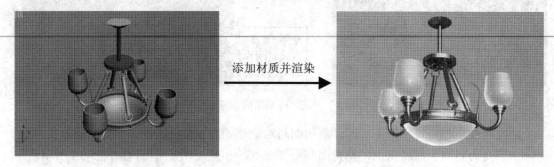

图 5-76　吊灯模型的效果

制作步骤

Step 01　利用"球体"工具在底视图中创建一个球缺，作为创建主灯的基本三维对象，球体的参数和效果如图 5-77 所示。

Step 02　为球体添加"编辑面片"修改器，将球体转换为可编辑面片，如图 5-78 所示。

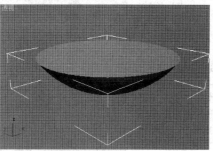
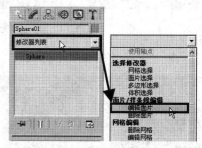

图 5-77　创建一个球体　　　　　　　　　　图 5-78　将球体转换为可编辑面片

Step 03　设置可编辑面片的修改对象为"面片"，并框选球体顶面的所有面片（框选前先选中工具栏中的"窗口/交叉"按钮 ），如图 5-79 左侧两图所示；然后设置"几何体"卷展栏中"挤出"编辑框的值为 100，并按【Enter】键，将选中面片挤出 100 个单位；再按【Delete】键删除选中面片，如图 5-79 右侧两图所示。

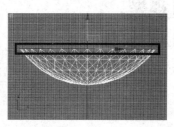

图 5-79　挤出处理球体顶面的面片

Step 04 参照前述操作,将图 5-80 左图所示的面片挤出 5 个单位;然后利用"挤出"和"轮廓"编辑框将选中面片依次挤出 2 个单位和缩放 – 2 个单位,进行一次倒角处理,效果如图 5-80 右图所示。

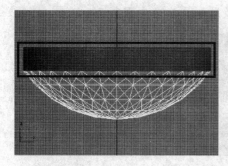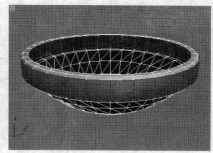

图 5-80 倒角处理选中的面片

Step 05 参照前述操作,对"Step04"操作的面片再进行一次倒角处理,创建主灯的灯箍("挤出"和"轮廓"编辑框的值均设为 – 2),效果如图 5-81 所示。

Step 06 为可编辑面片添加"壳"修改器,进行壳处理,增加主灯的厚度,修改器的参数和效果如图 5-82 中图和右图所示,至此就完成了主灯的创建。

图 5-81 创建主灯的灯箍   图 5-82 利用壳修改器增加主灯灯罩的厚度

Step 07 利用"胶囊"工具在顶视图中创建一个胶囊,作为创建侧灯的基本三维对象,胶囊的参数和效果如图 5-83 所示。

Step 08 为胶囊添加"编辑面片"修改器,将其转换为可编辑面片,然后设置修改对象为"面片",再删除胶囊中图 5-84 右图所示的面片。

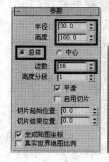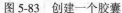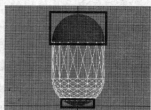

图 5-83 创建一个胶囊   图 5-84 删除胶囊中的部分面片

Step 09 设置可编辑面片的修改对象为"边",然后选中图 5-85 所示的边,将其沿 XY 平面均匀缩放到原大小的 85%。

Step 10 选中图 5-86 左图所示的边,然后按住【Shift】键将其向下移动约 5 个单位的距离,利用边的移动延展操作创建新曲面,效果如图 5-86 右图所示。

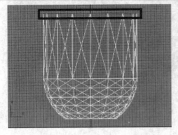 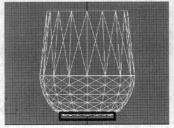 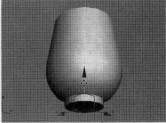

图 5-85 缩放处理胶囊的边　　　　　图 5-86 通过边的移动延展创建新曲面

进行边的延展处理时,在 3ds Max 9 的状态栏中会显示出当前变换操作的移动距离、旋转角度和缩放程度。

Step 11 按住【Shift】键,然后将"Step10"选中的边沿 XY 平面均匀压缩到原大小的 75%,利用边的缩放延展创建新曲面,效果如图 5-87 所示。

Step 12 参照"Step10"和"Step11"所述操作,对选中边再进行两次移动延展和两次缩放延展(移动的距离约为 5 个单位,缩放的程度依次为 70%和 60%),制作出侧灯的灯箍,效果如图 5-88 所示。

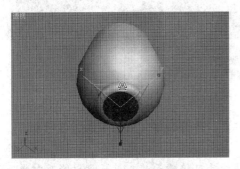 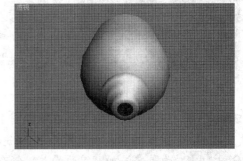

图 5-87 通过边的缩放延展创建新曲面　　　　图 5-88 侧灯灯箍的效果

Step 13 设置可编辑面片的修改对象为"面片",然后选中移动延展和缩放延展创建的曲面;再单击"曲面属性"卷展栏"平滑组"区中的"清除全部"按钮,清除选中面片使用的平滑组号,如图 5-89 所示。

Step 14 参照前述操作,为可编辑面片添加"壳"修改器,进行壳处理,增加侧灯的厚度,完成侧灯灯罩的创建,修改器的参数和修改效果如图 5-90 所示。

Step 15 下面创建侧灯和主灯的连接杆。利用"圆锥体"工具在顶视图中创建一个圆锥体,其参数和效果如图 5-91 所示。

Step 16 为圆锥体添加"弯曲"修改器,参数设置如图 5-92 左图所示;然后设置修改器的修改对象为"中心",并在前视图中将修改器中心向下移动 15 个单位,此时圆锥体的效果如图 5-92 右图所示。

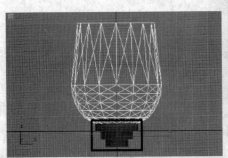

图 5-89　清除选中面片中分配的平滑组号

图 5-90　为可编辑面片添加壳修改器　　　　　　图 5-91　创建一个圆锥体

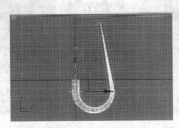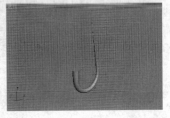

图 5-92　对圆锥体进行弯曲处理

Step 17　为圆锥体添加"编辑面片"修改器，并设置其修改对象为"面片"，然后选中图 5-93 上部中图所示的面片；再为圆锥体添加"弯曲"修改器，进行弯曲处理（此时修改器只影响选中的面片），完成主灯和侧灯间连接杆的创建，如图 5-93 右下图所示。接下来，调整侧灯灯罩和连接杆的位置，完成侧灯的创建；效果如图 5-93 左下图所示。

Step 18　下面开始创建吊灯的灯架，利用"圆锥体"和"圆柱体"工具在顶视图中创建一个圆锥体和两个圆柱体，并调整其位置，创建吊灯的灯架座，圆锥体、圆柱体的参数和效果如图 5-94 所示。

Step 19　利用"圆柱体"和"圆环"工具在顶视图中创建一个圆柱体和四个圆环，然后调整各圆柱体、圆环的角度和位置，并进行群组，创建主灯和灯架座间的连接杆，圆柱体、圆环的参数和效果如图 5-95 所示。

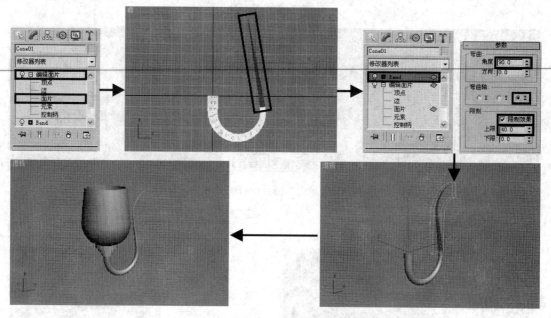

图 5-93 创建侧灯和主灯间的连接杆

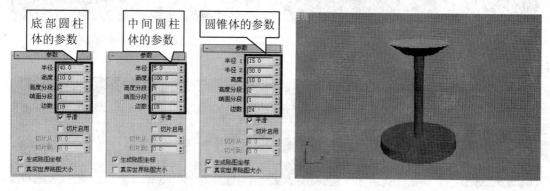

图 5-94 用圆锥体、圆柱体创建灯架座

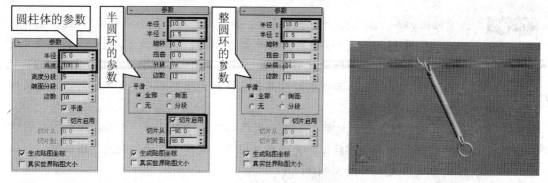

图 5-95 用圆柱体和圆环创建连接杆

Step 20 通过旋转克隆创建出其他的连接杆和侧灯，然后取消吊灯各部分的隐藏状态，

并调整其位置和角度，即可完成吊灯模型的创建，效果如图 5-76 左图所示；添加材质并渲染后的效果如图 5-76 右图所示。

> 本实例主要通过对球体、胶囊和圆锥体进行面片建模，来创建吊灯模型。创建的过程中，关键是利用边的延展和面片的挤出、倒角处理，制作吊灯主灯和侧灯的灯箍，以及利用弯曲修改器处理面片制作主灯和侧灯的连接部。另外，制作灯架时要注意调整各基本三维对象的角度和位置。

5.4　NURBS 建模

NURBS（Non-uniform Rational B-Spline）建模的全称为非均匀有理 B 样条线建模，是一种编辑曲线创建模型的方法。与网格建模和面片建模相比较，NURBS 建模法能够更好地控制物体表面的曲线，从而创建出更逼真、生动的造型。

5.4.1　创建 NURBS 对象

与网格建模、多边形建模等建模法类似，使用 NURBS 建模法创建模型前，首先要创建 NURBS 对象。创建 NURBS 对象的方法有两种，具体如下。

➢ **使用 NURBS 对象创建按钮：**在"几何体"创建面板的"NURBS 曲面"分类和"图形"创建面板的"NURBS 曲线"分类中分别列出了 NURBS 曲面和 NURBS 曲线的创建按钮，如图 5-96 所示。选中相应的 NURBS 创建按钮，然后按照正常曲线和曲面的创建方法进行操作，即可创建 NURBS 曲线或 NURBS 曲面。

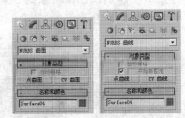

图 5-96　NURBS 对象创建按钮

> NURBS 曲线（面）分为点曲线（面）和 CV 曲线（面）两类。点曲线和点曲面控制比较简单，调整曲线或曲面上的控制点即可调整其形状，如图 5-97 所示；CV 曲线和 CV 曲面的控制比较复杂，需通过调整点曲线和点曲面上由控制点组成的控制晶格来调整形状，如图 5-98 所示。

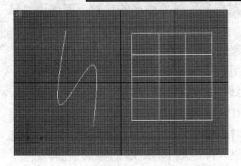

图 5-97　点曲线和点曲面的控制点

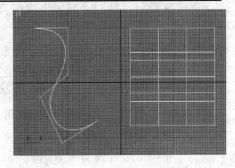

图 5-98　CV 曲线和 CV 曲面的控制点

➢ **将二维或三维对象转换为 NURBS 对象：** 选中创建好的二维或三维对象，然后单击鼠标右键，从弹出的快捷菜单中选择"转换为" > "NURBS 对象"菜单项，即可将其转换为 NURBS 对象。

> **温馨提示**
>
> 在 3ds Max 9"几何体"创建面板和"图形"创建面板可创建的基本三维对象和二维图形中，只有标准基本体、面片栅格、棱柱、环形结，以及除螺旋线和截面外的样条线，可以转化为 NURBS 对象；另外，通过曲线放样处理获得的三维对象也可以转换为 NURBS 对象。

5.4.2 编辑 NURBS 对象

创建好 NURBS 对象后，即可利用"修改"面板中的参数编辑 NURBS 对象，来创建我们所需的三维模型。下面以 NURBS 曲面为例介绍一下"修改"面板为 NURBS 对象提供的编辑修改参数，具体如下。

1. "常规"卷展栏

"常规"卷展栏是 NURBS 建模的主要工作区，利用该卷展栏中的参数可以附加其他对象、创建 NURBS 对象的子对象及调整 NURBS 对象的显示方式，如图 5-99 所示。在此着重介绍如下几个参数。

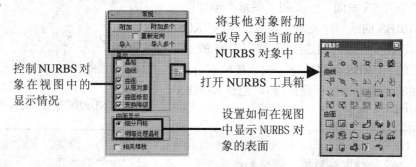

图 5-99　"常规"卷展栏和 NURBS 工具箱

➢ **导入：** 该按钮用于将其他对象合并到当前 NURBS 对象中。它与"附加"按钮的区别是：使用"附加"按钮合并其他对象时会删除对象原来的参数，而使用"导入"按钮则不会。

➢ **显示：** 该区中的参数用于控制 NURBS 对象在视图中的显示情况，具体如下：
　晶格/曲线/曲面/从属对象： 这四个复选框用于控制是否在视图中显示 NURBS 对象中的控制晶格（以黄色线条显示）、曲线、曲面和从属对象；
　曲面修剪： 该复选框用于控制是否在 NURBS 对象中显示曲面修剪后的效果；
　变换降级： 选中该复选框后，对 NURBS 对象中的子对象进行变换操作时，系统将降低透视视图中 NURBS 对象的显示效果（即隐藏 NURBS 对象的曲面，完成变换操作后再重新显示出来），以节省变换操作的反应时间。

> **NURBS 创建工具箱** ：单击该按钮可打开图 5-99 右图所示的 NURBS 工具箱（其快捷键为【Ctrl+T】）。利用此工具箱中的按钮，可以很方便地为 NURBS 对象创建点、曲线和平面。

> **曲面显示**：该区中的参数用于设置 NURBS 对象中曲面的显示方式，当选中"细分网格"单选钮时，以网格或等参线方式显示曲面；当选中"明暗处理晶格"单选钮时，以明暗处理后的晶格显示曲面（该方式不显示曲面的修剪效果）。

2. "显示线参数"卷展栏

如图 5-100 所示，"显示线参数"卷展栏中的参数主要用来设置 NURBS 对象中 U 向等参线和 V 向等参线的数量，以及 NURBS 对象在视图中的显示方式。

图 5-101 所示为不同显示方式下 NURBS 对象在透视视图中的显示效果。

图 5-100 "显示线参数"卷展栏

 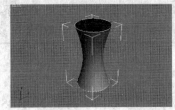 

只显示等参线时的效果　　　　　只显示网格时的效果　　　　等参线和网格都显示时的效果

图 5-101 选中各单选钮时的效果

3. "曲面近似"卷展栏

如图 5-102 所示，"曲面近似"卷展栏中的参数主要用于细化 NURBS 对象表面的网格线框，使 NURBS 对象具有较好的平滑效果，且占用内存少。在此着重介绍如下几个参数。

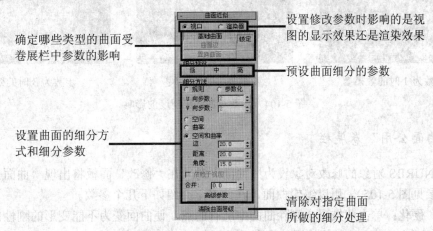

确定哪些类型的曲面受卷展栏中参数的影响

设置修改参数时影响的是视图的显示效果还是渲染效果

预设曲面细分的参数

设置曲面的细分方式和细分参数

清除对指定曲面所做的细分处理

图 5-102 "曲面近似"卷展栏

➢ **基础曲面/曲面边/置换曲面**：这三个按钮用于设置下方参数的影响范围，选中"基础曲面"按钮表示影响整个 NURBS 对象；选中"曲面边"按钮表示只影响具有曲面边的曲面；选中"置换曲面"表示只影响应用置换贴图或置换修改器的曲面。

➢ **规则/参数化**：这两种方式都是根据卷展栏中"U 向步数"和"V 向步数"编辑框的值对 NURBS 对象的表面进行细分，规则细分方式快速但不准确，参数化细分方式准确，但模型较复杂，占用内存较多。

➢ **空间**：将 NURBS 对象的表面细分为一个个的三角形曲面，细分程度由"边"编辑框的值决定。

➢ **曲率**：根据 NURBS 对象表面各位置的曲率进行细分，细分程度由"距离"和"角度"编辑框的值决定。

➢ **合并**：设置 NURBS 对象各曲面间缝隙的大小，默认为 0（无间隙）。

> 在"曲面近似"卷展栏中，"U/V 向步数"编辑框用于设置曲面水平或垂直方向的等参线数；"边"编辑框用于设置曲面中各三角形面片的最大高度；"距离"编辑框用于设置细分后各曲面边界框对角线占细分前对角线的百分比；"角度"编辑框用于设置 NURBS 对象中各面片间的最大夹角。

4. "曲线近似"卷展栏

如图 5-103 所示，该卷展栏中的参数用于调整 NURBS 对象中曲线的步数，以调整曲线的平滑度。其中，"步数"表示曲线中线段的分段数，数值越大，曲线越平滑，如图 5-104 所示。默认选中"自适应"复选框（即根据曲线在不同位置的曲率，自动调整各线段的步数，以达到最佳平滑效果）。

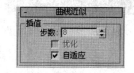

图 5-103 "曲线近似"卷展栏

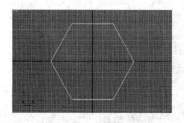 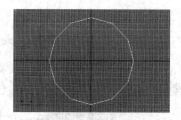 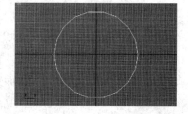

步数为 1 时的效果   步数为 2 时的效果   步数为 3 时的效果

图 5-104 步数对曲线平滑度的影响

5. "曲面公用"卷展栏

当 NURBS 对象的修改对象设为"曲面"时，在"修改"面板将出现"曲面公用"卷展栏（参见图 5-105），用以编辑曲面，在此着重介绍如下几个参数。

➢ **硬化**：单击此按钮会删除曲面中所有的点，使曲面变为不能变形的刚性曲面，以减少 NURBS 对象使用的内存。

> ➤ **创建放样**：单击此按钮可打开"创建放样"对话框，如图 5-106 所示。在对话框中设置好放样方式和曲线的数量，然后单击"确定"按钮，即可按指定方式在选中曲面上创建指定数量的等参放样曲线。

> ➤ **创建点**：此按钮用于在选中曲面上创建点，单击此按钮会弹出"创建点曲面"对话框，如图 5-107 所示，设置好"U 向/V 向数量"后单击"确定"按钮即可。

> ➤ **转化曲面**：此按钮用于将选中曲面转化为点曲面或 CV 曲面。另外，也可以使用此按钮在曲面中创建等参放样曲线。

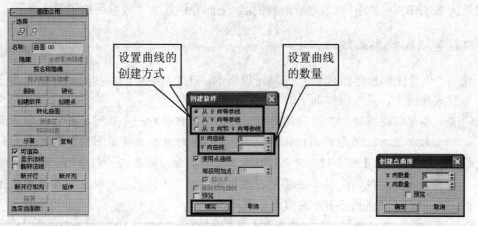

图 5-105　"曲面公用"卷展栏　　图 5-106　"创建放样"对话框　　图 5-107　"创建点曲面"对话框

> ➤ **使独立**：单击此按钮可使当前曲面变为独立的 CV 曲面。

> ➤ **断开行/断开列/断开行和列**：沿行方向、列方向或行和列的方向断开曲面。

> ➤ **延伸**：选中此按钮，然后单击并拖动曲面的边，即可移动边的位置，以延伸曲面。

6. "点"卷展栏

设置 NURBS 对象的修改对象为"点"时，在"修改"面板将显示出"点"卷展栏，如图 5-108 所示，用以编辑曲面或曲线中的点。在此着重介绍如下几个参数。

设置点的选择方式

隐藏选中点或取消点的隐藏状态

熔合选中点或取消点的熔合状态

删除选中点或选中点所在行和列的点

按行、列或行和列的方式创建点，以优化曲面

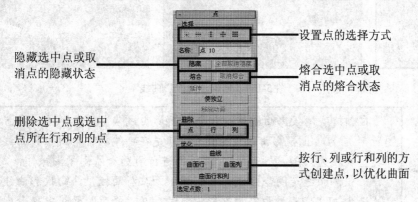

图 5-108　"点"卷展栏

> ➤ **熔合：**此处的熔合类似于多边形建模中的目标焊接。选中此按钮后，单击要熔合的点，然后单击目标点即可。
> ➤ **优化：**选中相应的按钮，然后在曲线或曲面中单击，即可按指定方式创建点。

5.4.3　使用 NURBS 工具箱

　　NURBS 工具箱为用户提供了许多创建点、曲线和曲面的工具，使用这些工具可以很方便地为 NURBS 对象添加点、曲线或曲面。下面介绍几种比较常用的工具。

1.　"创建法向投影曲线"工具

　　使用"创建法向投影曲线"工具 可以将 NURBS 对象中的曲线沿指定曲面的法线方向投影到该曲面上，具体操作如下。

Step 01　参照前述操作，在透视视图中创建一个圆柱体和一个星形，并将星形移动到圆柱体上方；然后将圆柱体转换为 NURBS 对象，并将星形附加到其中。

Step 02　按【Ctrl+T】组合键打开 NURBS 工具箱，然后单击工具箱中的"创建法向投影曲线"按钮 ，再单击要进行投影的星形，此时从星形引出一条白色虚线与光标相连，如图 5-109 左图和中图所示。

> **温馨提示**　默认情况下，高级建模各功能模块的快捷键处于关闭状态，此时按【Ctrl+T】组合键无法打开 NURBS 工具箱。选中工具栏中的"键盘快捷键覆盖切换"按钮，即可开启高级建模各功能模块的快捷键。

Step 03　单击圆柱体的上端面，将星形投影到圆柱体上端面，如图 5-109 右图所示。

 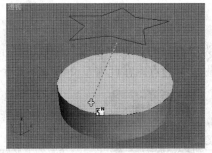 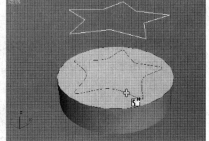

图 5-109　创建法向投影曲线

> **经验之谈**　在创建法向投影曲线时，获得的投影曲线常发生变形（如图 5-109 右图所示）。为防止投影曲线发生变形，可先在可编辑样条线中将曲线中顶点的类型转换为"Bezier 角点"，然后再进行附加和法向投影操作。
> 　　若投影曲线是闭合曲线，可利用"修改"面板"法向投影曲线"卷展栏（选中 NURBS 曲面中的投影曲线时，在"修改"面板中也会出现该卷展栏）中的"修剪"复选框修剪投影曲线所在的曲面，如图 5-110 所示。

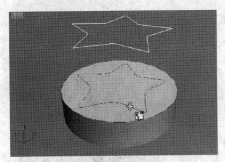

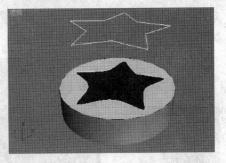

图 5-110　使用法向投影曲线修剪曲面

2. "创建曲面－曲面相交曲线"工具

使用"创建曲面－曲面相交曲线"工具 ⊡ 可以在 NURBS 对象中两个曲面的相交位置创建一条曲线，具体操作如下。

Step 01　在透视视图中创建一个拱形 CV 曲面和一个圆柱体，并调整二者的位置，使 CV 曲面和圆柱体相交；然后将圆柱体附加到 CV 曲面中。

Step 02　按【Ctrl+T】组合键打开 NURBS 工具箱，然后单击工具箱中的"创建曲面-曲面相交曲线"按钮 ⊡，再单击圆柱体的侧面，此时从圆柱体侧面引出一条白色虚线与光标相连，如图 5-111 左图和中图所示。

Step 03　移动鼠标到平面上单击，即可在平面和圆柱体的相交位置创建一条曲线，如图 5-111 右图所示。

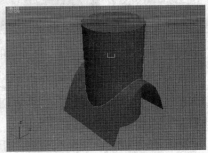

图 5-111　创建曲面-曲面相交曲线

　　创建完曲面－曲面相交曲线后，利用"修改"面板"曲面-曲面相交曲线"卷展栏（参见图 5-112 左图）中的参数可修剪两个曲面。其中，"修剪1"和"修剪2"复选框用于确定被修剪的曲面，"翻转修剪1"和"翻转修剪2"复选框用于翻转修剪的方向，如图 5-112 中图和右图所示。

3. "创建规则曲面"和"创建混合曲面"工具

使用"创建混合曲面"工具 ⊿ 可以将 NURBS 对象的两个曲面用混合曲面连接起来（或者在两条曲线间创建混合曲面）。使用"创建规则曲面"工具 ⊿ 可以在 NURBS 对象的两条曲线间创建规则曲面。二者的使用方法和参数基本相同，在此以"创建混合曲面"工具为例，介绍一下具体的使用方法。

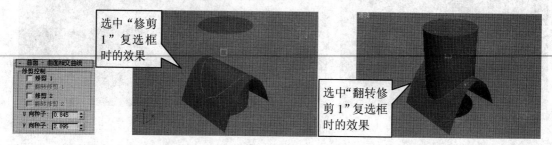

图 5-112　使用曲面-曲面相交曲线修剪曲面

Step 01　在透视视图中创建两个 CV 曲面，并附加到同一 NURBS 对象中。

Step 02　按【Ctrl+T】组合键打开 NURBS 工具箱，然后单击工具箱中的"创建混合曲面"
　　　　按钮，再依次单击两曲面的边，即可用混合曲面将两个曲面连接起来，如
　　　　图 5-113 所示。

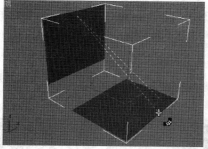
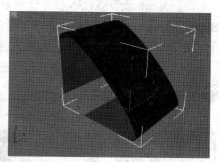

图 5-113　创建混合曲面

创建完混合曲面后，可利用"修改"面板"混合曲面"卷展栏（参见图 5-114）中的参数调整混合曲面的效果。在此着重介绍如下几个参数。

> **张力1/2**：这两个编辑框用于调整混合曲面两端凹陷
> 或凸起的程度（只有混合曲面两端的曲线附属于其
> 他曲面时，调整这两个编辑框的值才能产生效果），
> 如图 5-115 所示。

图 5-114　"混合曲面"卷展栏

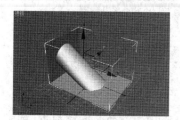
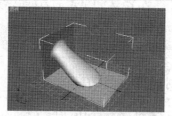
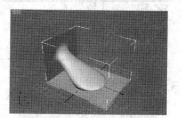

张力值均为 0 时的效果　　　张力值均为 0.5 时的效果　　　张力值均为 1 时的效果

图 5-115　"张力"编辑框对混合曲面的影响

➤ **翻转末端1/2**：这两个复选框用于翻转混合曲面两端曲线的方向，以消除混合曲面因两端曲线方向不同而产生的扭曲变形。

➤ **翻转切线1/2**：这两个复选框用来翻转混合曲面两端凹陷或凸起的方向，使凹陷变为凸起，凸起变为凹陷，如图 5-116 所示。

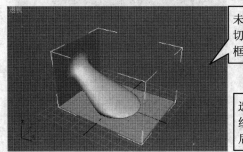
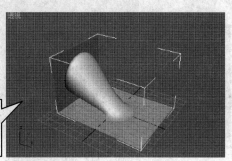

未选中"翻转切线 1/2"复选框时的效果

选中"翻转切线 1/2"复选框后的效果

图 5-116　"翻转切线 1/2"复选框对混合曲面的影响

➤ **起始点 1/2**：调整第一/第二条曲线起始点的位置（混合曲面两端的曲线为闭合曲线时，这两个编辑框才可用）。

4．"创建挤出曲面"和"创建车削曲面"工具

利用 NURBS 工具箱中的"创建挤出曲面"工具 ，可以沿 NURBS 对象中曲线的 Z 轴进行挤出处理，创建挤出曲面，如图 5-117 所示；利用"创建车削曲面"工具 ，可以对 NURBS 对象中的曲线进行车削处理，创建车削曲面，如图 5-118 所示。

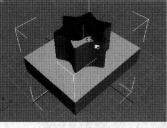

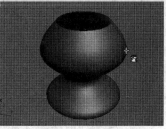

图 5-117　创建挤出曲面　　　　　　　　　　图 5-118　创建车削曲面

创建完挤出曲面和车削曲面后，利用"修改"面板中"挤出曲面"卷展栏和"车削曲面"卷展栏的参数可分别调整挤出曲面和车削曲面，各参数的作用与挤出修改器和车削修改器类似，在此不做介绍。

5．"创建 U 向放样曲面"工具

"U 向放样"可以看作是以曲线 Z 轴的连线作为挤出路径，以当前曲线作为该位置的挤出轮廓，在 NURBS 对象的曲线间进行沿路径挤出处理，创建 NURBS 曲面。下面介绍一下"创建 U 向放样曲面"工具 的使用方法，具体如下。

Step 01　在顶视图中创建 5 个圆，并调整各圆的位置，然后附加到同一 NURBS 对象中。

Step 02 打开 NURBS 工具箱，然后单击工具箱中的"创建 U 向放样曲面"按钮 ，再从下到上依次单击视图中各圆，在圆间创建 U 向放样曲面，如图 5-119 所示。

Step 03 右击鼠标，退出 U 向放样模式，完成 U 向放样曲面的创建。

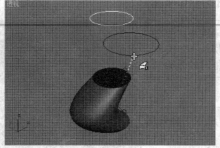
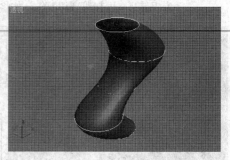

图 5-119　使用"创建 U 向放样曲面"工具创建 U 向放样曲面

创建完 U 向放样曲面后，利用"修改"面板"U 向放样曲面"卷展栏（设置 NURBS 对象的修改对象为"曲面"，然后选中放样曲面，在"修改"面板中也会出现该卷展栏，如图 5-120 所示）中的参数可以调整放样曲面的效果，在此着重介绍如下几个参数。

> **U 向曲线：**该列表中按鼠标的单击顺序列出了放样曲面中各曲线的名称，通过"向上"按钮 ↑ 和"向下"按钮 ↓ 可以调整曲线的顺序；选中列表中的某条曲线，然后单击"编辑曲线"按钮，即可在视图中调整该曲线。

> **曲线属性：**该区中的参数用于调整"U 向曲线"列表中选中曲线的属性，各参数的作用与"混合曲面"卷展栏中参数的作用类似，在此不做介绍。

> **自动对齐曲线起始点：**使各曲线的起始点始终沿 U 向对齐，以消除放样曲面因曲线起始点未对齐而产生的扭曲变形（选中该复选框时，调整曲线起始点的位置对 U 向放样曲面没有影响）。

图 5-120　"U 向放样曲面"卷展栏

> **闭合放样：**如果放样曲面是非闭合曲面，选中此复选框后，系统会在第一条曲线和最后一条曲线间添加一段新的曲面，将放样曲面闭合起来，如图 5-121 所示。

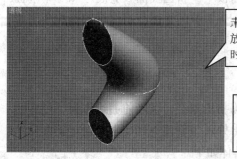
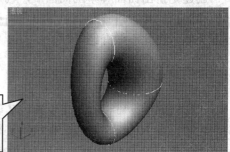

未选中"闭合放样"复选框时的效果

选中"闭合放样"复选框时的效果

图 5-121　"闭合放样"复选框对放样曲面的影响

> ➢ **插入**：选中放样曲面中的任意曲线，单击该按钮，然后单击另一曲线，系统就会在选中曲线前面插入该曲线，并生成新的曲面，如图 5-122 所示。
> ➢ **移除**：将选中曲线从曲面中删除，并重新组合剩余部分，如图 5-123 所示。

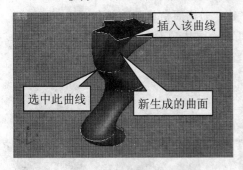

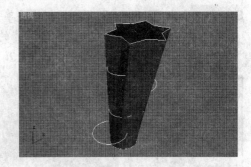

图 5-122　在结束位置插入六角形的效果　　　　图 5-123　移除中间四条曲线后的效果

> ➢ **优化**：在 U 向放样曲面中插入 U 向等参曲线，优化放样曲面。
> ➢ **替换**：选中放样曲面中的某一曲线后，单击此按钮，再单击另一曲线，系统就会用第二条曲线替代第一条曲线，如图 5-124 所示。

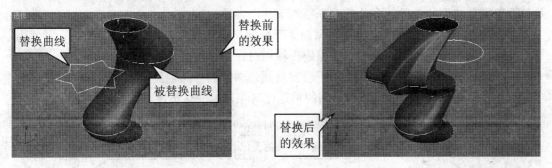

图 5-124　将第二条曲线替换为星形前后的效果

> ➢ **显示等参线**：设置是否在 NURBS 曲面中显示等参线，如图 5-125 所示。

图 5-125　选中"显示等参线"复选框前后的效果

6.　"创建圆角曲面"工具

使用"创建圆角曲面"工具 可以在两个曲面之间创建一个圆角的过渡曲面。下面介绍一下其使用方法。

Step 01 在透视视图中创建一个长方体和一个圆柱体，并调整其位置，如图 5-126 中图所示；然后将长方体和圆柱体附加到同一 NURBS 对象中。

Step 02 打开 NURBS 工具箱，然后单击工具箱中的"创建圆角曲面"按钮 ，再依次单击长方体的顶面和圆柱体的侧面，即可在长方体顶面和圆柱体侧面的相交位置创建圆角曲面，如图 5-126 右图所示。

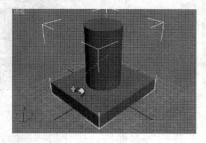
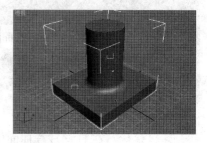

图 5-126　使用"创建圆角曲面"工具创建圆角曲面

创建完圆角曲面后，利用"修改"面板"圆角曲面"卷展栏（参见图 5-127）中的参数可调整圆角曲面的效果，在此着重介绍如下几个参数。

➤ **起始半径/结束半径：**设置圆角曲面开始端和结束端的半径，默认情况下二者使用相同的半径，当取消选中"锁定"按钮时，二者可分配不同的值。

➤ **半径插值：**该区中的参数用于设置从圆角曲面的开始端到结束端，半径的变化方式，图 5-128 所示为选中不同的单选钮时半径的变化情况。

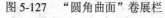

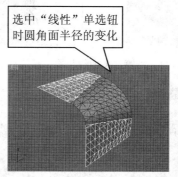

选中"线性"单选钮时圆角面半径的变化

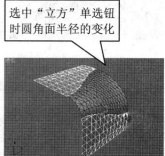

选中"立方"单选钮时圆角面半径的变化

图 5-127　"圆角曲面"卷展栏　　　　图 5-128　半径插值对圆角面半径变化的影响

7.　"创建多重曲线修剪曲面"工具

使用"创建多重曲线修剪曲面"工具 可以将选中的曲面沿曲面中指定的曲线进行修剪。使用时通常先在曲面上创建依附于曲面的修剪曲线，然后利用"创建多重曲线修剪曲面"按钮 工具沿修剪曲线修剪曲面。具体操作如下。

Step 01 在透视视图中创建一个长方体和一个六边形，并调整其位置，如图 5-129 左上图所示；然后将长方体和六边形附加到同一 NURBS 对象中。

Step 02 参照前述操作，利用 NURBS 工具箱中的"创建法向投影曲线"工具 ，将六边形的六条边投影到长方体的上表面，如图 5-129 上部右侧两图所示。

Step 03 单击 NURBS 工具箱中的"创建多重曲线修剪曲面"按钮 ，然后单击长方体的顶面，并依次单击顶面中六边形投影曲线的各条边，选中作为修剪曲线的投影六边形各条边，如图 5-129 下部右侧两图所示。

Step 04 右击鼠标，完成修剪曲线的选择；然后利用"多重曲线修剪曲面"卷展栏中的参数翻转被修剪的部分，完成曲面的修剪，如图 5-129 下部左侧两图所示。

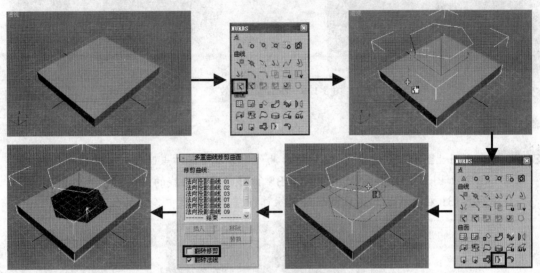

图 5-129　使用"创建多重曲线修剪曲面"工具修剪曲面

　　使用"创建多重曲线修剪曲面"工具修剪曲面时需要注意：用于修剪曲面的曲线必须是闭合曲线，或者是多条首尾相连的非闭合曲线，否则无法使用"创建多重曲线修剪曲面"工具进行曲面修剪操作。

综合实例 4——创建沙漏模型

本实例将创建图 5-130 所示的沙漏模型，以熟悉 NURBS 建模的流程，并练习各种常用 NURBS 建模工具的使用方法。

制作思路

在本实例中，沙漏模型可分玻璃罩、沙子、支柱、顶板和底板几部分进行创建。

创建玻璃罩时，可先利用"创建车削曲面"工具车削 NURBS 曲线，创建玻璃罩的主体；然后利用"创建 U 向放样曲面"工具对玻璃罩侧腿的轮廓线进行 U 向放样处理，创建玻璃罩的侧腿；接下来，利用"创建圆角曲面"工具在侧腿和玻璃罩主体间创建圆角连接面；最后，利用镜像克隆，制作出另一半玻璃罩即可。

沙子可利用"创建车削曲面"工具车削 NURBS 曲线并封口来获得。支柱可利用"创建 U 向放样曲面"工具对支柱的轮廓线进行 U 向放样处理来获得。

　　创建顶板和底板时，可先利用"创建挤出曲面"工具处理顶板和底板的截面图形，然后利用"创建圆角曲面"工具在顶板和底板的侧面与顶底面间创建圆角曲面。

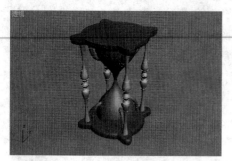

图 5-130　沙漏模型的效果

制作步骤

Step 01　利用"图形"创建面板"NURBS 曲线"分类中的"点曲线"按钮在前视图中创建如图 5-131 中图所示的 NURBS 曲线（设置曲线的修改对象为"点"，如图 5-131 右图所示，然后利用移动操作即可调整曲线中各点的位置）。

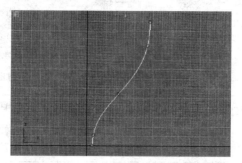

图 5-131　创建沙漏玻璃罩的截面图形

Step 02　按【Ctrl+T】组合键，打开 NURBS 工具箱，然后单击工具箱中的"创建车削曲面"按钮，再单击"Step01"创建的 NURBS 曲线，并选中"车削曲面"卷展栏中的"封口"复选框，创建车削曲面并封口，如图 5-132 所示。

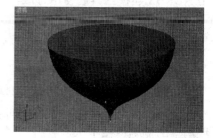

图 5-132　创建车削曲面

Step 03　设置 NURBS 对象的修改对象为"曲线"，然后使用"选择并移动"工具 ✛ 在前视图中调整车削对象截面图形的位置，以调整车削对象的半径，完成沙漏玻璃罩主体上半部分的创建，如图 5-133 所示。

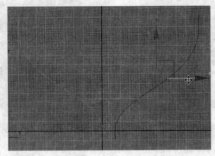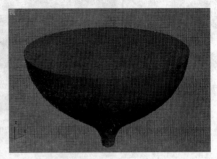

图 5-133　调整车削对象的半径

Step 04　利用"圆"工具在顶视图中创建一个圆，然后通过移动克隆再复制 4 个圆，并调整各圆的位置和角度，制作沙漏侧腿的轮廓，效果如图 5-134 所示。

Step 05　选中"Step04"创建的任一圆形，然后在"修改"面板的修改器堆栈中右击圆的名称，从弹出的快捷菜单中选择"转化为：NURBS"菜单项，将其转换为 NURBS 对象，如图 5-135 左图所示；再单击"常规"卷展栏中的"附加多个"按钮，利用打开的"附加多个"对话框将其他圆附加到 NURBS 对象中，如图 5-135 中图和右图所示。

图 5-134　创建五个圆　　　　　　　图 5-135　转化 NURBS 对象并合并其他圆

Step 06　按【Ctrl+T】组合键，打开 NURBS 工具箱，然后单击工具箱中的"创建 U 向放样曲面"按钮 ，再从上向下依次单击各圆，进行 U 向放样，创建沙漏玻璃罩的侧腿，如图 5-136 所示。

Step 07　利用旋转克隆将"Step06"创建的 U 向放样曲面再复制出三个，并调整各放样曲面的位置，效果如图 5-137 所示。

Step 08　参照前述操作，将所有 U 向放样曲面合并到"Step03"创建的车削曲面中，然后单击 NURBS 工具箱中的"创建圆角曲面"按钮 ，再依次单击放样曲面和车削曲面，在二者的相交处创建圆角过渡曲面，如图 5-138 所示。

Step 09　参照"Step08"所述操作，在其他放样曲面和车削曲面的相交处创建圆角过渡曲面，完成沙漏玻璃罩上半部分的创建；然后利用镜像克隆沿 Z 轴复制出玻璃罩的下半部分，效果如图 5-139 所示，至此就完成了沙漏玻璃罩的创建。

图 5-136　创建 U 向放样曲面

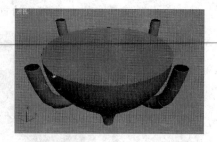

图 5-137　复制出三个放样曲面

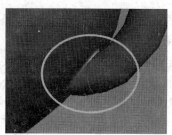

图 5-138　在放样曲面和车削曲面间创建圆角过渡面

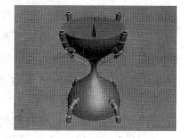

图 5-139　创建好的玻璃罩

Step 10　如图 5-140 所示，设置沙漏下半部分玻璃罩的修改对象为"曲线"，然后选中车削曲面中的 NURBS 曲线；接下来，选中"曲线公用"卷展栏中的"复制"复选框，并单击"分离"按钮，将选中曲线复制分离出来，作为沙子的截面图形。

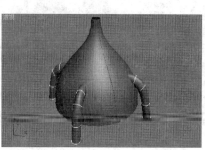

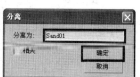

图 5-140　分离出车削曲面中的 NURBS 曲线

Step 11　如图 5-141 左图所示，设置沙子截面图形的修改对象为"点"，然后单击"点"卷展栏中的"优化"按钮，并在曲线中图 5-141 右图所示位置单击，插入一个点。再删除插入点上方的点，完成沙子截面图形的调整，如图 5-142 所示。

Step 12　参照前述操作，利用"创建车削曲面"工具 车削处理沙子的截面图形并封口；然后在"曲线"修改模式中调整沙子截面图形的位置，以调整车削曲面的半径，如图 5-143 中图所示，至此就完成了沙子的创建，效果如图 5-143 右图所示。

  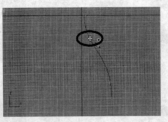 

图 5-141 在沙子的截面图形中插入一个点　　　　　图 5-142 沙子截面图形的效果

图 5-143 使用车削工具创建沙子

Step 13 利用"圆"工具在顶视图中创建 9 个圆，并调整其位置，各圆在顶视图和前视图中的效果如图 5-144 左图和中图所示；接下来，将所有圆合并到同一 NURBS 对象中，然后使用 NURBS 工具箱中的"创建 U 向放样曲面"工具 在各圆之间进行 U 向放样，创建沙漏的支柱，效果如图 5-144 右图所示。

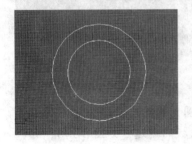  

图 5-144 创建沙漏的支柱

Step 14 在顶视图中创建两个椭圆和一个圆，并调整其位置，如图 5-145 左图所示；然后将椭圆和圆合并到同一可编辑样条线中，再利用"几何体"卷展栏中的"布尔"工具对三者进行并集运算，效果如图 5-145 右图所示。

Step 15 设置可编辑样条线的修改对象为"顶点"，然后选中图 5-146 中图所示顶点；再利用"圆角"工具对选中顶点进行圆角处理，完成沙漏底板截面图形的调整。

Step 16 将沙漏底板的截面图形转化为 NURBS 对象，然后打开 NURBS 工具箱，并单击工具箱中的"创建挤出曲面"按钮 ，再单击沙漏底板的截面图形并向上拖动鼠标，到适当位置后释放左键，创建挤出曲面，如图 5-147 左侧两图所示。接下来，在"修改"面板的"挤出曲面"卷展栏中设置挤出的数量并封口，完成曲线的挤出处理，效果如图 5-147 右图所示。

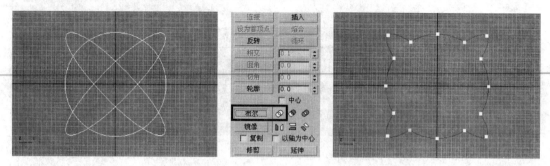

图 5-145　创建两个椭圆和一个圆并进行并集运算

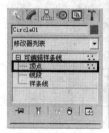 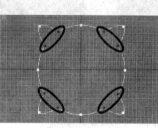  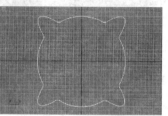

图 5-146　对顶点进行圆角处理

 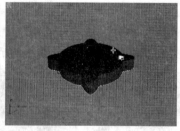 

图 5-147　创建挤出曲面

Step 17　参照前述操作，利用 NURBS 工具箱中的"创建圆角曲面"工具 在挤出曲面和封口曲面的相交处创建圆角曲面，完成沙漏底板的创建，如图 5-148 所示。

 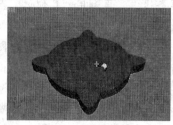  

图 5-148　在挤出曲面的侧面和封口曲面间创建圆角曲面

Step 18　通过移动克隆和镜像克隆再复制出三条支柱和一个底板，然后调整沙漏各部分的位置并群组，完成沙漏模型的创建，效果如图 5-130 左图所示。添加材质并渲染后的效果如图 5-130 右图所示。

实例点评

　　本实例主要通过制作沙漏模型，来熟悉 NURBS 建模，以及练习各种 BURBS 建模工具的使用方法。创建的过程中，关键要学会 NURBS 曲线的车削、挤出和 U 向放样处理，以及如何在相交曲面间创建圆角过渡面。另外，要注意 NURBS 曲线和车削对象的调整。

5.5　复合建模

　　复合建模就是使用 3ds Max 9 提供的复合工具（位于"几何体"创建面板的"复合对象"分类中）将多个实体模型复合成一个模型的建模方法。下面介绍几种常用的复合工具。

5.5.1　放样工具——创建汤匙模型

　　使用放样工具可以将二维图形沿指定的路径曲线放样成三维模型。下面以使用放样工具创建汤匙模型为例，介绍一下放样工具的使用方法。

Step 01　打开本书配套光盘"素材与实例">"第 5 章"文件夹中的"放样工具.max"文件，场景中已经创建了汤匙匙柄、匙勺的截面图形，汤匙的放样路径，以及汤匙 X 轴和 Y 轴的拟合变形曲线，如图 5-149、图 5-150 和 5-151 所示。

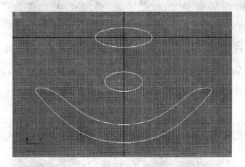

图 5-149　匙柄和匙勺的截面图形

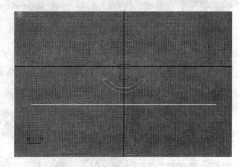

图 5-150　汤匙的放样路径

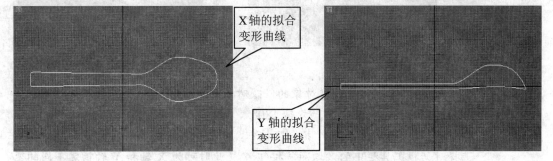

图 5-151　汤匙 X 轴和 Y 轴的拟合变形曲线

拟合变形就是根据指定的 X 轴和 Y 轴的拟合变形曲线，分别沿 X 轴和 Y 轴调整放样对象的形状，使放样对象在 X 轴和 Y 轴的截面图形与指定的拟合曲线相同。

Step 02　选中汤匙的放样路径，然后单击"几何体"创建面板"复合对象"分类中的"放样"按钮，在打开的"创建方法"卷展栏中单击"获取图形"按钮，再单击场景中较大的椭圆，进行第一次放样，如图 5-152 所示。

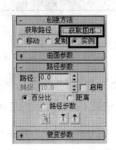

图 5-152　进行第一次放样

　　在放样工具的"创建方法"卷展栏中，"移动"、"复制"和"实例"单选钮用于设置原曲线与放样对象中曲线的关系。其中，"移动"表示删除原曲线；"实例"表示保留原曲线，且原曲线与放样对象中的曲线具有实例关系；"复制"表示保留原曲线，但原曲线与放样对象中的曲线无关联关系。

Step 03　设置"路径参数"卷展栏中"路径"编辑框的值为"60"，然后再次单击"获取图形"按钮，并拾取视图中较小的椭圆，作为放样路径 60%处的截面图形，完成第二次放样，效果如图 5-153 右图所示。

Step 04　设置"路径"编辑框的值为 80，然后拾取闭合的弧形曲线，作为放样路径 80%处的截面图形，完成第三次放样，效果如图 5-154 所示。

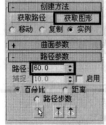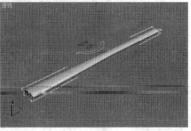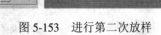

图 5-153　进行第二次放样　　　　　　　图 5-154　第三次放样的效果

Step 05　如图 5-155 所示，设置放样对象的修改对象为"图形"，然后选中放样对象中闭合的弧形曲线，将其绕 Z 轴旋转 180°，消除匙柄和匙匙间的扭曲变形。

Step 06　单击"变形"卷展栏中的"拟合"按钮，打开"拟合变形"对话框，然后取消选择对话框工具栏中的"均衡"按钮（此时可为 X 轴和 Y 轴指定不同的变形曲线）；再利用"获取图形"按钮 拾取 X 轴的变形曲线，如图 5-156 所示。

 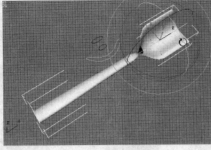 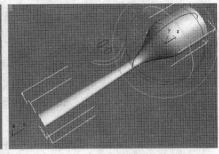

图 5-155　取消匙柄和匙勺间的扭曲变形

 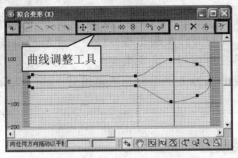 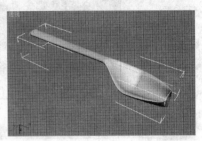

图 5-156　指定 X 轴的拟合变形曲线

Step 07　如图 5-157 所示，选中"拟合变形"对话框工具栏中的"显示 Y 轴"按钮，然后使用"获取图形"按钮 ，拾取 Y 轴的拟合变形曲线。

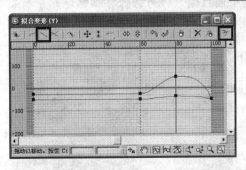 

图 5-157　指定 Y 轴的拟合变形曲线

　　若拟合变形的效果不理想，可利用"拟合变形"对话框工具栏中的控制点调整工具调整变形曲线的形状，以调整变形效果。
　　另外，利用"变形"卷展栏中的"缩放"、"扭曲"、"倾斜"和"倒角"按钮还可以对放样对象进行缩放、扭曲、倾斜和倒角变形，其使用方法与拟合变形类似，在此不做介绍。

Step 08　打开"蒙皮参数"卷展栏，设置"图形步数"和"路径步数"编辑框的值分别为 10 和 20，调整放样对象的平滑效果，如图 5-158 所示。至此就完成了汤匙的创建，添加材质并渲染后的效果如图 5-159 所示。

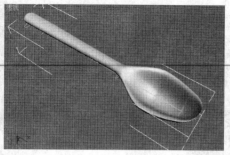

图 5-158　调整放样对象的平滑效果　　　　　图 5-159　添加材质并渲染后的效果

知识库

　　利用"蒙皮参数"卷展栏中的参数可以调整放样对象的表面效果。例如，选中"轮廓"编辑框时，截面图形始终垂直于路径曲线，以防止放样对象因截面图形与路径曲线间角度发生变化而产生扭曲变形；选中"倾斜"复选框时，如果路径曲线为三维图形，从始端到末端，截面图形将绕路径曲线产生一定的扭曲效果。

5.5.2　连接工具——创建香烟模型

　　使用连接工具可以在两个对象对应的删除面之间创建曲面，将二者连接起来。下面以使用连接工具创建香烟模型为例，介绍一下连接工具的使用方法。

Step 01　使用"圆柱体"工具在前视图中创建两个圆柱体，作为制作香烟燃烧部分和未燃烧部分的基本几何体，圆柱体的参数和效果如图 5-160 所示。

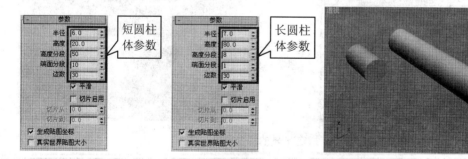

图 5-160　创建两个圆柱体

Step 02　通过对象的右键快捷菜单将两个圆柱体转换为可编辑多边形，然后设置修改对象为"多边形"，并删除两个圆柱体的某一端面，效果如图 5-161 所示。

Step 03　选中短圆柱体，为其添加"噪波"修改器，进行澡波处理，制作香烟燃烧过的部分，修改器的参数和修改效果如图 5-162 所示。

Step 04　调整两个圆柱体的角度和位置，使删除端面的两端相对应，如图 5-163 所示。

Step 05　选中长圆柱体，然后单击"几何体"创建面板"复合对象"分类中的"连接"

按钮，在打开的"拾取操作对象"卷展栏中单击"拾取操作对象"按钮，再单击短圆柱体，将长圆柱体和短圆柱体连接起来，如图5-164所示。

图 5-161 删除圆柱体某一端面

图 5-162 对短圆柱体进行噪波处理

图 5-163 调整圆柱体的角度和位置

图 5-164 将两个圆柱体连接起来

Step 06 参照图5-165左图所示在"参数"卷展栏中调整连接面的参数，完成香烟模型的创建，效果如图5-165右图所示。添加材质并渲染后的效果如图5-166所示。

图 5-165 调整连接面的参数

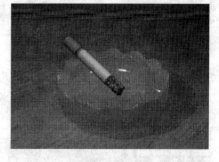

图 5-166 添加材质并渲染后的效果

利用连接工具"参数"卷展栏"插值"和"平滑"区中的参数可以调整连接面的效果，例如，"分段"编辑框用于调整连接面的分段数，"张力"编辑框用于调整连接面的凹凸效果，"桥"复选框用于控制是否对连接面进行平滑处理，"末端"编辑框用于控制是否对连接面的末端进行平滑处理。

5.5.3 布尔工具——创建螺丝钉模型

使用布尔工具可以对两个独立的三维对象进行布尔运算，产生新的三维对象。下面以使用布尔工具创建螺丝钉模型为例，介绍一下布尔工具的使用方法。

Step 01 　使用"切角圆柱体"工具在顶视图中创建两个切角圆柱体，作为创建螺丝钉的
基本几何体，切角圆柱体的参数和效果如图 5-167 所示。

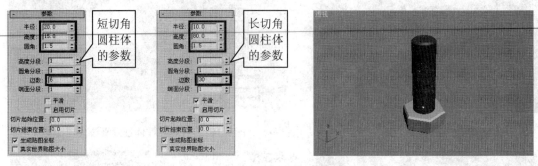

图 5-167　创建两个切角圆柱体

Step 02 　利用"多边形"和"螺旋线"工具在顶视图中创建一个三角形和一条螺旋线，
作为螺纹的截面图形和路径曲线，参数和效果如图 5-168 所示。

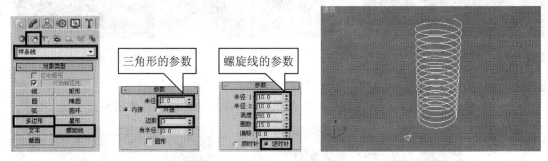

图 5-168　创建一个三角形和一条螺旋线

Step 03 　参照前述操作，使用"几何体"创建面板"复合对象"分类中的"放样"工具
对螺旋线和三角形进行放样处理，创建螺纹，如图 5-169 所示。

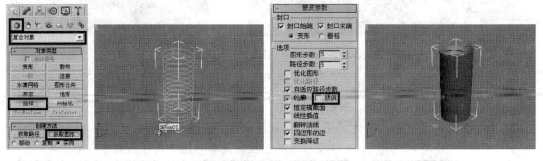

图 5-169　使用放样工具创建螺纹

Step 04 　调整切角圆柱体和螺纹的位置，效果如图 5-170 左图所示；然后选中长切角圆
柱体，再单击"几何体"创建面板"复合对象"分类中的"布尔"按钮，在打
开的"参数"卷展栏中设置布尔运算的类型为"差集（A－B）"，如图 5-170 中

间两图所示；接下来，利用"拾取布尔"卷展栏中的"拾取操作对象 B"按钮拾取螺纹作为布尔运算的 B 对象，进行布尔运算，效果如图 5-170 右图所示。

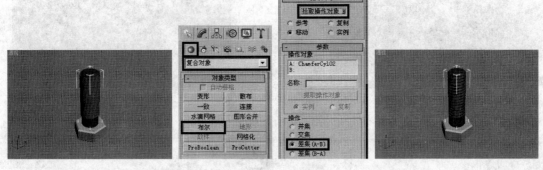

图 5-170 使用布尔工具在切角圆柱体中制作螺纹

Step 05 参照"Step04"所述操作，对两个切角圆柱体进行并集布尔运算，完成螺丝钉模型的创建，效果如图 5-171 所示。

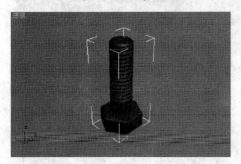 

图 5-171 螺丝钉模型及添加材质渲染后的效果

5.5.4 图形合并工具——创建印章的印纹

使用"图形合并"工具可以将二维图形沿自身法线方向投影到三维对象表面，并产生相加或相减的效果，常用于制作模型表面的花纹。下面以使用图形合并工具创建印章的印纹为例，介绍一下图形合并工具的使用方法。

Step 01 打开本书配套光盘"素材与实例">"第 5 章"文件夹中的"印章模型.max"文件，场景中已经创建了一个无纹印章和印纹的截面图形，如图 5-172 所示。

Step 02 调整印章的角度和位置，使印章处于印纹的正上方，如图 5-173 所示。

Step 03 选中印章的主体，然后单击"几何体"创建面板"复合对象"分类中的"图形合并"按钮，在打开的"拾取图形"卷展栏中单击"拾取图形"按钮，再单击印纹的截面图形，完成图形合并操作，效果如图 5-174 右图所示。

Step 04 将印章主体转化为可编辑网格，并设置修改对象为"多边形"，然后选中图 5-175 中图所示多边形，并将其挤出 1 个单位，至此就完成了印章印纹的创建，效果如图 5-175 右图所示。

图 5-172　场景效果　　　　　　　　　　图 5-173　调整印章的角度和位置

图 5-174　将印纹投影到印章主体的底面

在图形合并工具的"参数"卷展栏中，"操作"区中的参数用于设置图形合并的方式。选中"合并"单选钮时，只将二维图形投影到曲面中；选中"饼切"单选钮时，系统将自动删除投影曲线所在曲面中二维图形内或二维图形外的部分（下方的"反转"复选框用于反转被切除的部分）。

图 5-175　将印纹多边形挤出 1 个单位

综合实例 5——制作牙刷模型

　　本实例通过制作牙刷模型，来练习一下前面介绍的几种复合建模工作，图 5-176 左图所示为创建好的牙刷模型，图 5-176 右图所示为添加材质并渲染后的效果。

制作思路

　　创建牙刷时，首先利用放样工具处理二维图形，制作牙刷柄；然后利用布尔工具处理三维对象，制作牙刷柄的纹理和牙刷毛；最后，利用图像合并工具将牙刷的品牌名投影到牙刷柄上，并转换为可编辑网格挤出品牌名即可。

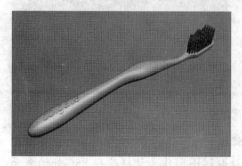 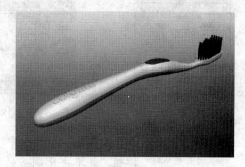

图 5-176　牙刷的效果

制作步骤

Step 01　打开本书配套光盘"素材与实例">"第 5 章"文件夹中的"牙刷曲线.max"文件，场景中已经创建了牙刷柄、牙刷头的截面图形，牙刷的放样路径，以及牙刷柄 X 轴和 Y 轴的拟合变形曲线，如图 5-177、图 5-178 和 5-179 所示。

 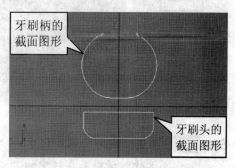

图 5-177　牙刷的放样路径　　　　　图 5-178　牙刷柄和牙刷头的截面图形

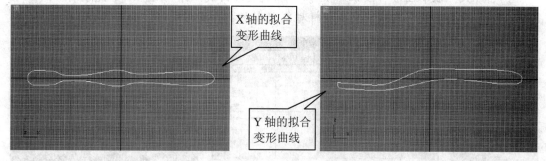

图 5-179　创建 X 轴和 Y 轴的拟合变形曲线

Step 02　选中牙刷的放样路径，然后单击"几何体"创建面板"复合对象"分类中的"放样"按钮，在打开的"创建方法"卷展栏中单击"获取图形"按钮，再单击牙刷柄的截面图形，进行第一次放样，如图 5-180 所示。

 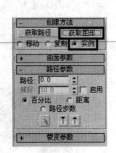 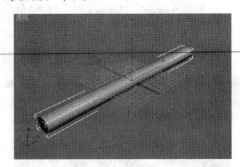

图 5-180　进行第一次放样

Step 03　设置"路径参数"卷展栏中"路径"编辑框的值为 85，然后再次单击"获取图形"按钮，并单击牙刷头的截面图形，拾取该图形作为放样路径 85%处的截面图形，完成第二次放样，效果如图 5-181 右图所示。

Step 04　设置"路径"编辑框的值为 75，然后拾取牙刷柄的截面图形作为放样路径 75%处的截面图形，完成第三次放样，效果如图 5-182 所示。

 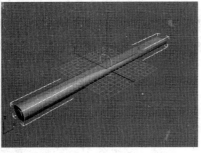 

图 5-181　进行第二次放样　　　　　　　　　　图 5-182　第三次放样的效果

Step 05　单击"变形"卷展栏中的"拟合"按钮，打开"拟合变形"对话框；然后取消选择对话框工具栏中的"均衡"按钮 ，进入 X 轴变形曲线编辑状态；再利用"获取图形"按钮 拾取 X 轴的变形曲线，并利用"水平镜像"按钮 水平翻转变形曲线，完成放样对象 X 轴的拟合变形处理，如图 5-183 所示。

 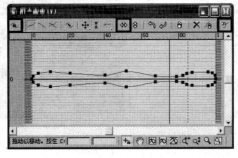 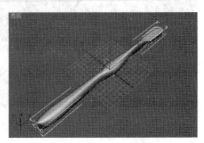

图 5-183　指定 X 轴的拟合变形曲线

Step 06　单击"拟合变形"对话框工具栏中的"显示 Y 轴"按钮，进入 Y 轴变形曲线编辑状态；然后利用"获取图形"按钮 🖑 拾取 Y 轴的拟合变形曲线，并利用"水平镜像"按钮 ⇔ 水平翻转变形曲线，完成放样对象 Y 轴的拟合变形处理，如图 5-184 所示。至此就完成了牙刷柄的创建。

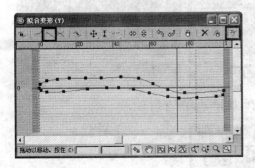
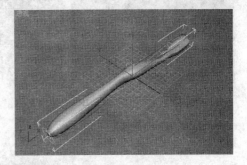

图 5-184　指定 Y 轴的拟合变形曲线

Step 07　在透视视图中创建多个圆柱体，并调整其位置，然后将所有圆柱体合并到同一可编辑网格中，作为制作牙刷毛的基本三维对象，效果如图 5-185 所示。

Step 08　在前视图中创建图 5-186 左图所示的闭合曲线，然后利用挤出修改器进行挤出处理，创建出制作波浪形牙刷毛的三维对象，效果如图 5-186 右图所示。

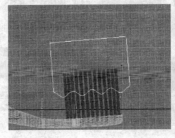

图 5-185　创建多个圆柱体　　　　　图 5-186　创建有波浪面的三维对象

Step 09　选中包含多个圆柱体的可编辑网格，然后单击"几何体"创建面板"复合对象"分类中的"布尔"按钮，在打开的"参数"卷展栏中设置布尔运算的类型为"差集（A−B）"；再利用"拾取布尔"卷展栏中的"拾取操作对象 B"按钮，拾取有波浪面的三维对象作为布尔运算的 B 对象，进行布尔运算，如图 5-187 右图所示。至此就完成了波浪形牙刷毛的制作。

Step 10　在顶视图中牙刷柄的末端创建牙刷品牌名的文本，如图 5-188 所示。

Step 11　选中牙刷柄，然后单击"几何体"创建面板"复合对象"分类中的"图形合并"按钮，在打开的"拾取图形"卷展栏中单击"拾取图形"按钮，再单击牙刷的品牌名文本，将牙刷品牌名文本投影到牙刷柄上，如图 5-189 所示。

Step 12　将牙刷柄转换为可编辑网格，然后选中品牌名多边形，并按组方式将其挤出一定高度，制作牙刷的品牌名，如图 5-190 所示。至此就完成了牙刷的制作，效果如图 5-176 左图所示，添加材质并渲染后的效果如图 5-176 右图所示。

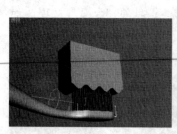

图 5-187 使用布尔工具处理圆柱体以制作波浪形牙刷毛

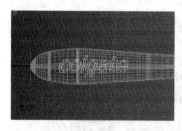

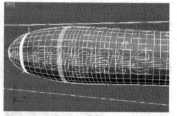

图 5-188 牙刷品牌名的文本　　　　　　图 5-189 将牙刷品牌名投影到牙刷柄中

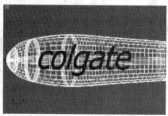

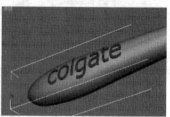

图 5-190 挤出处理多边形制作牙刷品牌名

　　　本实例主要利用放样工具、布尔工具和图形合并工具处理二维图形和三维对象，以制作牙刷模型。创建过程中，关键是利用放样工具处理二维图形制作牙刷柄；另外，要熟练掌握布尔工具和图形合并工具的使用方法。

本章小结

　　本章主要介绍了 3ds Max 9 提供的几种高级建模方法。在学习多边形建模、网格建模和面片建模时，关键是了解这几种建模方法的操作流程，知道如何将三维模型转换为可编辑多边形、可编辑网格和可编辑面片，并能够熟练使用各种常用的编辑工具编辑其子对象。

学习 NURBS 建模时，一是要掌握 NURBS 对象的创建方法，二是要学会使用 NURBS 工具箱中的工具编辑 NURBS 对象。对于复合建模来说，关键是掌握放样、连接、布尔和图形合并等复合建模工具的使用方法。

思考与练习

一、填空题

1. 可编辑多边形有＿＿＿＿＿、＿＿＿＿＿、＿＿＿＿＿、＿＿＿＿＿和＿＿＿＿＿5 种子对象。其中，＿＿＿＿＿是由三条或多条首尾相连的边构成的最小单位的曲面；＿＿＿＿＿是指独立非闭合曲面的边缘或删除多边形产生的孔洞的边缘。

2. 利用可编辑多边形"编辑顶点"卷展栏中的＿＿＿＿＿按钮可以将焊接阈值内的选中顶点焊接为一个，右侧的"设置"按钮 ▢ 用于设置＿＿＿＿＿；利用＿＿＿＿＿按钮可以将选中顶点焊接到指定顶点上，不受焊接阈值的影响。

3. 面片建模是介于＿＿＿＿＿＿＿＿和＿＿＿＿＿＿＿＿之间的一种建模方法。

4. ＿＿＿＿＿建模的全称为非均匀有理 B 样条线建模，它是一种编辑曲线创建模型的方法。与网格建模和面片建模相比，该建模法能够更好地控制物体表面的＿＿＿＿＿，从而创建出更逼真、生动的造型。

5. 使用＿＿＿＿＿复合工具可以将二维图形沿自身法线方向投影到三维对象表面；使用＿＿＿＿＿复合工具可以在两个网格对象对应的删除面间创建曲面，将两个网格对象连接起来；使用＿＿＿＿＿复合工具可以对两个独立的二维对象进行布尔运算。

二、选择题

1. 在可编辑多边形的子对象中，＿＿＿＿＿是由三条或多条首尾相连的边构成的最小单位的曲面？
　　A．面片　　　　　B．多边形　　　　　C．元素　　　　　D．边界

2. 在挤出或倒角处理可编辑多边形中的多边形子对象时，以＿＿＿＿＿方式可以将选中的多边形沿自身的法线方向进行挤出或倒角处理，并保持多边形的连接状态。
　　A．局部法线　　　B．边　　　　　　　C．组　　　　　　D．按多边形

3. ＿＿＿＿＿是可编辑面片中特有的子对象，移动、旋转和缩放该子对象，即可调整该位置处曲面的曲率。
　　A．边　　　　　　B．面片　　　　　　C．多边形　　　　D．控制柄

4. 利用 NURBS 工具箱中的＿＿＿＿＿工具可以在两个曲面间创建圆角过渡曲面。
　　A．创建规则曲面　B．创建圆角曲面　C．创建混合曲面　D．创建车削曲面

5. 利用"几何体"创建面板"复合对象分类"中的＿＿＿＿＿工具可以将二维图形沿指定的曲线进行拉伸处理，以制作三维模型。
　　A．放样　　　　　B．图形合并　　　　C．连接　　　　　D．布尔

三、操作题

利用本章所学知识创建图 5-191 所示的车轮模型。

提示：

（1）使用放样工具对二维图形进行放样处理，创建车轮的轮胎和钢圈，如图 5-192 左图和中图所示。

图 5-191　车轮模型效果

（2）将钢圈中空部分的截面图形投影到钢圈中，并进行多边形建模，创建钢圈的中空部分，如图 5-192 右图所示。

（3）调整轮胎和钢圈的位置，并进行群组，完成车轮模型的创建。

图 5-192　车轮的创建过程

第6章

材质和贴图

本章内容提要

- 使用材质编辑器 203
- 常用材质 208
- 贴图 220

章前导读

　　本章将为读者介绍 3ds Max 9 中材质和贴图方面的知识。材质就是制作模型时使用的材料，主要用来模拟模型的各种物理特性，像颜色、反射/折射情况、透明度等；贴图就是指定到材质中的图像，主要用来模拟模型表面的纹理效果。

6.1　使用材质编辑器

　　材质编辑器是创建、编辑、分配和保存材质的工作区，本节将为读者系统地介绍一下材质编辑器的构成，以及如何在材质编辑器中获取、分配和保存材质。

6.1.1　认识材质编辑器

　　单击工具栏中的"材质编辑器"按钮 ▓▓（或按【M】键），即可打开 3ds Max 9 的"材质编辑器"，图 6-1 所示为材质编辑器的工作界面，各组成部分的作用如下。

1. 菜单栏

　　菜单栏位于材质编辑器的上方，它为用户提供了许多菜单，利用这些菜单可以获取材质、调整材质编辑器的显示方式等，与材质编辑器横向工具栏和纵向工具栏的功能相同。

2. 示例窗

　　示例窗又称为"样本槽"或"材质球"，主要用来选择材质和预览材质的调整效果，图6-2 右图所示为调整材质的漫反射颜色并分配给模型后示例窗的状态。

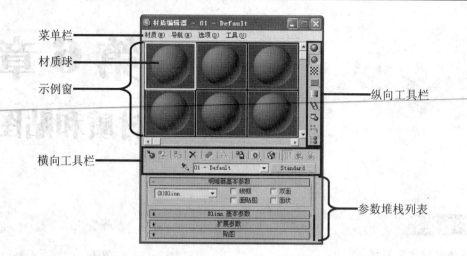

菜单栏

材质球

示例窗

纵向工具栏

横向工具栏

参数堆栈列表

图 6-1　材质编辑器的工作界面

示例窗最初的状态

调整材质的漫反射颜色并分配给模型后示例窗的状态

图 6-2　编辑材质并分配给模型后示例窗的变化

3. 工具栏

材质编辑器中有纵向和横向两个工具栏，这两个工具栏为用户提供了一些获取、分配和保存材质，以及控制示例窗外观的快捷工具按钮。下面介绍几个比较常用的工具。

➢ **背光** ：该按钮用于控制示例窗背光灯的开启和关闭，主要用于查看金属及各种光滑材质背面的反射高光效果，如图 6-3 所示。系统默认打开背光灯。

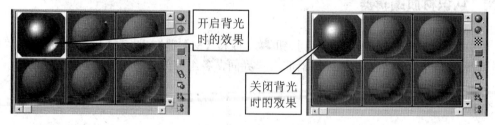

开启背光时的效果

关闭背光时的效果

图 6-3　开启和关闭背光灯时材质球的效果

➢ **背景** ：该按钮用于控制是否在示例窗中显示出彩色方格背景，主要用于观察玻璃、液体、塑料等透明或半透明材质的效果。图 6-4 所示为在示例窗中显示彩色方格背景时的效果。

➢ **按材质选择** ：单击此按钮会打开"选择对象"对话框，并自动选中使用当前材质的对象的名称，如图 6-5 所示。单击"选择"按钮即可选中这些对象。

> **材质/贴图导航器** ：单击此按钮将打开"材质/贴图导航器"对话框，如图 6-6 所示，该对话框列出了当前材质的子材质树和使用的贴图，单击子材质或贴图，在材质编辑器的参数堆栈列表中就会显示出该子材质或贴图的参数。

在示例窗中显示出彩色方格背景的效果

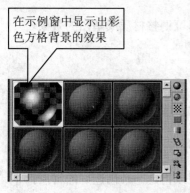

单击"选择"按钮即可选中使用当前材质的对象

图 6-4　显示背景后示例窗的效果　　图 6-5　"选择对象"对话框　　图 6-6　材质/贴图导航器

> **将材质指定给选定对象** ：将当前示例窗中的材质分配给选中的对象或子对象。
> **重置贴图/材质为默认设置** ×：将当前材质或贴图的参数恢复为系统默认。

> 　　若材质或贴图已分配给场景中的对象，重置时将弹出图 6-7 所示的"重置材质/贴图参数"对话框。若选中"影响场景和编辑器示例窗中的材质/贴图"单选钮，则场景中使用此材质的对象也受影响；若选中"仅影响编辑器示例窗中的材质/贴图"单选钮，则只影响示例窗中的材质。

> **放入库** ：单击此按钮将打开图 6-8 所示的"入库"对话框，设置好材质名称后单击"确定"按钮，即可将当前材质添加到场景使用的材质库中。

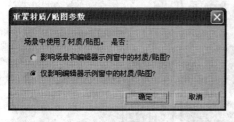

图 6-7　"重置材质/贴图参数"对话框　　　　　图 6-8　"入库"对话框

> **在视口中显示贴图** ：控制是否在视口中显示模型的贴图效果。
> **转到父对象** ：当材质属于复合材质且未处于顶级时（此按钮不可用时材质处于顶级），单击此按钮可将材质向上移动一个层级。单击"转到下一个同级项"按钮 可将当前子材质切换为同一层级的另一子材质。
> **从对象拾取材质** ：选中此按钮，然后单击场景中的对象，即可获取该对象使用的材质，并加载到当前示例窗中。
> **材质名** 01 - Default ▼：该下拉列表框主要用于显示和更改材质的名称。

> **材质类型按钮** `Standard` ：单击此按钮将打开"材质/贴图浏览器"对话框，通过此对话框可以更改材质的类型或获取材质。

4. 参数堆栈列表

该区中列出了当前材质或贴图的参数，调整这些参数即可调整材质或贴图的效果。

6.1.2 材质的获取、分配和保存——椅子材质

下面从获取、分配和保存材质三方面介绍一下材质编辑器最基本的使用方法。

1. 获取材质

获取材质就是为当前示例窗中的材质指定一种新的类型或指定一种创建好的材质，下面看一下具体操作。

Step 01 打开本书提供的素材文件"椅子.max"，在场景中创建了两把木椅，其中一把已经添加了材质，而另一把未添加材质，效果如图 6-9 所示。

Step 02 单击工具栏中的"材质编辑器"按钮，打开材质编辑器；然后单击任一未使用的材质球；再单击材质编辑器工具栏中的"获取材质"按钮 或 "Standard"按钮（参见图 6-10 左图），打开"材质/贴图浏览器"对话框。

Step 03 选中"材质/贴图浏览器"对话框"浏览自"区中的"场景"单选钮，然后双击对话框右侧材质贴图列表中的"Wood（Standard）[木椅 01]"项，为当前材质球获取场景中使用的 Wood 材质，如图 6-10 右图所示。

图 6-9　场景效果　　　　　　图 6-10　为第一个材质球获取材质

"材质/贴图浏览器"对话框"浏览自"区中的参数用于设置材质的来源。选中"材质库"单选钮时，可以获取材质库中保存的材质；选中"场景"单选钮时，可以获取场景中对象所使用的材质；选中"新建"单选钮时，可以更改材质的类型。

另外，使用材质编辑器工具栏中的"从对象拾取材质"按钮，可以获取场景中指定对象所使用的材质。

2. 分配材质

分配材质就是将创建的材质应用到对象中，以模拟其表面纹理、透明情况、对光线的反射/折射程度等，下面承接前面"获取材质"的操作介绍一下如何分配材质。

Step 01 选中"椅子.max"场景中未分配材质的木椅的椅垫，如图6-11左图所示。

Step 02 单击材质编辑器工具栏中的"将材质指定给选定对象"按钮，将材质分配给木椅的椅垫，如图6-11中图所示，此时木椅椅垫的效果如图6-11右图所示。

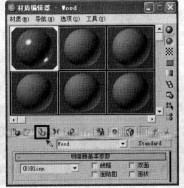

图6-11 分配材质

分配材质时，除可以利用材质编辑器横向工具栏中的"将材质指定给选定对象"按钮外，用鼠标直接拖动材质球中的材质到场景中的对象上也可实现材质的分配，但此方法不能将材质分配给模型的子对象。

将材质分配给对象后，材质成为"热"材质，即修改材质编辑器中材质的参数时，场景中的对象也受影响；单击材质编辑器工具栏中的"复制材质"按钮可断开材质和对象间的关联关系，即使材质变"冷"。

3. 保存材质

保存材质就是将材质以材质库的形式保存起来，便于在其他场景中调用，下面承接"分配材质"的操作介绍一下如何保存材质。

Step 01 选中前面获取的材质，然后在材质编辑器横向工具栏的"材质名"文本框中更改材质的名称为"木纹"；如图6-12左图所示。

Step 02 单击材质编辑器横向工具栏中的"放入库"按钮，打开"入库"对话框；然

后单击"确定"按钮，将木纹材质添加当前场景所使用的材质库中，如图 6-12
右图所示。

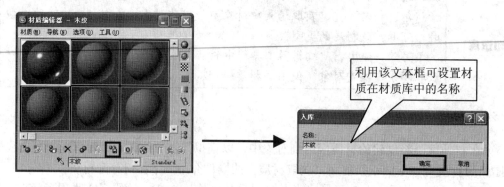

图 6-12　将材质添加到材质库中

Step 03　参照前述操作，打开"材质/贴图浏览器"对话框，然后选中"浏览自"区中的"材质库"单选钮，再单击"文件"区中的"另存为"按钮，打开"保存材质库"对话框，如图 6-13 左图所示。

Step 04　利用"保存材质库"对话框中的"保存在"下拉列表框，设置材质库的保存位置；然后在"文件名"编辑框中设置材质库的保存名称；最后单击"保存"按钮，即可完成材质库的保存，如图 6-13 右图所示。

　　若想调用保存的材质，只需选中"材质/贴图浏览器"对话框"浏览自"区中的"材质库"单选钮，然后单击"文件"区中的"打开"按钮，利用打开的"打开材质库"对话框（参见图 6-14）调用材质所在的材质库；最后，参照获取材质的操作，将材质库中的材质获取到示例窗中即可。

图 6-13　保存材质库　　　　　　　　图 6-14　"打开材质库"对话框

6.2　常用材质

3ds Max 9 为用户提供了多种类型的材质，不同的材质具有不同的用途，下面为读者介绍几种比较常用的材质。

6.2.1 标准材质

标准材质是 3ds Max 9 中默认且使用最多的材质，它可以提供均匀的表面颜色效果，而且可以模拟发光和半透明等效果，常用来模拟玻璃、金属、陶瓷、毛发等材料。下面介绍一下标准材质中常用的参数。

1. "明暗器基本参数"卷展栏

如图 6-15 所示，该卷展栏中的参数主要用于设置材质使用的明暗器和渲染方式。各参数的作用如下。

➤ **明暗器下拉列表框：** 单击该下拉列表框，在弹出的下拉列表中选择相应的明暗器，即可更改材质使用的明暗器。图 6-16 所示为各明暗器的高光效果。

图 6-15 "明暗器基本参数"卷展栏

各向异性： 该明暗器可以在物体表面产生一种拉伸、且具有角度的椭圆形高光，主要用于模拟毛发或拉丝金属的高光效果

Blinn： 该明暗器的高光呈正圆形，效果柔和，适于制作瓷砖、硬塑料和表面粗糙的金属等冷色、坚硬的材质

金属： 该明暗器的高光区与阴影区有明显的边界，且高光强烈，主要用于表现具有强烈反光的金属和其他光亮的材质

多层： 该明暗器有两个高光区，且两组高光可以独立控制，主要用于模拟表面高度磨光的材质，如丝绸和抛光的油漆等

Oren-Nayar-Blinn： 该明暗器是 Blinn 明暗器的变种，其高光更柔和，多用于表现织物、陶器和人体皮肤等表面粗糙的物体

Phong： 该明暗器的高光是发散混合的，背景反光为梭形，可真实地渲染出规则曲面的高光，常用于表现暖色柔和的材质

Strauss： 该明暗器具有简单的光影分界线，而且可以控制材质金属化的程度，常用于模拟金属或类金属材质

半透明： 该明暗器能够制作出半透明效果，光线可穿过半透明物体，且在物体的内部发生离散，常用于表现薄的半透明物体

图 6-16 各明暗器的高光效果

➢ **线框/双面/面贴图/面状**：这四个复选框用于设置材质的渲染方式，"线框"表示以线框方式渲染对象，"双面"表示为对象表面的正反面均应用材质；"面贴图"表示为对象中每个面均分配一个贴图图像；"面状"表示将对象的各个面以平面方式渲染，不进行相邻面的平滑处理。各种渲染方式的效果如图 6-17 所示。

"线框"渲染方式　　　　"双面"渲染方式　　　　"面贴图"渲染方式　　　　"面"渲染方式

图 6-17　不同渲染方式下茶壶的渲染效果

2. "基本参数"卷展栏

该卷展栏中的参数用于设置材质中各种光线的颜色和强度，不同的明暗器具有不同的参数，如图 6-18 所示。在此着重介绍如下几个参数。

➢ **环境光/高光反射/漫反射**：设置对象表面阴影区、高光反射区（即物体被灯光照射时的高亮区）和漫反射区（即阴影区与高光反射区之间的过渡区，该区中的颜色是用户观察到的物体表面的颜色）的颜色，如图 6-19 所示。

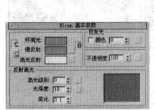
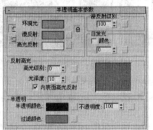
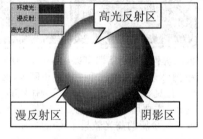

图 6-18　Blinn 明暗器和半透明明暗器的基本参数　　　图 6-19　各颜色在物体中对应的区域

默认情况下，3ds Max 9 的环境光为黑色，调整材质的环境光颜色无任何效果。又由于场景中阴影的颜色不能比环境光颜色暗，否则无法查看对象阴影中的对象。因此在设置环境光颜色时，通常将其设为黑色。

➢ **自发光**：设置物体的自发光强度。选中"颜色"复选框时，该区中的编辑框将变为颜色框，此时可利用该颜色框设置物体的自发光颜色。

➢ **透明度/不透明度**：设置物体的透明/不透明程度。

➢ **高光级别**：设置物体被灯光照射时，表面高光反射区的亮度。

➢ **光泽度**：设置物体被灯光照射时，表面高光反射区的大小。

➢ **金属度**：设置材质的金属表现程度。

➢ **过滤颜色**：设置透明对象的过滤色（即穿过透明对象的光线的颜色）。

3. "扩展参数" 卷展栏

如图 6-20 所示，该卷展栏中的参数用于设置材质的高级透明效果，渲染时对象中网格线框的大小，以及物体阴影区反射贴图的暗淡效果。具体如下。

- ➤ **衰减**：该区中的参数用于设置材质的不透明衰减方式和衰减结束位置材质的透明度，图 6-21 所示为不同衰减方式下材质的效果。

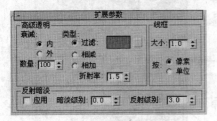

图 6-20 "扩展参数" 卷展栏

图 6-21 不同衰减方向材质的透明效果

- ➤ **类型**：该区中的参数用于设置材质的透明过滤方式和折射率，图 6-22 所示为不同透明过滤方式下材质的效果。

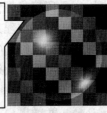

图 6-22 不同透明过滤方式材质的效果

- ➤ **反射暗淡**：该区中的参数用于设置物体各区域反射贴图的强度，其中，"暗淡级别"编辑框用于设置物体阴影区反射贴图的强度，"反射级别"编辑框用于设置物体非阴影区反射贴图的强度，图 6-23 所示为调整暗淡级别时反射贴图的效果。

图 6-23 调整暗淡级别时阴影区反射贴图的效果

4. "贴图" 卷展栏

该卷展栏为用户提供了多个贴图通道，利用这些贴图通道可以为材质添加贴图，如图

6-24 所示。添加贴图后，系统将根据贴图图像的颜色和贴图通道的数量，调整材质中贴图通道对应参数的效果，具体如下。

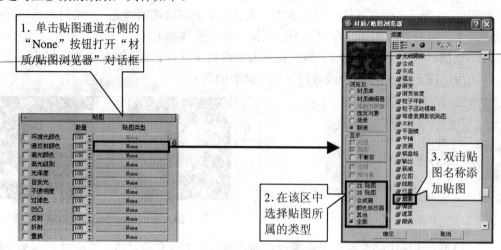

图 6-24　为贴图通道添加贴图

> **环境光颜色/漫反射颜色/高光颜色：** 为这三个通道指定贴图可以模拟物体相应区域的纹理效果。

> **高光级别/自发光/不透明度：** 为这三个通道指定贴图可以利用贴图图像的灰度控制高光反射区各位置的高光级别、物体各部分的自发光强度和不透明度（贴图图像的白色区域高光强度、自发光强度和不透明度最大，黑色区域三者均为 0）。

> **光泽度：** 为该通道指定贴图可以控制物体中高光出现的位置（贴图图像的白色区域无高光，黑色区域显示最强高光）。

> **过滤色：** 为该通道指定贴图可以控制透明物体各部分的过滤色，常为该通道指定贴图来模拟彩色雕花玻璃的过滤色，如图 6-25 所示。

> **凹凸：** 为该通道指定贴图可以控制物体表面各部分的凹凸程度，产生类似于浮雕的效果，如图 6-26 所示。

图 6-25　过滤色通道的贴图效果

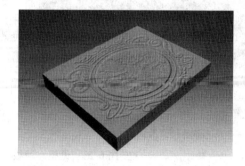

图 6-26　凹凸通道的贴图效果

> **反射/折射：** 为这两个通道指定贴图分别可以模拟物体表面的反射效果和透明物体的折射效果，如图 6-27 和图 6-28 所示分别为反射和折射通道的贴图效果。

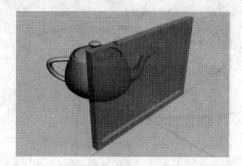

图 6-27　反射通道的贴图效果　　　　　　　图 6-28　折射通道的贴图效果

6.2.2　光线跟踪材质

光线跟踪材质是一种比标准材质更高级的材质，它不仅具有标准材质的所有特性，还可以创建真实的反射和折射效果，并且支持雾、颜色密度、半透明、荧光等特殊效果，主要用于制作玻璃、液体和金属材质。图 6-29 所示为使用光线跟踪材质模拟的玻璃和金属材质的效果。下面介绍一下光线跟踪材质的参数。

1. "光线跟踪基本参数"卷展栏

如图 6-30 所示，光线跟踪材质的基本参数卷展栏与标准材质的基本参数类似，可以设置其环境光、漫反射光、反射高光等，在此不多做介绍。

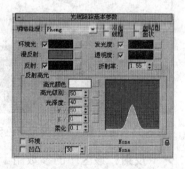

图 6-29　光线跟踪材质的渲染效果　　　　图 6-30　"光线跟踪基本参数"卷展栏

2. "扩展参数"卷展栏

如图 6-31 所示，"扩展参数"卷展栏主要用于调整光线跟踪材质的特殊效果，透明度属性和高级反射率等。在此着重介绍如下几个参数。

➢ **附加光**：类似于环境光，用于模拟其他物体映射到当前物体的光线。例如，可使用该功能模拟强光下白色塑料球表面映射旁边墙壁颜色的效果。

➢ **半透明**：设置材质的半透明颜色，常用来制作薄物体的透明色或模拟透明物体内部的雾状效果，图 6-32 所示为使用该功能制作的蜡烛。

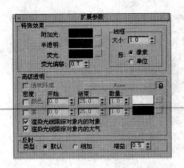

图 6-31　"扩展参数"卷展栏

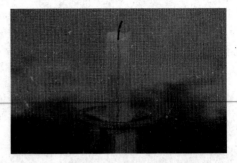

图 6-32　利用半透明功能制作的蜡烛

> **荧光**：设置材质的荧光颜色，下方的"荧光偏移"编辑框用于控制荧光的亮度（1.0 表示最亮，0.0 表示无荧光效果）。需要注意的是，使用荧光功能时，无论场景中的灯光是什么颜色，分配该材质的物体只能发出类似黑色灯光下荧光的颜色。

> **透明环境**：类似于环境贴图，使用该参数时，透明对象的阴影区将显示出该参数指定的贴图图像，同时透明对象仍然可以反射场景的环境或"基本参数"卷展栏指定的"环境"贴图（右侧的"锁定"按钮🔒用于控制该参数是否可用）。

> **密度**：该参数区中，"颜色"多用来创建彩色玻璃效果，"雾"多用来创建透明对象内部的雾效果，如图 6-33 和 6-34 所示（"开始"和"结束"编辑框用于控制颜色和雾的开始、结束位置，"数量"编辑框用于控制颜色的深度和雾的浓度）。

图 6-33　使用颜色密度模拟彩色玻璃效果

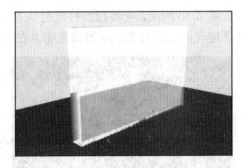

图 6-34　使用雾密度模拟玻璃内的雾效果

> **反射**：该区中的参数用于设置具有反射特性的材质中漫反射区显示的颜色。选中"默认"单选钮时，显示的是反射颜色；选中"相加"单选钮时，显示的是漫反射颜色和反射颜色相加后的新颜色；"增益"编辑框用于控制反射颜色的亮度。

3. "光线跟踪器控制"卷展栏

如图 6-35 所示，"光线跟踪器控制"卷展栏中的参数主要用于设置光线跟踪材质自身的操作，以调整渲染的质量和渲染速度。具体如下。

> **启用光线跟踪**：启用或禁用光线跟踪。禁用光线跟踪时，光线跟踪材质和光线跟踪贴图仍会反射/折射场景和光线跟踪材质的环境贴图。

> **启用自反射/折射**：启用或禁用对象的自反射/折射。默认为启用，此时对象可反射/折射自身的某部分表面，例如茶壶的壶体反射壶把。

> **光线跟踪大气**：控制是否进行大气效果的光线
> 跟踪计算（默认为启用）。
>
> **反射/折射材质ID**：控制是否反射/折射应用到
> 材质中的渲染特效。例如，为灯泡的材质指定
> 光晕特效，旁边的镜子使用光线跟踪材质模拟
> 反射效果；开启此功能时，在渲染图像中，灯
> 泡和镜子中的灯泡均有光晕；否则，镜子中的
> 灯泡无光晕。

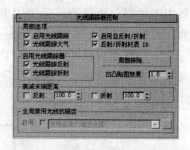

图6-35 "光线跟踪器控制"卷展栏

> 3ds Max 9为用户提供了许多渲染特效，利用材质ID通道可将渲染特
> 效指定给使用同一材质ID通道的材质（材质编辑器横向工具栏中的"材
> 质ID通道"按钮 **0** 用于设置材质使用的材质ID通道）。

> **启用光线跟踪器**：该区中的参数用于设置是否光线跟踪对象的反射/折线光线。
>
> **局部排除**：单击此按钮将打开如图6-36所示的"排除/包含"对话框，利用该对
> 话框可排除场景中不进行光线跟踪计算的对象。

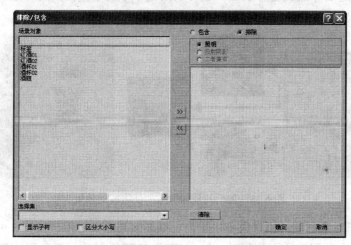

图6-36 "排除/包含"对话框

> **凹凸贴图效果**：设置凸凹贴图反射和折射光线的光线跟踪程度，默认为1.0。数
> 值为0时，不进行凸凹贴图反射和折射光线的光线跟踪计算。
>
> **衰减末端距离**：该区中的参数用于设置反射和折射光线衰减为黑色的距离。
>
> **全局禁用光线抗锯齿**：在该区中的参数用于光线抗锯齿处理的设置，只有选中"渲
> 染"对话框"光线跟踪器"标签栏"全局禁用光线抗锯齿"区中的"启用"复选
> 框时，该区中的参数才可用。

6.2.3 复合材质

标准材质和光线跟踪材质只能体现出物体表面单一材质的效果和光学性质，但真实场

景中的色彩要更复杂，仅使用单一的材质很难模拟出物体的真实效果。因此，3ds Max 9
为用户提供了另一类型的材质——复合材质。3ds Max 9 中常用的复合材质主要有：

➢ **双面材质：** 如图 6-37 所示，该材质包含两个子材质，"正面材质"分配给物体的
外表面，"背面材质"分配给物体的内表面。

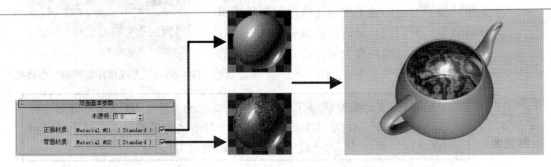

图 6-37　双面材质的参数和使用后的效果

➢ **混合材质：** 如图 6-38 所示，该材质是根据混合量（或混合曲线）将两个子材质混
合在一起后分配到物体表面（也可以指定一个遮罩贴图，此时系统将根据贴图的
灰度决定两个材质的混合程度）。

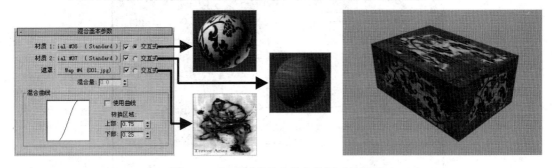

图 6-38　混合材质的参数和使用后的效果

➢ **多维/子对象材质：** 该材质多用于为可编辑多边形、可编辑网格、可编辑面片等对
象的表面分配材质，分配时，材质 ID 为 N 的子材质只能分配给对象表面中材质
ID 号为 N 的部分，如图 6-39 所示。

图 6-39　多维/子对象材质的参数和使用后的效果

> **顶/底材质**：如图 6-40 所示，使用此材质可以为物体的顶面和底面分配不同的子材质（物体的顶面是指法线向上的面。底面是指法线向下的面）。

图 6-40 顶/底材质的参数和使用后的效果

> **无光/投影材质**：该材质主要用于模拟不可见对象，将材质分配给对象后，渲染时对象在场景中不可见，但能在其他对象上看到其投影。

综合实例 1——创建灯笼的材质

本例通过为灯笼模型创建材质，练习一下前面学习的材质方面的知识，图 6-41 所示为分配材质前后的灯笼模型。

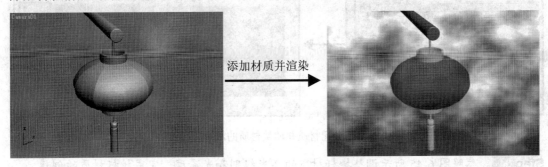

添加材质并渲染

图 6-41 分配材质前后的灯笼模型

制作思路

在本实例中，首先使用标准材质创建灯笼挑杆的材质；然后利用可编辑多边形"多边形属性"卷展栏中的参数为灯笼各部分的多边形设置材质 ID 号；再使用多维/子对象材质创建灯笼的材质；最后，将创建好的材质分配给挑杆和灯笼即可。

制作步骤

Step 01 打开本书配套光盘"素材与实例" > "第 6 章"文件夹中的"灯笼模型.max"文件，场景效果如图 6-42 所示。

Step 02 按【M】键打开材质编辑器，然后任选一未使用的材质球，在材质编辑器横向工具栏的"材质名"文本框中更改材质的名称为"挑杆",创建挑杆材质,如图 6-43 所示。

图6-42 场景效果

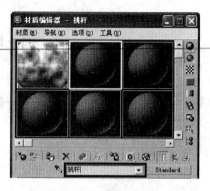

图6-43 创建挑杆材质

Step 03 选中场景中灯笼的挑杆,然后单击材质编辑器横向工具栏中的"将材质指定给选定对象"按钮 🔲 ,将挑杆材质分配给灯笼的挑杆;接下来,单击材质"Blinn 基本参数"卷展栏中的"漫反射"颜色框,在打开的"颜色选择器:漫反射颜色"对话框中设置材质的漫反射颜色,如图 6-44 所示。

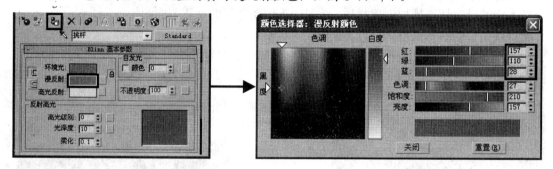

图6-44 分配材质并调整材质的漫反射颜色

Step 04 参照图 6-45 所示调整挑杆材质的高光级别和光泽度,完成挑杆材质的创建。

Step 05 设置灯笼的修改对象为"多边形",然后在前视图中框选图 6-46 左图所示区域的多边形(框选前先选中工具栏中的"窗口/交叉"按钮 🔲),再在"多边形属性"卷展栏中设置选中多边形的材质 ID 为 1,如图 6-46 右图所示。

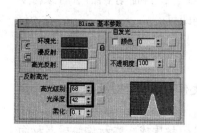

图6-45 调整挑杆材质的基本参数

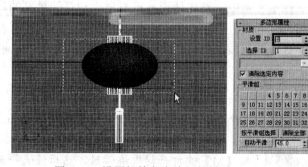

图6-46 设置灯笼各多边形的材质 ID(1)

Step 06 按【Ctrl+I】组合键，反选剩余的多边形，然后利用"多边形属性"卷展栏中的参数设置其材质 ID 为 2，完成灯笼模型材质 ID 的设置。

Step 07 参照前述操作，任选一未使用的材质，设置其名称为"灯笼"，并分配给灯笼模型；然后单击材质编辑器横向工具栏中的"Standard"按钮，利用打开的"材质/贴图浏览器"更改材质的类型为多维/子对象材质，如图 6-47 所示。

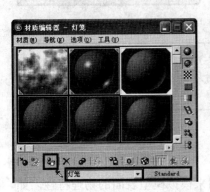

图 6-47 创建灯笼材质并更改其材质类型

Step 08 单击"多维/子对象基本参数"卷展栏中的"设置数量"按钮，利用打开的"设置材质数量"对话框设置多维/子对象材质的子材质数为 2，如图 6-48 所示。

图 6-48 更改多维/子对象材质中子材质的数量

Step 09 单击灯笼材质中第一个子材质的材质按钮，打开其参数堆栈列表，然后在"Blinn 基本参数"卷展栏中设置该材质的漫反射颜色、自发光强度、不透明度、高光级别和光泽度，完成 1 号子材质的调整，如图 6-49 所示。

Step 10 单击材质编辑器横向工具栏中的"转到下一个同级项"按钮，切换到灯笼材质中 2 号子材质的参数堆栈列表，然后参照图 6-50 所示设置其参数。至此就完成了灯笼材质的编辑调整，此时将 Camera01 视图切换为 ActiveShade 视图即可观察到添加材质后的实时渲染效果，如图 6-41 右图所示。

图 6-49 1 号子材质的参数

图 6-50 2 号子材质的参数

本实例主要利用标准材质和多维/子对象材质创建灯笼模型的材质。创建时，关键是调整标准材质和多维/子对象材质的参数。另外，要学会调整可编辑多边形中多边形子对象的材质 ID。

6.3 贴图

简单地将，贴图就是指定到材质中的图像。它主要用来模拟模型表面的物理特性，如纹理、凹凸效果、反射/折射程度等。有效地使用贴图可以使模型的视觉效果更真实，而且能降低模型的复杂程度，以减少建模时的操作。

6.3.1 贴图概述

单击材质"贴图"卷展栏中材质通道右侧的"None"按钮，利用打开的"材质/贴图浏览器"对话框，可以为该贴图通道添加贴图。此外，单击材质"基本参数"卷展栏各参数右侧的空白按钮，也可为相应的贴图通道添加贴图，如图 6-51 所示。

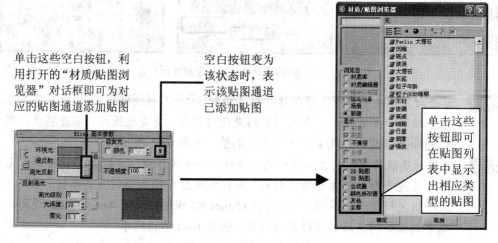

图 6-51 为材质添加贴图

由图 6-51 可知，3ds Max 9 的贴图可分为 2D 贴图、3D 贴图、合成器、颜色修改器和其他五类，下面分别介绍一下这几类贴图。

1. 2D 贴图

2D 贴图属于二维图像，只能贴附于模型表面，没有深度，主要用于模拟物体表面的纹理图案，或作为场景的背景贴图、环境贴图。比较常用的 2D 贴图有：

➤ **位图：**该贴图是最常用的二维贴图，它可以使用位图图像或 AVI、MOV 等格式的动画作为模型的表面贴图。

使用位图贴图时，利用"位图参数"卷展栏"裁剪/放置"区中的参数可以裁剪或缩放位图图像，如图 6-52 所示（选中"应用"复选框和"放置"单选钮，然后参照裁剪位图图像的操作即可缩放位图图像）。

图 6-52 裁剪/缩放位图贴图图像

➤ **渐变/渐变坡度：**渐变贴图用于产生三个颜色间线性或径向的渐变效果，如图 6-53 所示；渐变坡度贴图类似于渐变贴图，它可以产生更多种颜色间的渐变效果，且渐变类型更多，如图 6-54 所示。

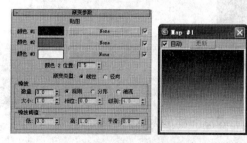
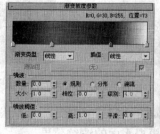

图 6-53 渐变贴图的参数和效果   图 6-54 渐变坡度贴图的参数和效果

使用渐变坡度贴图时，在"渐变坡度参数"卷展栏的色盘中单击，即可添加一个色标"▢"；双击色标，利用打开的对话框可调整色标所在位置的颜色；拖动色标，可调整色标在色盘中的位置。

> ➢ **旋涡：** 该贴图通过对两种颜色（基本色和旋涡色）进行旋转交织，产生旋涡或波浪效果，如图 6-55 左图所示。
>
> ➢ **平铺：** 又称为瓷砖贴图，效果如图 6-55 中图所示。常用来模拟地板、墙砖、瓦片等物体的表面纹理。
>
> ➢ **棋盘格：** 该贴图会产生两种颜色交错的方格图案，如图 6-55 右图所示，常用于模拟地板、棋盘等物体的表面纹理。

  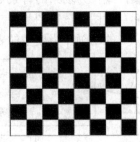

图 6-55　旋涡贴图、平铺贴图和棋盘格贴图效果

2. 三维贴图

三维贴图属于程序贴图，它可以为物体的内部和外部面同时指定贴图。常用的三维贴图主要有凹痕、细胞、大理石、斑点、木材等。各贴图的用途和效果如下所示。

> ➢ **Perlin 大理石：** 又称珍珠岩贴图，它通过随机混合两种颜色，产生珍珠岩大理石的纹理效果，如图 6-56 左图所示。
>
> ➢ **凹痕：** 该贴图可以在对象表面产生随机的凹陷效果，如图 6-56 中图所示，常用于模拟对象表面的风化和腐蚀效果。
>
> ➢ **斑点：** 如图 6-56 右图所示，该贴图主要用于模拟花岗石或类似材料的纹理。

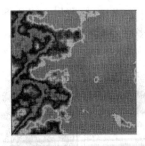  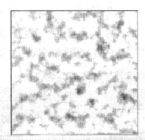

图 6-56　Perlin 大理石贴图、凹痕贴图和斑点贴图效果

> ➢ **波浪：** 如图 6-57 左图所示，该贴图可以产生大量的球形波纹并随机向外扩张，主要用于模拟水面的波纹效果。
>
> ➢ **大理石：** 如图 6-57 中图所示，该贴图可以生成带有随机色彩的大理石效果，常用于模拟大理石地板的纹理或木纹纹理。
>
> ➢ **灰泥：** 如图 6-57 右图所示，该贴图可以创建随机的表面图案，主要用于模拟墙面粉刷后的凹凸效果。

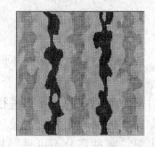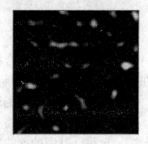

图 6-57 波浪贴图、大理石贴图和灰泥贴图效果

- ➤ **木材**：如图 6-58 左图所示，该贴图是对两种颜色进行处理，产生木材的纹理效果。
- ➤ **泼溅**：如图 6-58 中图所示，该贴图可以生成多种色彩的颜料随机飞溅的效果，主要用于模拟墙壁的纹理效果。
- ➤ **细胞**：如图 6-58 右图所示，该贴图可以生成各种效果细胞图案，常用于模拟铺满马赛克的墙壁、鹅卵石的表面和海洋的表面等。

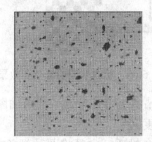

图 6-58 木材贴图、泼溅贴图和细胞贴图效果

- ➤ **行星**：如图 6-59 左图所示，该贴图主要模拟行星表面陆地和水域间的随机区域。
- ➤ **烟雾**：如图 6-59 中图所示，该贴图可以创建随机的、不规则的丝状、雾状或絮状的纹理图案，常用于模拟烟雾或其他云雾状流动的图案效果。
- ➤ **噪波**：如图 6-59 右图所示，该贴图通过随机混合两种颜色，产生三维的湍流图案。

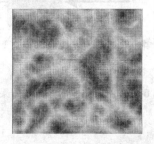

图 6-59 行星贴图、烟雾贴图和噪波贴图效果

- ➤ **衰减**：该贴图是基于物体表面各网格面片法线的角度衰减情况，生成从白色到黑色的衰减变化效果，常用于不透明度、自发光和过滤色等贴图通道。
- ➤ **粒子年龄和粒子运动模糊**：这两个贴图只能应用于粒子系统，粒子年龄贴图是根据粒子从生成到结束的生命周期，为各阶段的粒子指定不同的颜色或贴图图像；粒子运动模糊贴图是根据粒子的移动速率，更改粒子前端和末端的不透明度。

3. 合成器

合成器贴图类似于复合材质，该类贴图可以将多个不同类型的贴图按照一定的方式混合在一起。合成器贴图包括 RGB 相乘、遮罩、合成和混合四种贴图。

➢ **RGB 相乘**：该贴图通过对两种颜色或两个贴图进行相乘，增加贴图图像的对比度。

➢ **遮罩**：该贴图是将一个贴图作为另一个贴图的蒙版，根据蒙版贴图图像的灰度决定另一贴图的哪些部分可见，哪些部分不可见。其中，黑色区域不透明，白色区域完全透明，如图 6-60 所示。

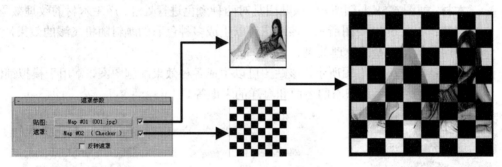

图 6-60　遮罩贴图的参数和效果

➢ **合成**：该贴图是将多个贴图组合在一起，利用贴图自身的 Alpha 通道，彼此覆盖，从而决定彼此间的透明度。

➢ **混合**：该贴图类似于混合材质，它是将两种颜色或两个贴图根据指定的贴图图像或混合曲线混合在一起，如图 6-61 所示。

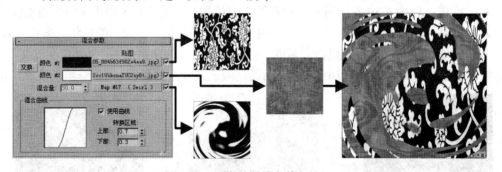

图 6-61　混合贴图的参数和效果

4. 颜色修改器

颜色修改器贴图好比一个简单的图像处理软件，通过颜色修改器贴图可以调整指定贴图图像的颜色。

颜色修改器贴图包含"RGB 染色"、"顶点颜色"和"输出"三种贴图。其中，"RGB 染色"贴图是通过调整贴图图像中三种颜色通道的值来改变图像的颜色或色调；为对象添加"顶点颜色"贴图后可以通过"顶点绘制"修改器、"顶点属性"卷展栏等设置可编辑多边形、可编辑网格等对象中顶点子对象的颜色。

5. 其他

该类型的贴图又称为光学特性贴图，主要用于模拟物体的光学特性，各贴图都有比较明确的用途，具体如下。

> **薄壁折射**：该贴图只能用于折射贴图通道，以模拟透明或半透明物体的折射效果，如图6-62所示。
> **反射/折射**：使用的通道不同，该贴图的效果也不相同，作为反射通道的贴图时模拟物体的反射效果，作为折射通道的贴图时模拟物体的折射效果。
> **光线跟踪**：该贴图与光线跟踪材质类似，可以为物体提供完全的反射和折射效果，但渲染的时间较长，使用时通常将贴图通道的数量设为较小的值。
> **平面镜**：此贴图只能用于反射贴图通道，以产生类似镜子的反射效果，如图6-63所示为为玻璃的反射贴图通道添加"平面镜"贴图的效果。

图6-62 玻璃的折射效果

图6-63 玻璃的反射效果

> **每像素摄影机贴图**：此贴图方式是将渲染后的图像作为物体的纹理贴图，以当前摄影机的方向贴在物体上，主要用作2D无光贴图的辅助贴图。

6.3.2 贴图的常用参数

为材质的贴图通道添加贴图后，必须对贴图的参数进行适当的调整，才能符合实际需要，下面介绍一下各类贴图中一些通用且常用的参数。

1. "坐标"卷展栏

该卷展栏主要用于调整贴图的坐标、对齐方式、平铺次数等，图6-64所示为位图贴图的"坐标"卷展栏。在此着重介绍如下几个参数：

> **纹理**：将贴图坐标锁定到对象的表面，对象表面的贴图图像不会随对象的移动而产生变化，常用于制作对象表面的纹理效果。右侧的"贴图"下拉列表框用于设置该贴图坐标使用的贴图方式，默认为"显示贴图通道"（此时贴图利用下方"贴图通道"编辑框指定的贴图通道进行贴图）。

贴图通道与材质 ID 类似，主要用于解决同一表面上无法拥有多个贴图坐标的问题，与 "UVW 贴图" 修改器配合使用，可以使每个贴图拥有一个独立的贴图坐标（为对象添加 "UVW 贴图" 修改器后，在 "参数" 卷展栏中设置修改器使用的贴图通道，使修改器的贴图通道与贴图的贴图通道相同，此时即可使用修改器调整该贴图的贴图坐标，如图 6-65 所示）。

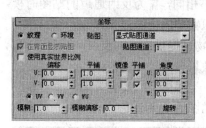

 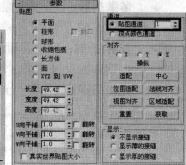

图 6-64　"坐标" 卷展栏　　　　　　　　图 6-65　使用 UVW 贴图修改器调整贴图坐标

> **环境**：将贴图坐标锁定到场景某一特定的环境中，然后投射到对象表面，移动对象时，对象表面的贴图图像将发生变化（如图 6-66 所示），常用在反射、折射以及环境贴图中。该贴图坐标有球形环境、柱形环境、收缩包裹环境和屏幕四种贴图方式，默认使用屏幕贴图方式。

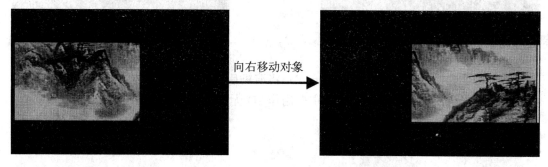

向右移动对象

图 6-66　使用 "环境" 坐标时不同位置对象的贴图效果

> **在背面显示贴图**：控制是否在对象的背面进行投影贴图，默认为启用（当纹理贴图的贴图方式为 "对象 XYZ 平面" 或 "世界 XYZ 平面"，且贴图的 U 向平铺和 V 向平铺未开启时，该复选框可用）。

在 3ds Max 9 中，贴图坐标使用 UVW 坐标进行标记。该坐标与对象的 XYZ 坐标对应，即 U 向、V 向、W 向分别对应于 X 轴、Y 轴、Z 轴。

> **使用真实世界比例**：选中此复选框，并选中对象 "参数" 卷展栏中的 "真实世界贴图大小" 复选框时，系统会将下方参数设定的宽度和高度作为贴图图像的长和宽，并将其投影到对象表面。

➢ **偏移：**设置贴图沿 U 向和 V 向偏移的百分比（取值范围为-1.0～1.0），如图 6-67 所示（选中"使用真实世界比例"复选框时，利用这两个编辑框可设置贴图在宽度和高度方向上偏移的距离）。

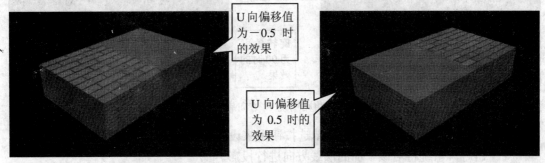

U 向偏移值为-0.5 时的效果

U 向偏移值为 0.5 时的效果

图 6-67　调整偏移值时对象的贴图效果

➢ **平铺：**设置贴图沿 U 向和 V 向平铺的次数，如图 6-68 所示，右侧的"平铺"复选框用于控制贴图是否沿 U 向和 V 向铺满对象表面（选中"使用真实世界比例"复选框时，可利用这两个编辑框设置贴图图像的宽度和高度）。

U 向平铺值为 1 时的效果

U 向平铺值为 3 时的效果

图 6-68　"平铺"次数对贴图效果的影响

➢ **镜像：**设置是否沿 U 向或 V 向进行镜像贴图，图 6-69 所示为 U 向镜像和 V 向镜像的效果。

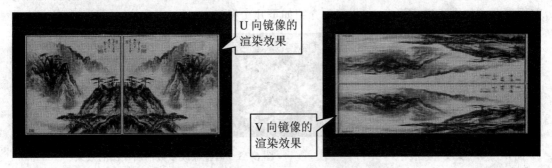

U 向镜像的渲染效果

V 向镜像的渲染效果

图 6-69　贴图 U 向镜像和 V 向镜像的效果

➢ **角度：**设置贴图绕 U、V、W 方向旋转的角度，图 6-70 所示为将贴图绕 W 方向旋转时的效果。

图 6-70　将贴图绕 W 方向旋转的效果

> ➤ **UV、VW、WU**：这个三个单选按钮用来设置 2D 贴图的投影方向，选中某一按钮时，系统将沿该平面的法线方向进行投影。

> ➤ **模糊**：设置贴图的模糊基数，随贴图与视图距离的增加，模糊值由模糊基数开始逐渐变大，贴图效果也越来越模糊，如图 6-71 所示。

图 6-71　"模糊"值对贴图效果的影响

> ➤ **模糊偏移**：该数值用来增加贴图的模糊效果，不会随视图距离的远近而发生变化。

2. "噪波"卷展栏

利用该卷展栏中的参数（参见图 6-72）可以使贴图在像素上产生扭曲，从而使贴图图案更复杂，如图 6-73 所示。在此着重介绍如下几个参数。

  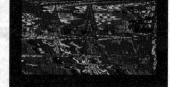

图 6-72　"噪波"卷展栏　　　　　图 6-73　调整噪波参数前后贴图的效果

> ➤ **数量**：设置贴图图像中噪波效果的强度，取值范围为 0～100。

> ➤ **级别**：设置贴图图像中噪波效果的应用次数，级别越高，效果越复杂。

> ➤ **大小**：设置噪波效果相对于三维对象的比例，取值范围为 0～100，默认为 1.0。

> **动画**：选中此复选框后，可以利用下方的"相位"编辑框为贴图的噪波效果设置动画。相位不同，噪波效果也不相同；在固定的时间段中，相位变化越大，噪波动画的变化也越快。

3. "时间"卷展栏

当使用动画作为位图图像时，可以使用该卷展栏的参数控制动画的开始、结束、播放速率等，如图 6-74 所示。在此着重介绍如下几个参数：

> **开始帧**：设置贴图中的动画在场景动画中的哪一帧开始播放。
> **播放速率**：设置贴图中动画的播放速率。
> **结束条件**：该区中的参数用于设置动画播放结束
> 后执行的操作。"循环"表示使动画反复循环播
> 放；"往复"表示使动画向后播放，使每个动画
> 序列平滑循环。"保持"表示将动画定格在最后
> 一个画面直到场景结束。

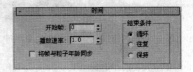

图 6-74　"时间"卷展栏

> **将帧与粒子年龄同步**：选中此复选框后，系统会将位图动画的帧与贴图所应用粒子的年龄同步，使每个粒子从出生开始显示该动画，而不是被指定于当前帧。

4. "输出"卷展栏

如图 6-75 所示，该卷展栏中的参数主要用于设置贴图的输出参数，以确定贴图的最终显示情况。在此着重介绍如下几个参数：

> **输出量**：调整贴图的色调和 Alpha 通道值。当贴图
> 为合成贴图的一部分时，常利用该编辑框控制贴图
> 被混合的量。
> **反转**：反转贴图的色调，使之类似彩色照片的底片。
> **RGB 偏移**：设置贴图 RGB 值增加或减少的数量。
> **钳制**：将贴图中任何颜色的颜色值限制为于不超过
> 1.0。要想增加贴图的 RGB 级别，但不想让贴图自
> 发光，则需选中该复选框。

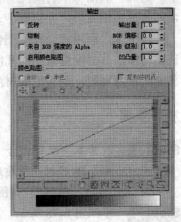

图 6-75　"输出"卷展栏

温馨提示

> 选中"钳制"复选框后，如果将"RGB 偏移"编辑框的值设为超过 1.0，所有的颜色都会变成白色。

> **RGB 级别**：设置贴图颜色的 RGB 值，以调整贴图颜色的饱和度。增大此值能使贴图变得自发光，降低此值将使贴图的颜色变灰。
> **来自 RGB 强度的 Alpha**：选中该复选框时，系统会根据贴图中 RGB 通道的强度生成一个 Alpha 通道。黑色区域变得透明，白色区域变得不透明。
> **凹凸量**：设置贴图的凹凸量，只有贴图用于凹凸贴图通道时该参数才有效。

> ➤ **启用颜色贴图**：选中该复选框时，下方"颜色贴图"区中的参数变为可用（调整该区中的颜色曲线可调整贴图的色调范围，进而影响贴图的高光、中间色调和贴图的阴影，颜色曲线的调整方法类似于放样对象中的变形曲线，在此不做介绍）。

综合实例 2——创建茶几材质

本例通过为茶几模型创建材质，来学习一下 3ds Max 9 中贴图的使用方法，图 6-76 左图所示为分配材质前茶几的效果，图 6-76 右图所示为添加材质并渲染后的效果。

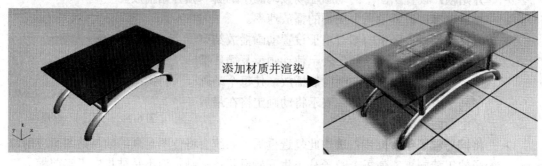

添加材质并渲染

图 6-76　茶几的效果

制作思路

在本实例中，首先利用标准材质配合位图贴图，制作不锈钢材质，并分配给茶几的几架；然后，利用标准材质配合光线跟踪贴图、薄壁折射贴图和噪波贴图，制作磨砂玻璃材质和普通玻璃材质，并将磨砂玻璃材质分配给茶几的几座。

接下来，利用混合材质配合位图贴图，混合磨砂玻璃和普通玻璃材质，制作磨砂雕花玻璃材质，并分配给茶几的几面，完成茶几材质的创建；最后利用标准材质配合平铺贴图和光线跟踪贴图，制作地板材质并分配给场景中的地板，完成场景材质的创建分配。

制作步骤

Step 01 打开本书配套光盘"素材与实例">"第6章"文件夹中的"茶几模型.max"文件；然后打开材质编辑器，任选一未使用的材质球分配给茶几的几架，并命名为"不锈钢"，如图 6-77 所示。

Step 02 参照图 6-78 所示，在标准材质的"明暗器基本参数"卷展栏中设置材质使用的明暗器；然后在"金属基本参数"卷展栏中设置材质的漫反射颜色、高光级别和光泽度，完成不锈钢材质基本参数的调整。

Step 03 如图 6-79 所示，打开不锈钢材质的"贴图"卷展栏，设置反射贴图通道的数量为 50；然后单击右侧的"None"按钮，利用打开的"材质/贴图浏览器"对话框为反射贴图通道添加"位图"贴图（贴图图像为本书配套光盘"素材与实例">"第6章"文件夹中的"不锈钢.jpeg"图片），完成不锈钢材质的编辑调整。

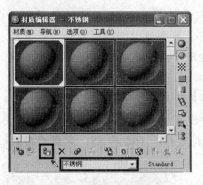

图 6-77 创建不锈钢材质

图 6-78 设置不锈钢材质的基本参数

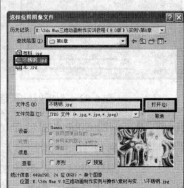

图 6-79 为材质的反射贴图通道添加位图贴图

Step 04 在材质编辑器中任选一未使用的材质,设置其名称为"普通玻璃",然后在"Blinn 基本参数"卷展栏中设置材质的不透明度、高光级别和光泽度分别为 10、164 和 85,完成普通玻璃材质基本参数的设置,如图 6-80 所示。

Step 05 参照前述操作,打开普通玻璃材质的"贴图"卷展栏,设置反射贴图通道的数量为 7,然后单击右侧的"None"按钮,为反射贴图通道添加"光线跟踪"贴图(贴图的参数使用系统默认即可),以模拟玻璃的反射效果,如图 6-81 所示。

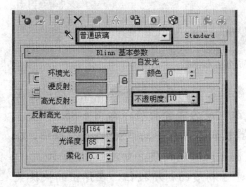

图 6-80 普通玻璃材质的基本参数

图 6-81 为反射贴图通道添加贴图

Step 06 单击材质编辑器横向工具栏中的 "转到父对象" 按钮 ，返回普通玻璃材质的参数面板，然后设置折射贴图通道的数量为 30，并为该贴图通道添加 "薄壁折射" 贴图，以模拟玻璃的折射效果，如图 6-82 所示。至此就完成了普通玻璃材质的编辑调整。

Step 07 在材质编辑器中任选一未使用的材质分配给茶几的几座，并设置其名称为 "磨砂玻璃"，然后在 "Blinn 基本参数" 卷展栏中设置材质的漫反射颜色为（121，173，174），不透明度、高光级别和光泽度分别为 60、164 和 85，完成磨砂玻璃材质基本参数的调整，如图 6-83 所示。

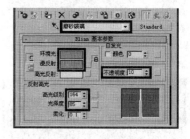

图 6-82　为折射贴图通道添加贴图　　　　图 6-83　磨砂玻璃材质的基本参数

Step 08 如图 6-84 左图所示，设置磨砂玻璃材质凹凸贴图通道和折射贴图通道的数量分别为 10 和 30，然后为两个通道分别添加 "噪波" 和 "薄壁折射" 贴图，以模拟磨砂玻璃表面的凹凸效果和磨砂玻璃的折射、模糊效果（图 6-84 中图所示为噪波贴图的参数，图 6-84 右图所示为薄壁折射贴图的效果），至此就完成了磨砂玻璃材质的编辑调整。

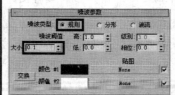

图 6-84　调整材质 1 子材质的基本参数

Step 09 在材质编辑器中任选一未使用的材质分配给茶几的几面，并命名为 "磨砂雕花玻璃"；然后单击 "Standard" 按钮，更改材质为混合材质，如图 6-85 所示。

Step 10 选中普通玻璃材质，然后右击材质编辑器横向工具栏中的 "Standard" 按钮，在弹出的快捷菜单中选择 "复制" 项，复制普通玻璃材质，如图 6-86 所示。

Step 11 选中磨砂雕花玻璃材质，然后右击材质 1 子材质的材质按钮，在弹出的快捷菜单中选择"粘贴（实例）"项（表示以实例方式粘贴材质，新材质和原材质间是实例关系），将普通玻璃材质粘贴到材质 1 子材质中，如图 6-87 所示。

Step 12 参照"Step10"和"Step11"所述的操作，复制磨砂玻璃材质，并以实例方式粘贴到磨砂雕花玻璃的材质 2 子材质中，效果如图 6-88 所示。

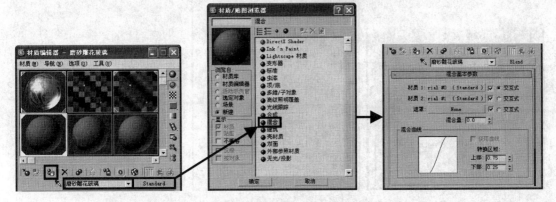

图 6-85 创建磨砂雕花玻璃并更改材质类型

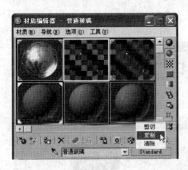
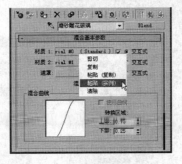
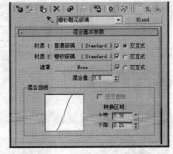

图 6-86 复制材质　　　　　　　图 6-87 粘贴材质　　　　　　　图 6-88 复制粘贴材质后的效果

Step 13 单击混合材质参数中的"遮罩"按钮，为混合材质指定"位图"贴图，作为材质的遮罩（贴图图像为本书配套光盘"素材与实例" > "第 6 章"文件夹中的"龙.jpg"图片，贴图的参数如图 6-89 右图所示），至此就完成了磨砂雕花玻璃材质的编辑调整。

Step 14 为茶几面添加"UVW 贴图"修改器，然后单击"参数"卷展栏"对齐"区中的"位图适配"按钮，利用打开的"选择图像"对话框选中本书配套光盘中的"龙.jpg"图片，使修改器 Gizmo 线框的比例与图片匹配；再在"通道"区中设置修改器使用的贴图通道为 2，使修改器只调整混合材质遮罩贴图的贴图坐标，如图 6-90 所示；至此就完成了茶几材质的创建。

Step 15 任选一未使用的材质分配给场景中的地面，并更改其名称为"瓷砖"，然后为材质的漫反射颜色贴图通道添加"平铺"贴图，以模拟地砖的纹理效果，平铺贴图的参数如图 6-91 所示。

Step 16 将瓷砖材质中漫反射颜色贴图通道的贴图拖到凹凸贴图通道中，然后释放鼠标左键，在弹出的"复制（实例）贴图"对话框中选中"实例"单选钮，然后单击"确定"按钮，完成贴图的拖动复制，如图 6-92 所示。

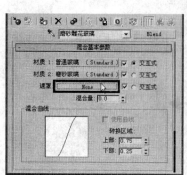
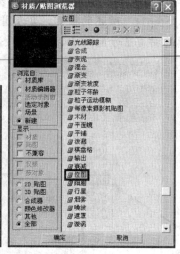
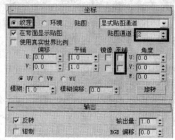

图 6-89　为材质遮罩指定位图贴图

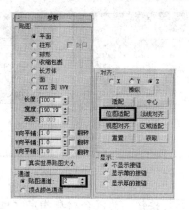
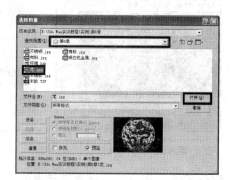

图 6-90　调整茶几面的贴图坐标

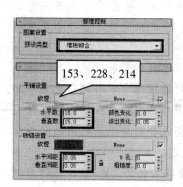
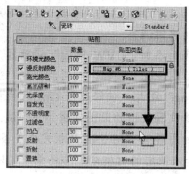

图 6-91　平铺贴图的参数　　　　　　　　　　图 6-92　拖动复制平铺贴图

Step 17 参照前述操作，为瓷砖材质的反射贴图通道添加"光线跟踪"贴图（贴图参数使用系统默认即可），并设置贴图通道的数量为 5，以模拟瓷砖的反光效果。至此就完成了瓷砖材质的编辑调整。此时，将 Camera01 视图切换为 ActiveShade 视图即可观察到为茶几场景添加材质后的实时渲染效果，如图 6-76 右图所示。

> 　　本实例主要利用标准材质和混合材质，配合位图贴图、平铺贴图、噪波贴图、光线跟踪贴图、薄壁折射贴图，制作茶几场景的材质。操作过程中，关键是学会使用光线跟踪贴图和薄壁折射贴图模拟物体的反射和折射效果。另外，要知道如何使用 UVW 贴图修改器调整材质的贴图坐标。

本章小结

本章为读者介绍了 3ds Max 9 中关于材质和贴图的知识，通过本章的学习，读者应该：

➤　了解材质编辑器的界面构成，熟练掌握获取、分配和保存材质的方法。

➤　了解各种常用材质的特点，掌握标准材质、光线跟踪材质、多维/子对象材质和混合材质的使用方法。

➤　知道如何为材质添加贴图，了解各种常用贴图的特点和用途，掌握位图贴图、平铺贴图、噪波贴图、光线跟踪贴图和薄壁折射贴图的使用方法。

思考与练习

一、填空题

1. 在材质编辑器中，示例窗又称为_____或_____，主要用来选择材质和预览材质的调整效果。

2. 材质编辑器中有_____和_____两个工具栏，主要用来控制各示例窗的外观，获取、分配、保存材质等。当选中工具栏中的_____按钮时，在示例窗中将显示出彩色方格背景，以便于观察玻璃、液体、塑料等透明或半透明材质的效果。

3. 3ds Max 9 默认的材质是_____，该材质功能齐全，调整基本参数中_____和_____编辑框的值，可以模拟物体的自发光和半透明效果。

4. _____材质是一种比标准材质更高级的材质，它能够创建真实的反射、折射和半透明效果，另外还支持雾、颜色密度、荧光等特殊效果，常用来模拟玻璃和液体材料。

5. 3ds Max 为用户提供了许多贴图，按性质和用途可分为 5 类，其中_____贴图只能应用在对象的表面；_____贴图主要用于模拟物体的光学特性。

二、选择题

1. 单击材质编辑器工具栏中的_____按钮可打开"材质/贴图浏览器"对话框，利用该对话框可以获取材质、更改材质类型和保存材质库。

　　A. 放入库　　　B. Standard　　　C. 材质/贴图导航器　　　D. 按材质选择

2. 设置标准材质的渲染方式为_____，系统将为对象中每个面分配一个贴图图像。

　　A. 面贴图　　　B. 双面　　　C. 线框　　　D. 面状

3. 为材质的_____贴图通道添加贴图，可以利用贴图控制物体中高光出现的位置。

   A．高光级别　　　　B．高光颜色　　　　C．光泽度　　　　D．过滤色

4. 利用 3ds Max 9 中的_____复合材质可以将两种材质混合后分配给物体的表面。

   A．合成材质　　B．混合材质　　C．多维/子对象材质　　D．双面材质

5. 在 3ds Max 9 的贴图中，_____类型的贴图用于模拟物体的光学特性。

   A．3D 贴图　　　B．2D 贴图　　　C．颜色修改器贴图　　　D．其他贴图

三、操作题

打开本书配套光盘"素材与实例">"第 6 章"文件夹中的"轴承和手镯模型.max"文件，场景效果如图 6-93 所示。利用本章所学知识创建轴承和手镯模型的材质，添加材质后的实时渲染效果如图 6-94 所示。

图 6-93　轴承和手镯模型

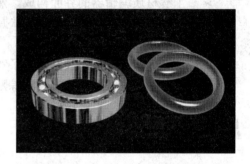

图 6-94　添加材质后的渲染效果

提示：

（1）参照"综合实例 2"中不锈钢材质的创建方法创建不锈钢材质并分配给轴承模型。

（2）参照图 6-95 所示创建翡翠材质，并分配给手镯模型。

1. 创建光线跟踪材质并调整
材质的基本参数和扩展参数

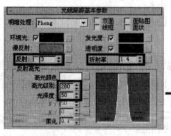

设置"半透明"颜色框的
RGB 值为（78，255，54）

2. 为材质的漫反射颜色贴图
通道添加"衰减"贴图

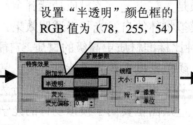

3. 将衰减贴图中上颜色框的 RGB 值
设为（2，142，9），下颜色框的 RGB
值设为（255，255，255）

4. 按【F9】键进行快
速渲染，得到最终效果

图 6-95　翡翠材质的创建流程

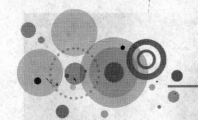

第7章
灯光、摄影机和渲染

本章内容提要

- 灯光 ·· 237
- 摄影机 ·· 248
- 渲染 ·· 254

章前导读

　　本章将为读者介绍 3ds Max 9 中灯光、摄影机和渲染方面的知识。为场景创建灯光，一方面可以照亮场景，另一方面可以烘托气氛，增强场景的整体效果；摄影机主要用于观察场景并记录观察视角，以及创建追踪和环游拍摄动画；渲染就是将创建好的场景处理成用户所需的图片或动画视频。

7.1　灯光

　　若没有灯光，场景将漆黑一团。为了便于创建场景，3ds Max 9 为用户提供了一种默认的照明方式，它由两盏放置在场景对角线处的泛光灯组成。用户也可以自己为场景创建灯光（此时默认的照明方式会自动关闭），本节就介绍一下创建和编辑灯光的知识。

7.1.1　灯光概述

　　3ds Max 9 的"灯光"创建面板（参见图 7-1）中列出了用户可以创建的所有灯光，大致可分为"标准"和"光度学"两类，下面分别介绍一下这两类灯光。

1. 标准灯光

　　标准灯光包括聚光灯、平行光、泛光灯和天光，主要用于模拟家用、办公、舞台、电影和工作中使用的设备灯光以及太阳光。各灯光的特点和用途如下。

> ➢ **聚光灯**：聚光灯产生的是从发光点向某一方向照射、照射范围为锥形的灯光，常用于模拟路灯、舞台追光灯等的照射效果，如图 7-2 所示。

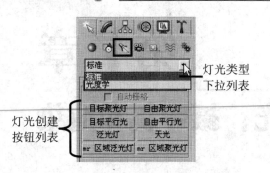
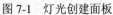

图 7-1　灯光创建面板

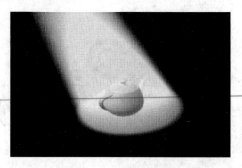

图 7-2　添加聚光灯后的渲染效果

灯光类型
下拉列表

灯光创建
按钮列表

➢ **平行光：** 同聚光灯不同，平行光产生的是圆形或矩形的平行照射光线，常用来模拟太阳光、探照灯、激光光束等的照射效果。

知识库

　　根据灯光有无目标点，可以将聚光灯分为目标聚光灯和自由聚光灯（参见图 7-3 和图 7-4），将平行光分为目标平行光和自由平行光。目标聚光灯和目标平行光可以分别调整其发光点和目标点，使用时灵活方便；自由聚光灯和自由平行光无目标点，照射范围不容易发生变化，常用于要求有固定照射范围的动画场景。

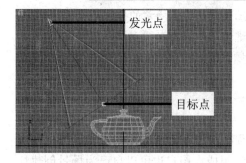

发光点

目标点

图 7-3　目标聚光灯

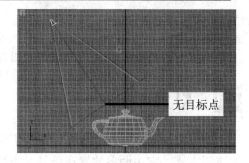

无目标点

图 7-4　自由聚光灯

➢ **泛光灯：** 泛光灯属于点光源，它可以向四周发射均匀的光线，照射范围大，无方向性，常用来照亮场景或模拟灯泡、吊灯等的照射效果。

➢ **天光：** 天光可以从四面八方同时向物体投射光线，还可以产生穹顶灯一样的柔化阴影，缺点是被照射物体的表面无高光效果。常用于模拟日光或室外场景的灯光。

2. 光度学灯光

　　光度学灯光不同于标准灯光，它使用现实中的计量单位来精确定义灯光的特性。光度学灯光包括点光源、线光源、面光源和 IES 日照模拟灯光，各灯光的特点和用途如下。

➢ **点光源：** 从光源所在的点向四周发射光线，类似于标准灯光中的泛光灯，常用来模拟灯泡、吊灯等的照射效果。

➢ **线光源：** 从一条直线向四周发射光线，常用来模拟灯带、日光灯等的照射效果。

➢ **面光源：** 从一个矩形的区域向四周发射光线，常用来模拟灯箱的照射效果。

➤ **IES 日照模拟灯光**：IES 日照模拟灯光有"IES 太阳光"和"IES 天光"两种，"IES 太阳光"主要用于模拟室外场景中太阳光的照射效果；"IES 天光"主要用于模拟大气反射太阳光的效果。

7.1.2　场景布光的方法和原则——三点照明布光法

为场景创建灯光又称"布光"。在动画、摄影和影视制作中，最常用的布光方法是"三点照明法"——创建三盏或三盏以上的灯光，分别作为场景的主光源、辅助光、背景光以及装饰灯光。该布光方法可以照亮物体的几个重要角度，从而明确地表现出场景的主体和所要表达的气氛。下面以一个简单的实例介绍一下 3ds Max 9 中灯光的创建方法，以及如何使用三点照明法为场景布光。

Step 01　打开本书配套光盘"素材与实例" > "第 7 章"文件夹中的"三点照明.max"文件，场景效果如图 7-5 所示。

Step 02　单击"灯光"创建面板"标准"分类中的"目标聚光灯"按钮，然后在前视图中单击并拖动鼠标，到适当位置后释放左键，创建一盏目标聚光灯，作为场景的主光源，如图 7-6 所示。

  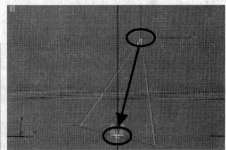

图 7-5　场景效果　　　　　　　　　　图 7-6　在前视图中创建一盏目标聚光灯

Step 03　如图 7-7 左图所示，在顶视图中调整目标聚光灯发光点的位置，以调整其照射方向；然后参照图 7-7 右侧三图所示在"常规参数"、"强度/颜色/衰减"和"聚光灯参数"卷展栏中调整聚光灯的基本参数，完成场景主光源的调整。此时 Camera01 视图的实时渲染效果如图 7-8 所示。

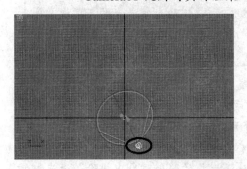 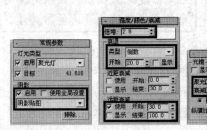

图 7-7　调整目标聚光灯的照射方向和参数

主光源是场景的主要照明灯光，光照强度最大，其作用是确定场景中光照的角度和类型，并产生投射阴影。主光源的位置和照射方向由场景要表达的气氛决定，通常情况下，主光源的照射方向与摄影机的观察方向成 35°～45° 角，且主光源的位置比摄影机图标的位置稍高。

Step 04 选中目标聚光灯的发光点，然后通过移动克隆再复制出一盏目标聚光灯，作为场景的辅助光；再在前视图中调整辅助光发光点的高度，如图 7-9 所示。

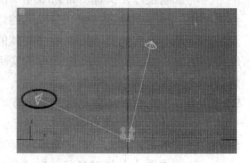

图 7-8　创建主光源后的效果　　　　　图 7-9　创建辅助光并调整其高度

Step 05 在顶视图中继续调整辅助光发光点的位置，以调整其照射方向，如图 7-10 左图所示；然后参照图 7-10 中间两图所示在"常规参数"和"强度/颜色/衰减"卷展栏中调整辅助光的基本参数，完成场景辅助光的调整。此时 Camera01 视图的实时渲染效果如图 7-10 右图所示。

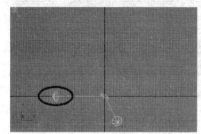

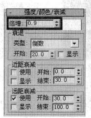

图 7-10　调整辅助光的照射方向和基本参数

辅助光用于填充主光源的照明遗漏区，使场景中的更多对象可见；还可以降低阴影的对比度，使光亮部分变柔和。辅助光发光点的高度通常比王光源发光点稍低，且照射方向与主光源照射方向成 90° 角的位置；辅助光与主光源的亮度比通常为 1：3。

Step 06 单击"灯光"创建面板"标准"灯光分类中的"泛光灯"按钮，然后在顶视图中图 7-11 中图所示位置单击鼠标，创建两盏泛光灯，作为场景的背景光；再在前视图中调整其高度，如图 7-11 右图所示。

Step 07 如图 7-12 所示，单击"常规参数"卷展栏"阴影"区中的"排除"按钮，利用打开的"排除/包含"对话框将 Ground 从泛光灯的照射对象中排除（泛光灯的

其他参数使用系统默认即可）。至此就完成了为场景布光的操作，此时 Camera01
视图的快速渲染效果如图 7-13 所示。

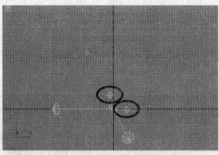
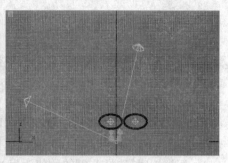

图 7-11 创建两盏泛光灯作为场景的背景光

图 7-12 将地面从泛光灯的照射对象中排除　　图 7-13 创建灯光后的渲染效果

　　背景光的作用是通过照亮对象的边缘，将目标对象与背景分开，从而
衬托出对象的轮廓形状。

为场景布光时需要注意以下几点：

➤ **灯光的创建顺序**：创建灯光时要有一定的顺序，通常先创建主光源，再创建辅助
光，最后创建背景光和装饰灯光。

➤ **灯光强度的层次性**：设置灯光强度时要有层次性，以体现出场景的明暗分布，通
常情况下，主光源强度最大，辅助光次之，背景光和装饰灯光强度较弱。

➤ **场景中灯光的数量**：场景中灯光的数量宜精不宜多，灯光越多，场景的显示和渲
染速度越慢。

7.1.3 灯光的基本参数

创建灯光的过程中，需要调整灯光的参数，才能达到最佳照明效果。灯光的参数集中

在"常规参数"、"强度/颜色/衰减"、"高级效果"、"阴影参数"和"大气和效果"等卷展栏中，下面分别介绍一下这几个卷展栏。

1. "常规参数"卷展栏

如图 7-14 所示，该卷展栏中的参数主要用于更改灯光的类型和设置灯光的阴影产生方式。各参数的作用如下：

➢ **灯光类型**：该区中的参数主要用于切换灯光类型，另外，利用"开启"复选框可以控制灯光效果的开启和关闭，利用"目标"复选框可以设置灯光是否有目标点（复选框右侧的数值为发光点和目标点间的距离）。

➢ **阴影**：该区中的参数用于设置渲染时是否渲染灯光的阴影，以及阴影的产生方式。下方的"排除"按钮用于设置场景中哪些对象不产生阴影。

图 7-14　"常规参数"卷展栏

3ds Max 9 为用户提供了阴影贴图、光线跟踪阴影、区域阴影和高级光线跟踪四种阴影产生方式，各阴影产生方式的特点如下。

阴影贴图：该方式是将阴影图像以贴图的方式投射到对象的阴影区产生阴影，阴影的边缘比较柔和，效果比较真实，如图 7-15 所示；缺点是阴影的精确性不高。

光线跟踪阴影：该方式通过跟踪光源发出的光线来产生阴影，阴影的精确性高，而且能够产生透明对象的阴影效果，如图 7-16 所示，常用于模拟日光和强光的投影效果；缺点是阴影的边缘比较生硬，渲染速度慢。

区域阴影：随着与物体距离的增加，该方式产生阴影的边缘会逐渐模糊，与真实的阴影效果非常接近，如图 7-17 所示；其缺点是渲染速度非常慢，尤其是动画场景，渲染每一帧都要重复进行处理，大大增加了动画的渲染时间。

高级光线跟踪：该方式产生的阴影，边缘柔和，且具有光线跟踪阴影精确性高的特点，与光度学灯光中的面光源配合还可以产生区域阴影的效果，如图 7-18 所示。缺点是占用内存大，渲染时间长。

图 7-15　阴影贴图

图 7-16　光线跟踪阴影

图 7-17　区域阴影

图 7-18　高级光线跟踪阴影

2.　"强度/颜色/衰减"卷展栏

如图 7-19 所示，该卷展栏中的参数主要用于设置灯光的强度、颜色，以及灯光强度随距离的衰减情况。具体如下。

➢ **倍增**：设置灯光的光照强度，右侧的颜色框用于设置灯光的颜色（当倍增值为负数时，灯光将从场景中吸收光照强度）。

➢ **衰退**：该区中的参数用于设置灯光强度随距离衰减的情况。衰减类型设为"倒数"时，灯光强度随距离线性衰减；设为"平方反比"时，灯光强度随距离的平方线性衰减；"开始"编辑框用于设置衰减的开始位置（选中"显示"复选框时，在灯光开始衰减的位置以绿色线框进行标记，如图 7-20 所示）。

图 7-19　"强度/颜色/衰减"卷展栏

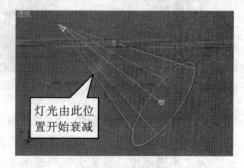

灯光由此位置开始衰减

图 7-20　选中"显示"复选框后的效果

➢ **近距衰减**：该区中的参数用于设置灯光由远及近衰减（即从衰减的开始位置到结束位置，灯光强度由 0 增强到设定值）的情况。选中"显示"复选框时，在灯光的光锥中将显示出灯光的近距衰减线框，如图 7-21 所示。

➢ **远距衰减**：该区中的参数用于设置灯光由近及远衰减（即从衰减的开始位置到结束位置，灯光强度由设定值衰减为 0）的情况。选中"显示"复选框时，在灯光的光锥中将显示出灯光的远距衰减线框，如图 7-22 所示。

3.　"阴影参数"卷展栏

如图 7-23 所示，该卷展栏中的参数主要用于设置对象和大气的阴影，具体如下。

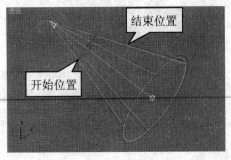

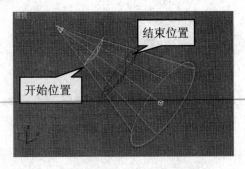

图 7-21 近距衰减线框 　　　　　　　　　图 7-22 远距衰减线框

> **颜色：** 单击右侧的颜色框可以设置对象阴影的颜色。
> **密度：** 该编辑框用于设置阴影的密度，从而使阴影变暗或者变亮，默认为 1。当该值为 0 时，不产生阴影；当该值为正数时，产生左侧设定颜色的阴影；当该值为负数时，产生与左侧设定颜色相反的阴影。
> **贴图：** 单击右侧的"无"按钮可以为阴影指定贴图，指定贴图后，对象阴影的颜色将由贴图取代，常用来模拟复杂透明对象的阴影。图 7-24 右图所示为指定棋盘格贴图时茶壶的阴影效果。

图 7-23 "阴影参数"卷展栏 　　　　　　图 7-24 为对象阴影指定贴图前后的效果

> **灯光影响阴影颜色：** 选中此复选框，灯光的颜色将会影响阴影的颜色，阴影的颜色为灯光颜色与阴影颜色混合后的颜色。
> **不透明度：** 设置大气阴影的不透明度，即阴影的深浅程度。默认为 100，取值为 0 时，大气效果没有阴影。
> **颜色量：** 设置大气颜色与阴影颜色混合的程度，默认为 100。

4. "高级效果"卷展栏

　　如图 7-25 所示，该卷展栏中的参数主要用来设置灯光对物体表面的影响方式，以及设置投影灯的投影图像，具体如下。

> **对比度：** 设置被灯光照射的对象中明暗部分的对比度，取值范围为 0~100，默认为 0。
> **柔化漫反射边：** 设置对象漫反射区域边界的柔和程度，取值范围为 0~100，默认为 0。

图 7-25 "高级效果"卷展栏

➢ **漫反射/高光反射/仅环境光：**这三个复选框用于控制是否开启灯光的漫反射、高光反射和环境光效果，以控制灯光照射的对象中是否显示相应的颜色。

当开启灯光"高级效果"卷展栏中的"仅环境光"复选框时，"漫反射"和"高光反射"复选框不可用，灯光照射的对象中只显示环境光，无漫反射颜色和高光效果。

➢ **投影贴图：**该区中的参数用于为聚光灯设置投影贴图，为右侧的"无"按钮指定贴图后，灯光照射到的位置将显示出该贴图图像，如图7-26所示。该功能常用来模拟放映机的投射光、透过彩色玻璃的光和舞厅的灯光等。

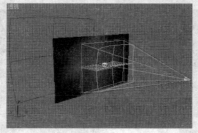

图7-26 投影贴图的图像和渲染前后的效果

5. "大气和效果"卷展栏

该卷展栏主要用于为灯光添加或删除大气效果和渲染特效。如图7-27所示，单击卷展栏中的"添加"按钮，在打开的"添加大气或效果"对话框中选中"体积光"项，然后单击"确定"按钮，即可为灯光添加体积光大气效果。

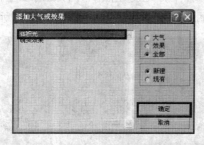

图7-27 为灯光添加大气效果

单击卷展栏中的"删除"按钮可删除选中的大气效果；单击"设置"按钮可打开"环境和效果"对话框，利用该对话框中的参数可调整大气效果。

综合实例1——阁楼天窗的光线

本实例通过制作阁楼天窗的光线，练习一下为场景布光的操作，并学会使用体积光制作光柱效果，图7-28所示为创建好的"阁楼天窗的光线"效果。

制作思路

在本实例中，首先创建一个目标平行光，以模拟太阳光的照射效果；然后创建一个泛光灯，以照亮阁楼内的景物；最后，创建两个目标平行光，并为其添加体积光效果，以模拟穿过天窗的光线。

制作步骤

Step 01 打开本书配套光盘"素材与实例">"第7章"文件夹中的"阁楼模型.max"文件，场景的效果如图7-29所示。

图7-28 阁楼天窗的光线   图7-29 场景效果

Step 02 单击"灯光"创建面板"标准"灯光分类中的"目标平行灯"按钮，然后在左视图中单击并拖动鼠标，创建一个目标平行光，作为模拟太阳光照射效果的灯光，如图7-30左图和中图所示。

Step 03 在顶视图中调整目标平行光发光点和目标点的位置，使目标平行光发光点和目标点的连线位于阁楼的中心线上，如图7-30右图所示。

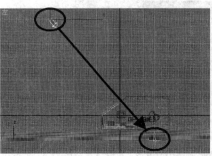

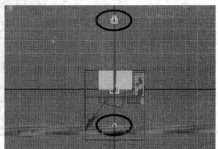

图7-30 创建一盏目标平行光

Step 04 选中目标平行光的发光点，然后参照图7-31所示，在"修改"面板的"常规参数"、"强度/颜色/衰减"和"平行光参数"卷展栏中调整目标平行光的参数。

Step 05 单击"灯光"创建面板"标准"灯光分类中的"泛光灯"按钮，然后在左视图中图7-32所示位置单击鼠标，创建一盏泛光灯，以照亮阁楼内的景物。

Step 06 参照图7-33所示在"强度/颜色/衰减"卷展栏中调整泛光灯的参数，使泛光灯的光照强度随距离发生衰减，以使阁楼的角落变暗。

Step 07　利用移动克隆将"Step02"创建的目标平行光再复制出两个，然后参照图 7-34 所示调整其参数，作为制作阁楼天窗光线的光源。

 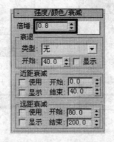 

图 7-31　目标平行光的参数

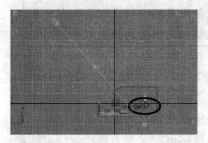 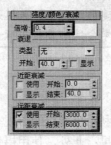 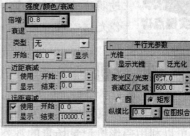

图 7-32　创建一盏泛光灯　　　图 7-33　泛光灯的参数　　　图 7-34　新建目标平行光的参数

Step 08　参照图 7-35 所示分别在左视图和顶视图中调整新建目标平行光的发光点和目标点位置，使目标平行光的照射范围恰好位于两个天窗中。

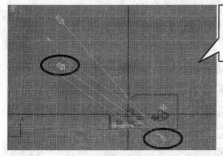

左视图中目标平行光的发光点和目标点位置

顶视图中目标平行光的发光点和目标点位置

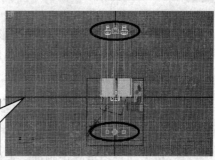

图 7-35　在左视图和顶视图中调整新建目标平行光的照射范围

Step 09　选中"Step07"所建目标平行光中任一目标平行光的发光点，然后单击"大气和效果"卷展栏中的"添加"按钮，利用打开的"添加大气或效果"对话框为其添加"体积光"大气效果，如图 7-36 所示。

Step 10　选中"大气和效果"卷展栏中的"体积光"项，再单击"设置"按钮，在打开的"环境和效果"对话框中设置体积光的参数，如图 7-37 所示。

Step 11　参照"Step09"和"Step10"所述操作，为另一目标平行光添加体积光大气效果，完成阁楼天窗光线的创建。此时按【F9】快速渲染场景即可获得图 7-28 所示

的阁楼天窗光线效果

图 7-36 添加体积光效果 　　　　图 7-37 调整体积光的参数

　　本实例主要利用目标平行光和泛光灯，配合体积光大气效果，制作穿过阁楼天窗的光线。创建的过程中，关键是使用目标平行光配合体积光制作光柱效果；另外，要学会使用目标平行光模拟太阳光的照射效果。

7.2 摄影机

　　在制作三维动画时，一方面可以利用摄影机的透视功能观察物体内部的景物；另一方面可以利用摄影机记录场景的观察效果；此外，使用摄影机还可以非常方便地创建追踪和环游拍摄动画，以及模拟现实中的摄影特效。本节就来介绍一下摄影机方面的知识。

7.2.1 摄影机概述

　　3ds Max 9 为用户提供了两种摄影机：自由摄影机和目标摄影机（参见图 7-38）。这两种摄影机具有不同的特点和用途，具体如下。

➢ **目标摄影机：**该摄影机类似于灯光中带有目标点的灯光，它由摄影机图标、目标点和观察区三部分构成，如图 7-39 所示。使用时，用户可分别调整摄影机图标和目标点的位置，容易定位，适合拍摄静止画面、追踪跟随动画等大多数场景；其缺点是，当摄影机图标无限接近目标点或处于目标点正上方和正下方时，摄影机将发生翻转，拍摄画面不稳定。

图 7-38 "摄影机"创建面板

➢ **自由摄影机：**该摄影机类似于灯光中无目标点的灯光，只能通过移动和旋转摄影机图标来控制摄影机的位置和观察角度。其优点是不受目标点的影响，拍摄画面稳定，适于对拍摄画面有固定要求的动画场景。

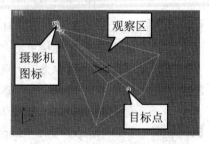

图 7-39 目标摄影机的构成

7.2.2 创建摄影机

目标摄影机的创建方法与目标灯光类似，如图 7-40 所示，单击"摄影机"创建面板中的"目标"按钮，然后在视图中单击并拖动鼠标，到适当位置后释放鼠标左键，确定摄影机图标和目标点的位置，即可创建一个目标摄影机。

单击"摄影机"创建面板中的"自由"按钮，然后在视图中单击鼠标，即可创建一个拍摄方向垂直于当前视图的自由摄影机（在透视视图中单击时，将创建一个拍摄方向垂直向下的自由摄影机，如图 7-41 所示）。

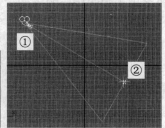 

图 7-40 创建目标摄影机 图 7-41 创建自由摄影机

创建完摄影机后，按【C】键可将当前视图切换为摄影机视图。利用视图控制区中的工具可调整摄影机视图的观察效果。在此着重介绍如下几个工具。

- **推拉摄影机**：选中此按钮，然后在摄影机视图中拖动鼠标，可使摄影机图标靠近或远离拍摄对象，以缩小或增大摄影机的观察范围。
- **视野**：选中此按钮，然后在摄影机视图中拖动鼠标，可缩小或放大摄影机的观察区。由于摄影机图标和目标点的位置不变，因此，使用该工具调整观察视野时，容易造成观察对象的视觉变形。
- **平移摄影机**：选中此按钮，然后在摄影机视图中拖动鼠标，可沿摄影机视图所在的平面平移摄影机图标和目标点，以平移摄影机的观察视野。
- **环游摄影机**：选中此按钮，然后在摄影机视图中拖动鼠标，可使摄影机图标绕目标点旋转（摄影机图标和目标点的间距保持不变）。按住此按钮不放会弹出"摇移摄影机"按钮，使用此按钮可以将目标点绕摄影机图标旋转。
- **侧滚摄影机**：选中此按钮，然后在摄影机视图中拖动鼠标，可使摄影机图标绕自身 Z 轴（即摄影机图标和目标点的连线）旋转。

 激活透视视图，然后按【Ctrl+C】组合键，可自动创建一个与透视视图观察效果相匹配的目标摄影机，并将透视视图切换到该摄影机视图。在设计三维动画时，常使用该方法创建摄影机，记录场景的观察视角。

7.2.3 摄影机的基本参数

选中摄影机图标后，在"修改"面板中将显示出摄影机的参数，如图 7-42 所示。在此着重介绍如下几个参数。

➢ **镜头**：显示和调整摄影机镜头的焦距。

➢ **视野**：显示和调整摄影机的视角（左侧按钮设为 ↗、↔ 或 ↕ 时，"视野"编辑框显示和调整的分别为摄影机观察区对角方向、水平方向和垂直方向的角度）。

➢ **正交投影**：选中此复选框后，摄影机无法移动到物体内部进行观察，且渲染时无法使用大气效果，如图 7-43 所示。

➢ **备用镜头**：单击该区中任一按钮，即可将摄影机的镜头和视野设为该备用镜头的焦距和视野。需要注意的是，小焦距多用于制作鱼眼的夸张效果，大焦距多用于观测较远的景物，以保证物体不变形。

➢ **类型**：该下拉列表框用于转换摄影机的类型，目标摄影机转换为自由摄影机后，摄影机的目标点动画将会丢失。

➢ **显示地平线**：选中此复选框后，在摄影机视图中将显示出一条黑色的直线，表示远处的地平线。

➢ **环境范围**：该区中的参数用于设置摄影机观察区中出现大气效果的范围。"近距范围"和"远距范围"表示大气效果的出现位置和结束位置与摄影机图标的距离（选中"显示"复选框时，在摄影机的观察区中将显示出表示该范围的线框）。图 7-44 所示为不同环境范围下的雾效果。

图 7-42　摄影机的参数

未开启时能看到长方体内部的茶壶且具有雾效果

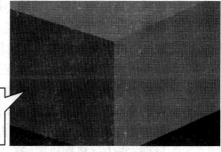

开启后无法看到长方体内部的对象且没有雾效果

图 7-43　开启正交投影前后的效果

环境范围为 0～1500 时的雾效果

环境范围为 500～2000 时的雾效果

图 7-44　环境范围对雾效果的影响

➢ **剪切平面：** 该区中的参数用于设置摄影机视图中显示哪一范围的对象，常利用此功能观察物体内部的场景，如图 7-45 所示。选中"手动剪切"复选框可开启此功能，利用"远距剪切"和"近距剪切"编辑框可设置远距剪切平面和近距剪切平面与摄影机图标的距离。

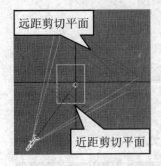

图 7-45 剪切平面及剪切前后摄影机视图的效果

➢ **多过程效果：** 该区中的参数用于设置渲染时是否对场景进行多次偏移渲染，以产生景深或运动模糊的摄影特效。选中"启用"复选框可开启此功能；下方的"效果"下拉列表框用于设置所用的多过程效果（选定某一效果后，在"修改"面板将显示出该效果的参数，默认选中"景深"项）。

> 景深是指摄影机拍摄静态场景时，产生清晰图像的范围，此范围外的场景在渲染图像中模糊不清；运动模糊是指摄影机拍摄运动物体时产生的视觉模糊效果。使用 3ds Max 9 的摄影机制作景深和运动模糊都是通过对当前场景进行多次偏移渲染（即每次渲染都将摄影机偏移一定的位置，以获得不同的渲染结果），然后重叠渲染结果所产生的。

➢ **目标距离：** 该编辑框用于显示和设置目标点与摄影机图标间的距离。

综合实例 2——山洞的景深效果

在本实例中，我们将创建图 7-46 右图所示的山洞景深效果，图 7-46 左图所示为未开启景深效果时山洞的快速渲染效果。读者可通过此例进一步熟悉一下摄影机的使用方法。

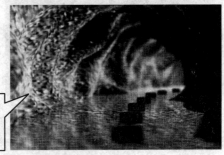

未开启景深效果时山洞的渲染效果

开启景深效果后山洞的渲染效果

图 7-46 开启和未开启景深效果时山洞的快速渲染效果

制作思路

在本实例中，首先创建一个目标摄影机，然后利用视图控制区中的工具调整摄影机的观察效果；接下来，开启摄影机的景深效果，并调整景深效果的参数；最后，快速渲染场景，即可获得山洞的景深效果。

制作步骤

Step 01 打开本书配套光盘"素材与实例" > "第 7 章"文件夹中的"山洞模型.max"文件，场景效果如图 7-47 所示。

Step 02 单击"摄影机"创建面板中的"目标"按钮，然后在顶视图中单击并拖动鼠标，到适当位置后释放左键，创建一个目标摄影机，如图 7-48 所示。

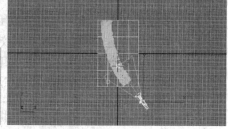

图 7-47　山洞模型的效果 　　　　　　　　图 7-48　创建一个目标摄影机

Step 03 单击激活透视视图，然后按【C】键，将透视视图切换为 Camera01 视图，此时 Camera01 视图的观察效果如图 7-49 所示。

Step 04 单击视图控制区中的"推拉摄影机+目标点"按钮 （若视图控制区中无此按钮，可按住"推拉摄影机"按钮 或"推拉目标"按钮 ，从弹出的按钮列表中选择该按钮），然后在摄影机视图中单击并向上拖动鼠标，使摄影机图标和目标点同时向拍摄对象靠近，如图 7-50 所示。

图 7-49　未调整前的摄影机视图 　　　　　图 7-50　推拉摄影机图标和目标点

Step 05 单击视图控制区中的"平移摄影机"按钮 ，然后在摄影机视图中单击并向右拖动鼠标，将摄影机整体向左移动一定的距离，如图 7-51 所示。

Step 06 单击视图控制区中的"视野"按钮，然后在摄影机视图中单击并向上拖动鼠标，增大摄影机观察区的角度，如图 7-52 所示。

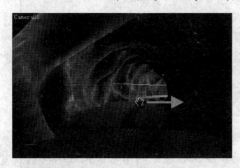

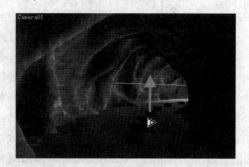

图 7-51　平移摄影机　　　　　　　　　　　　　　　图 7-52　调整摄影机的视野

Step 07 单击视图控制区的"环游摄影机"按钮，然后在摄影机视图中单击并拖动鼠标，使摄影机图标绕目标点旋转一定的角度，以调整摄影机的观察角度，最终效果如图 7-53 所示。至此就完成了摄影机观察视野的调整。

Step 08 选中摄影机图标，然后选中"修改"面板"参数"卷展栏"多过程效果"区中的"启用"复选框，开启摄影机的多过程效果；再设置摄影机当前使用的多过程效果为"景深"，如图 7-54 所示。

Step 09 打开"景深参数"卷展栏，取消选择"焦点深度"区中的"使用目标距离"复选框，然后设置"焦点深度"编辑框的值为 400；再在"采样"区中设置"过程总数"、"采样半径"和"采样偏移"编辑框的值分别为 20、2.5 和 0.75，完成景深参数的设置，如图 7-55 所示。

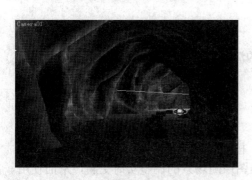

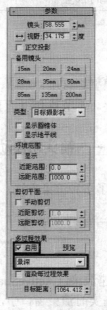

图 7-53　调整摄影机的观察角度　　　　　图 7-54　开启景深效果　　　图 7-55　景深效果的参数

"景深参数"卷展栏中的参数用于调整摄影机的景深效果，在此着重介绍如下几个参数：

焦点深度：设置摄影机镜头的焦点与摄影机图标的距离。选中"使用目标距离"复选框时，目标点所在位置即为摄影机镜头的焦点。

过程总数：设置产生景深效果所需偏移渲染的次数，数值越大，景深效果的质量越好，渲染时间越长。

采样半径：设置摄影机最大偏移范围的半径，数值越大，景深效果越明显，图像中清晰区域的范围越小。

采样偏移：设置每次渲染后摄影机偏移距离的大小。

规格化权重：使用规格化的权重混合各偏移渲染的结果，使景深效果更平滑。默认为启用状态。

抖动强度：设置混合各偏移渲染的结果时，渲染器的抖动强度，数值越大，抖动越强烈，最终的景深效果中，颗粒状效果越明显。

扫描线渲染器参数：该区中的参数用于取消多过程渲染中的过滤处理和抗锯齿处理。在测试景深效果时常启用这两个选项，以减少渲染时间。

Step 10 激活摄影机视图，然后按【F9】键进行快速渲染，即可得到图 7-46 右图所示的山洞景深效果。图 7-46 左图所示为未开启景深效果时山洞的快速渲染效果。

本实例主要利用目标摄影机创建山洞的景深效果。创建的过程中，关键是调整摄影机的观察效果，以及设置景深效果的参数。另外，通过本实例的学习，读者要了解 3ds Max 9 制作景深效果的原理，知道如何确定摄影机镜头焦点的位置。

7.3 渲染

渲染就是将场景中的模型、材质、贴图、灯光效果、渲染特效等以图像或动画的形式表现出来，并进行输出保存。本节就介绍一下渲染方面的知识。

7.3.1 常用的渲染方法——镜头切换动画

3ds Max 9 为用户提供了多种渲染方法，不同的渲染方法具有不同的用途，下面介绍几种比较常用的渲染方法。

1. 实时渲染

单击工具栏中的"快速渲染（ActiveShade）"按钮 ，即可打开实时渲染窗口（与 ActiveShade 视图等效）。在实时渲染窗口中，渲染图像随场景的调整实时更新，从而使用户便于观察场景中材质和灯光的调整效果。

2. 产品级渲染

单击工具栏中的"快速渲染（产品级）"按钮 ，系统就会按"渲染场景"对话框（单击工具栏中的"渲染场景对话框"按钮 或按【F10】键即可打开该对话框）中的设置渲染场景，并输出渲染效果。该方法主要用于快速输出渲染获得的静态图像或动画视频。

> **经验之谈**　制作三维动画时，按【F9】键，系统将以"渲染场景"对话框中的设置渲染场景的当前帧，并显示渲染效果，但不进行输出。此方法主要用于观察场景当前帧的最终渲染效果。

3. 批处理渲染

选择"渲染" > "批处理渲染"菜单，打开"批处理渲染"对话框；在对话框中添加渲染任务，然后单击"渲染"按钮，系统就会按指定的任务顺序进行渲染输出，如图 7-56 所示。该方法主要用于输出同一场景不同观察角度的渲染效果。

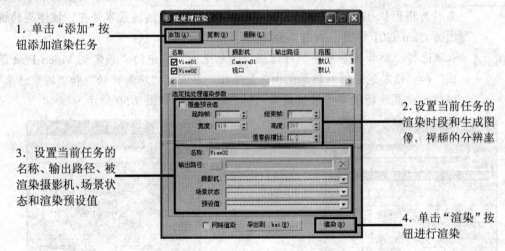

1. 单击"添加"按钮添加渲染任务

2. 设置当前任务的渲染时段和生成图像、视频的分辨率

3. 设置当前任务的名称、输出路径、被渲染摄影机、场景状态和渲染预设值

4. 单击"渲染"按钮进行渲染

图 7-56　"批处理渲染"对话框

4. Video Post 编辑器渲染

选择"渲染" > "Video Post"菜单，打开 Video Post 编辑器。然后利用编辑器工具栏中的工具设置好渲染要进行的各种处理和合成工作，再单击"执行序列"按钮 ，即可按规划对场景进行渲染输出。

该方法主要用于对场景中不同类型的事件，例如，场景事件、图像输入事件、图像输出事件等，进行合成输出。下面以镜头切换动画的渲染输出为例，介绍一下 Video Post 编辑器的使用方法，具体如下。

Step 01　打开本书配套光盘"素材与实例" > "第 7 章"文件夹中的"镜头切换动画.max"文件，场景中已创建了两个摄影机的动画（将视图分别切换到 Camera01 和 Camera02 视图，然后单击动画和时间控件中的"播放"按钮 ，即可观察到两个摄影机的动画效果）。

Step 02 选择"渲染">"Video Post"菜单，打开 Video Post 编辑器，如图 7-57 所示。

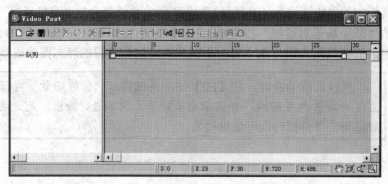

图 7-57　Video Post 编辑器

Step 03 单击 Video Post 编辑器工具栏中的"添加场景事件"按钮，打开"添加场景事件"对话框；然后在对话框"视图"区的"标签"文本框中设置场景事件的名称为摄影机01，再单击下方的下拉列表框，设置该场景事件中，被渲染的视图为 Camera01 视图，如图 7-58 所示。

Step 04 取消选择"添加场景事件"对话框"场景范围"区中的"锁定到 Video Post 范围"和"锁定范围栏到场景范围"复选框，再利用"场景开始"和"场景结束"编辑框设置该场景事件渲染场景的哪一时间段，如图 7-59 所示

图 7-58　设置场景事件的名称和被渲染的视图

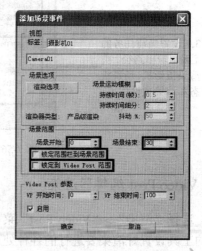

图 7-59　设置场景事件渲染的时间段

> 设置场景事件的场景范围时，若场景开始值设为 30，场景结束值设为 0，执行该事件时，系统将由场景的第 30 帧向第 0 帧倒序渲染，产生的动画也是倒序的。常利用 Video Post 渲染的这一特性创建场景的倒序动画。

Step 05 利用"添加场景事件"对话框"Video Post"区中的"VP 开始时间"和"VP 结束时间"编辑框设置场景事件在 Video Post 队列中所处的范围，再单击"确定"

按钮，完成场景事件的添加，如图 7-60 所示。

Step 06 参照 "Step03" 到 "Step05" 所述的操作，为 Video Post 队列再添加一个场景事件，场景事件的参数如图 7-61 所示。至此就完成了摄影机渲染事件的添加。

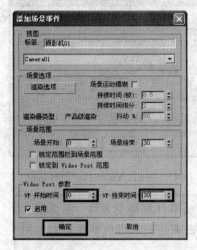

图 7-60 设置场景事件在队列中的范围   图 7-61 摄影机 02 场景事件的参数

Step 07 单击 Video Post 编辑器工具栏中的 "添加图像输出事件" 按钮，打开 "添加图像输出事件" 对话框；然后在 "图像文件" 区中设置事件的名称，在 "Video Post 参数" 区中设置事件在 Video Post 队列中的范围，如图 7-62 左图所示。

Step 08 单击 "添加图像输出事件" 对话框 "图像文件" 区中的 "文件" 按钮，利用打开的 "为 Video Post 输出选择图像文件" 对话框设置输出动画保存的位置、名称和类型，然后单击 "保存" 按钮，再在弹出的 "AVI 文件压缩" 对话框中单击 "确定" 按钮，完成图像输出事件的添加，如图 7-62 中图和右图所示。此时 Video Post 队列的效果如图 7-63 所示。

图 7-62 为 Video Post 队列添加图像输出事件

Step 09 单击 Video Post 编辑器工具栏中的 "执行序列" 按钮，在打开的 "执行 Video Post" 对话框中设置输出范围为队列的第 0 帧到第 130 帧，输出视频的大小为

640×480，然后单击"渲染"按钮，即可执行 Video Post 队列，渲染场景（渲染效果见配套光盘中的"镜头切换动画.AVI"文件），如图 7-64 所示。

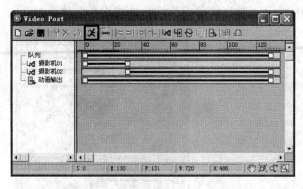

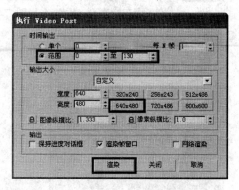

图 7-63　编辑好的 Video Post 队列　　　　　图 7-64　"执行 Video Post"对话框

知识库

在 3ds Max 9 中，Video Post 队列可添加的事件有场景事件、图像输入事件、图像过滤事件、图像层事件和图像输出事件，不同的事件具有不同的用途，具体如下。

场景事件： 该事件用于设置场景的渲染参数。将各摄影机分配给不同的场景事件，并按时间段组合在一起执行，即可获得镜头切换动画。

图像输入事件： 该事件用于向队列中加入各种格式的图像。当队列中有多个图像输入事件共享同一时间范围时，必须使用图像层事件进行图像合成，否则最后一个图像事件的图像将覆盖其他图像。

图像过滤事件： 该事件用于向队列中添加图像过滤器，以处理渲染时获得的图像或队列中的图像。

图像层事件： 使用该事件可以将队列中选中的场景事件、图像输入事件或图像层事件合并到同一图像层事件中，并按指定方式进行图像合成。

图像输出事件 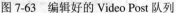： 该事件用于输出队列的执行结果。输出方式可以是静态图像，也可以是动画视频。

7.3.2　设置场景的环境和渲染特效

选择"渲染">"环境"（或"渲染">"效果"）菜单，利用打开的"环境和效果"对话框可设置场景的环境，以及为场景添加渲染特效。合理地设置场景的环境和渲染特效对于最终的渲染效果具有很重要的作用，下面介绍一下设置渲染环境和渲染特效的知识。

1．设置场景的环境

选择"渲染">"环境"菜单（或按主键盘的【8】键）可以打开"环境和效果"对话框的"环境"选项卡，如图 7-65 所示。利用该选项卡中的参数可以设置场景的背景、曝光方式和大气效果等，下面介绍一下选项卡中各参数的作用。

➤ **"公用参数"卷展栏**：该卷展栏中的参数用于设置场景的背景颜色、背景贴图及全局照明方式下光线的颜色、光照强度、环境光颜色。

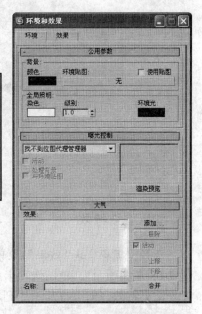

图 7-65 "环境"选项卡

经验之谈

单击"公用参数"卷展栏"背景"区中的"无"按钮，可以为场景指定背景贴图，此时场景的背景变为贴图图像。当场景中的灯光使用全局照明设置时，利用"全局照明"区中的参数可以调整场景中灯光的颜色、光照级别和环境光颜色。

➤ **"曝光控制"卷展栏**：该卷展栏中的参数用于设置渲染场景时使用的曝光控制方式。其中，"曝光类型"下拉列表框用于设置场景的曝光控制方式；"处理背景与环境贴图"复选框用于控制是否对场景的背景和环境贴图应用曝光控制，如图7-66所示。

未选中"处理背景与环境贴图"复选框时的效果

选中"处理背景与环境贴图"复选框时的效果

图 7-66 "处理背景与环境贴图"复选框对场景渲染效果的影响

经验之谈

设置场景的曝光控制方式时需注意，"对数曝光控制"多用于动画场景和使用光度学灯光、日光的场景；"自动曝光控制"多用于渲染静态图像或具有多个灯光的场景；"线性曝光控制"多用于低动力学范围的场景（如夜晚或多云的场景）；"伪彩色曝光控制"多用于使用高级照明解决方案和具有放射性粒子的场景。

➤ **"大气"卷展栏**：使用该卷展栏中的参数可以为场景添加大气效果，以模拟现实中的大气现象，如图 7-67 所示。

知识库

如图 7-67 中图所示，3ds Max 9 为用户提供了"火效果"、"雾"、"体积雾"和"体积光"四种大气效果。"火效果"用于制作火焰、烟雾、爆炸等效果；"雾"用于制作雾、蒸汽等效果，"体积雾"用于在场景中生成密度不均的三维云团；"体积光"用于制作光透过缝隙和光线中灰尘的效果。

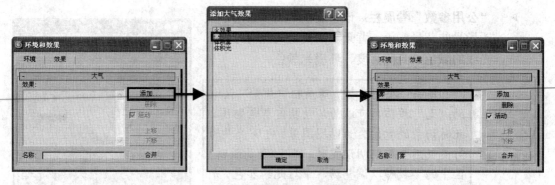

图 7-67 为场景添加大气效果

2. 添加渲染特效

选择"渲染">"效果"菜单可以打开"环境和效果"对话框的"效果"选项卡（如图 7-68 左图所示）。单击选项卡中的"添加"按钮，在打开的"添加效果"对话框中双击任一渲染特效，即可将其添加到场景中，如图 7-68 所示。

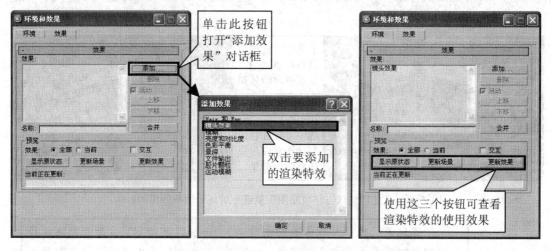

图 7-68 为场景添加渲染特效

使用渲染特效可以为渲染图像添加后期处理效果，像摄影中的景深效果，灯光周围的光晕、射线等。3ds Max 9 为用户提供了多种渲染特效，各渲染特效的用途如下。

> **Hair 和 Fur**：该渲染特效用来渲染添加了毛发的场景，为模型添加"Hair 和 Fur"修改器时，系统会自动添加该渲染特效。

> **镜头效果**：利用该渲染特效可以模拟摄影机拍摄时灯光周围的光晕效果，图 7-69 所示为各种镜头效果的渲染效果。

> **模糊**：使用该效果可以将渲染图像变模糊，它有均匀型、方向型和径向型三种模糊方式，图 7-70 所示为不同模糊方式的效果。

> **亮度和对比度**：使用该效果可以改变渲染图像的亮度和对比度。

Glow（发光）效果　　　　　Ring（光环）效果　　　　　Ray（放射）效果

Auto Secondary（自动二级）效果　　　Star（星）效果　　　　Streak（条纹）效果

图 7-69　各种镜头效果的渲染效果

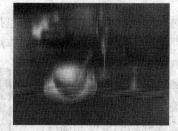

均匀型模糊　　　　　　　方向型模糊　　　　　　　径向型模糊

图 7-70　不同模糊方式的效果

> **色彩平衡：** 使用该效果可以分别调整渲染图像中红、绿、蓝颜色通道的值，以调整渲染图像的色调。

> **景深：** 使用该效果可以非常方便地为摄影机视图的渲染图像添加景深效果，以突出表现场景中的某一对象（相对于摄影机自带的景深效果来说，景深渲染特效的渲染时间短，且易于控制），如图 7-71 所示。

> **文件输出：** 在效果列表中添加该效果后，应用后面的效果前系统会为渲染图像创建快照，以便于用户调试各种渲染效果。

> **胶片颗粒：** 使用该效果可以为渲染图像加入许多噪波点，以模拟胶片颗粒效果，如图 7-72 所示。

> **运动模糊：** 使用该效果可以模拟摄影机拍摄运动物体时，物体运动瞬间的视觉模糊效果，以增强渲染动画的真实感，如图 7-73 所示。

图 7-71　景深效果

图 7-72　胶片颗粒效果

图 7-73　运动模糊效果

7.3.3　设置渲染参数

在渲染场景前，需要设置场景的渲染参数，以确定场景的渲染时间段、输出视频的大小、使用的渲染器等等。按【F10】键（或选择"渲染">"渲染"菜单）可打开"渲染场景"对话框，如图 7-74 所示，利用该对话框中的参数即可调整场景的渲染参数，下面介绍一下对话框中各选项卡的作用。

1.　"公用"选项卡

打开"渲染场景"对话框时，默认打开该选项卡，它包括"公用参数"、"电子邮件通知"、"脚本"和"指定渲染器"四个卷展栏，各卷展栏的作用如下。

> **"公用参数"卷展栏**：该卷展栏是渲染的主要
>　参数区，其中，"时间输出"区中的参数用于
>　设置渲染的范围；"输出大小"区中的参数用
>　于设置渲染输出的图像或视频的宽度和高度；
>　"选项"区中的参数用于控制是否渲染场景中
>　的大气效果、渲染特效和隐藏对象；"高级照
>　明"区中的参数用于控制是否使用高级照明渲
>　染方式；"渲染输出"区中的参数用于设置渲
>　染结果的输出类型和保存位置。

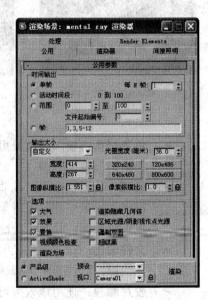

图 7-74　"渲染场景"对话框

> **"电子邮件通知"卷展栏**：渲染复杂场景时，
>　可在该卷展栏中设置通知邮件。当渲染到指定
>　进度、出现故障或渲染完成后，系统就会发送
>　邮件通知用户，用户则可以利用渲染的时间进
>　行其他工作。
> **"脚本"卷展栏**：该卷展栏中的参数用于指定
>　渲染前或渲染后要执行的脚本。
> **"指定渲染器"卷展栏**：该卷展栏中的参数用于指定渲染时使用的渲染器，默认
>　使用扫描线渲染器进行渲染。

2. "渲染器"选项卡

该选项卡用于设置当前使用的渲染器的参数，默认打开的是扫描线渲染器的参数，如图 7-75 所示，它包含 7 个参数区，各参数区的作用如下。

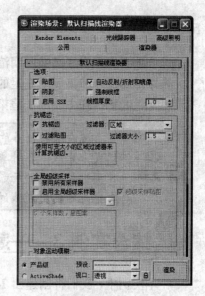

- ➢ **选项**：该区中的参数用于控制是否渲染场景中的贴图、阴影、模糊和反射/折射效果。选中"强制线框"复选框时，系统将使用线框方式渲染场景。
- ➢ **抗锯齿**：该区中的参数用于设置是否对渲染图像进行抗锯齿和过滤贴图处理。
- ➢ **全局超级采样**：该区中的参数用于控制是否使用全局超级采样方式进行抗锯齿处理。使用时，渲染图像的质量会大大提高，但渲染的时间也大大增加。
- ➢ **对象/图像运动模糊**：这两个区中的参数用于设置使用何种方式的运动模糊效果，模糊持续的时间等。
- ➢ **自动反射/折射贴图**：该区中的参数用于设置反射贴图和折射贴图的渲染迭代值。

图 7-75 "渲染器"选项卡

- ➢ **颜色范围限制**：该区中的参数用于设置防止颜色过亮所使用的方法。
- ➢ **内存管理**：选中"节省内存"复选框后，系统会自动优化渲染过程，以减少渲染时内存的使用量。

3. "Render Elements"选项卡

该选项卡用于设置渲染时渲染场景中的哪些元素。如图 7-76 所示，单击选项卡中的"添加"按钮，在打开的"渲染元素"对话框中选中要添加的元素，然后单击"确定"按钮，即可添加这些元素。设置好渲染元素后，单击"渲染"按钮即可渲染指定的元素。

图 7-76 添加渲染元素

4. "光线跟踪器"选项卡

该选项卡用于设置渲染时光线跟踪器的参数，以影响场景中所有光线跟踪材质、光线跟踪贴图、光线跟踪阴影等的效果，同时也影响场景的渲染速度。

5. "高级照明"选项卡

该选项卡用于设置高级照明渲染的参数，它有两种渲染方式：光跟踪器和光能传递。

光跟踪器适合渲染照明充足的室外场景，其缺点是渲染时间长，光线的相互反射无法表现出来；光能传递主要用于渲染室内效果和室内动画，通常与光度学灯光配合使用。

渲染帧数较多的动画时，通常使用默认的扫描线渲染，它只考虑光源的发出光线，不计算反弹光线，渲染时间短，但效果不够真实；渲染光照真实性要求高的场景时通常使用高级照明渲染，它提供全局照明算法，在考虑光源发出光线的同时也计算反弹光线，渲染效果真实，但渲染时间长。

综合实例 3——薄雾中的凉亭

在本实例中，我们将创建图 7-77 所示的薄雾中的凉亭，读者可通过此例进一步熟悉设置场景的渲染环境和渲染效果的操作，以及如何渲染输出场景。

制作思路

创建时，首先为场景的背景指定渐变贴图，以模拟场景中的天空效果；然后为场景添加雾效果，以模拟场景中的雾；接下来，为场景中的平行光添加镜头效果渲染特效，以模拟太阳周围的光晕；最后，设置场景的渲染参数进行渲染输出即可。

制作步骤

Step 01 打开本书配套光盘"素材与实例" > "第 7 章"文件夹中的"凉亭模型.max"文件，场景效果如图 7-78 所示。

图 7-77 薄雾中的凉亭

图 7-78 场景效果

Step 02 选择"渲染">"环境"菜单，打开"环境和效果"对话框的"环境"选项卡，然后单击"公用参数"卷展栏"背景"区中的"无"按钮，为场景的背景指定一个"渐变"贴图，如图 7-79 左图所示；将背景贴图拖到材质编辑器任一未使用的材质球中，并参照图 7-79 右图所示调整其参数，完成渲染背景的设置。

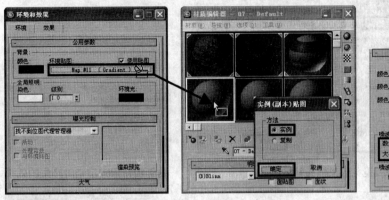

图 7-79　为渲染背景指定渐变贴图并调整其参数

Step 03 单击"环境"选项卡"大气"卷展栏中的"添加"按钮，为场景添加"雾"大气效果，然后参照图 7-80 右图所示调整雾效果的参数，完成雾效果的添加。

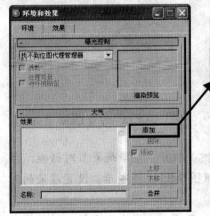

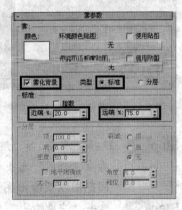

图 7-80　为场景添加雾效果

Step 04 打开"环境和效果"对话框的"效果"选项卡，然后单击"添加"按钮，为场景添加"镜头效果"渲染特效，如图 7-81 所示。

Step 05 双击"镜头效果参数"卷展栏左侧子效果列表框中的"Glow"项，设置 Glow 子效果为渲染时的镜头效果，如图 7-82 所示。

Step 06 如图 7-83 所示，打开"镜头效果全局"卷展栏，设置镜头效果的大小为 75，强度为 125，然后利用"灯光"区中的"拾取灯光"按钮拾取场景中目标平行光的发光点，作为产生镜头效果的光源。

Step 07 单击"镜头效果参数"卷展栏右侧子效果列表框中的"Glow"项，打开"光晕元素"卷展栏，然后设置"大小"编辑框的值为25，调整光晕的大小，至此就完成了光晕效果的调整，如图7-84所示。

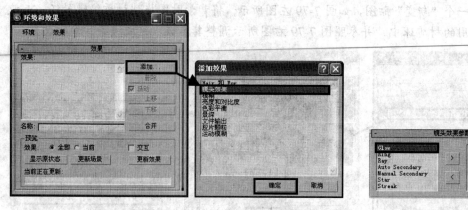

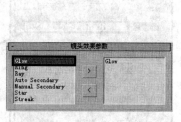

图 7-81　添加镜头效果渲染特效　　　　　图 7-82　指定渲染时产生的效果

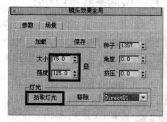

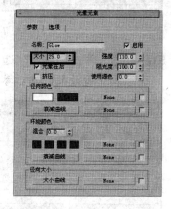

图 7-83　设置镜头效果的全局参数和产生镜头效果的光源　　　图 7-84　设置 Glow 效果参数

Step 08 选择"渲染" > "渲染"菜单（或按【F10】键）打开"渲染场景"对话框；然后在"公用"选项卡的"公用卷展栏"中参照图7-85左图所示，设置渲染的时间范围以及输出图像的宽度和高度。

Step 09 单击"渲染输出"区域的"文件"按钮，在打开的"渲染输出文件"对话框中设置输出图像的类型、名称和保存位置；然后单击"保存"按钮，在打开的"BMP配置"对话框中设置输出图像的颜色为 RGB 24 位，再单击"确定"按钮，如图 7-85 右图所示。

Step 10 在"渲染场景"对话框中设置渲染视口为 Camera01，然后单击"渲染"按钮进行渲染输出，如图 7-86 左图所示，渲染效果如图 7-86 右图所示。

　　　　本实例主要利用渐变贴图、雾大气效果和镜头效果渲染特效制作薄雾中的凉亭。创建时，关键是使用雾大气效果模拟场景中的雾，以及使用镜头效果模拟太阳周围的光晕；另外，要学会调整场景的背景和渲染场景。

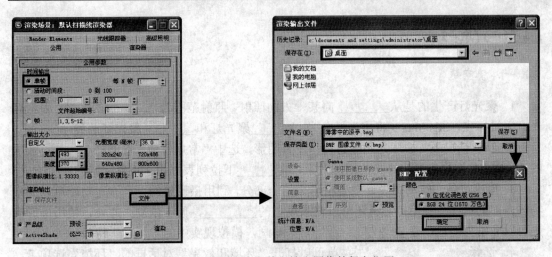

图 7-85 设置渲染参数和输出图像的保存位置

图 7-86 设置渲染视口并进行渲染

本章小结

本章主要讲述了为场景创建灯光和摄影机，以及渲染场景方面的知识。在学习的过程中，读者应：

> 了解各种灯光的用途，学会三点照明布光法，并能够根据实际需要为场景布光。

> 了解自由摄影机和目标摄影机的区别，熟练掌握摄影机的创建和调整方法。

> 了解渲染输出场景的方法，知道如何设置场景的环境和添加渲染特效。

思考与练习

一、填空题

1. 聚光灯产生的是从_____向某一方向照射、照射范围为_____的灯光。根据灯光有无目标点，3ds Max 9 将聚光灯分为_____聚光灯和_____聚光灯两种。

2. 默认情况下，被灯光照射的物体没有阴影，选中"常规参数"卷展栏_____区中的"启用"复选框可开启灯光的阴影效果，_____下拉列表框用于设置阴影的产生方式。

3. 摄影机是三维动画设计中必不可少的一部分，利用摄影机的_____功能可以观察物体内部的情况；使用摄影机还可以记录场景的_____，便于恢复；此外，使用摄影机还可以非常方便地创建_____、_____动画，模拟现实中的_____特效。

4. 选择_____>_____菜单可以打开"环境和效果"对话框的"环境"选项卡，利用选项卡中_____卷展栏的参数可以设置场景的曝光控制方式；利用_____卷展栏中的参数可以为场景添加大气效果，以模拟现实中的大气现象。

5. 利用"环境和效果"对话框_____选项卡中的参数可以为场景添加渲染特效，从而为渲染图像添加后期处理效果。例如，使用_____渲染特效可以模拟摄影机拍摄时灯光周围的光晕效果，使用_____渲染特效可以调整渲染图像的色调。

二、选择题

1. 在灯光的阴影产生方式中，_____是将阴影图像以贴图的方式投射到对象的阴影区产生阴影，阴影的边缘比较柔和，效果比较真实；缺点是阴影的精确性不高。

    A. 阴影贴图   B. 光线跟踪阴影   C. 区域阴影   D. 高级光线跟踪阴影

2. 使用摄影机创建景深效果时，利用"景深参数"卷展栏中的_____编辑框可以设置摄影机最大偏移范围的半径，数值越大，景深效果越明显，图像中清晰区域的范围越小。

    A. 焦点深度   B. 抖动强度   C. 采样偏移   D. 采样半径

3. 在 3ds Max 9 提供的各种渲染方法中，利用_____渲染方法可实时地观察场景中材质和灯光的调整效果。

    A. 产品级渲染   B. 实时渲染   C. 批处理渲染   D. Video Post 编辑器渲染

4. 在设置场景的环境和效果时，利用_____大气效果可以制作光透过缝隙和光线中灰尘的效果。

    A. 体积光   B. 火效果   C. 体积雾   D. 雾

三、操作题

打开本书提供的素材"神庙模型.max"，场景效果如图 7-87 所示。利用本章所学知识在场景中创建灯光、摄影机，并添加环境贴图、大气效果和镜头特效，制作出图 7-88 所示的"晨雾中的神庙"效果图。

提示：

（1）创建一个目标平行光，以模拟太阳光的照射效果。

（2）为场景的渲染背景指定位图贴图，以模拟天空的效果（贴图图像为本书素材中的"沙漠天空.jpg"图片）。

（3）为场景添加大气效果，以模拟场景中的雾现象。

（4）为场景添加镜头效果渲染特效，以模拟太阳周围的光晕效果。

（5）设置场景的渲染参数，进行渲染输出。

图 7-87　神庙场景效果

图 7-88　神庙场景最终的渲染效果

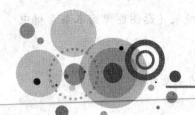

第8章

动画制作

本章内容提要

- 动画初步 ··· 270
- 动画约束 ··· 283
- 动画控制器和参数关联 ················· 291
- reactor 动画 ······························· 299

章前导读

　　3ds Max 9 为用户提供了多种制作动画的方法，例如，可以通过记录模型、摄影机、灯光、材质等的参数修改情况制作动画，也可以使用动力学系统来制作物体的动力学动画。本章将从动画制作的基础知识、高级动画技巧、动画控制器的使用和 reactor 动画几方面入手，系统地介绍一下三维动画制作方面的知识。

8.1　动画初步

　　制作动画前，需对三维动画有一个初步的了解，本节将从动画的原理和分类、动画的关键帧、"运动"面板和轨迹视图的使用等方面入手，介绍一下三维动画的基础知识。

8.1.1　动画原理和分类

　　下面介绍一下 3ds Max 9 制作动画的原理以及 3ds Max 9 中可以创建的动画类型。

1. 动画原理

　　看过露天电影的人都知道，电影放映就是使用强光照射不断移动的电影胶片，将胶片上连贯的影像投射到电影银幕上。那么，为什么这些单个的影像在连续播放时，就变成了人们看到的电影呢？

　　这是利用了人眼的"视觉滞留"特性，某一事物消失后，其影像仍会在人眼的视网膜上滞留 0.1~0.4 秒。因此，只要将一系列连贯的静止画面以短于视觉滞留时间的间隔进行连续播放，在人眼中看到的就是连贯的动作，摇晃火把时看到一条光带就是这个原因。

　　在 3ds Max 中制作动画也是利用了这一原理，但制作过程更简单，用户只需创建出动画的起始帧、关键帧（记录运动物体关键动作的图像）和结束帧，系统就会自动计算并创建出动画起始帧、关键帧和结束帧之间的中间帧。最后，对动画场景进行渲染输出，即可生成高质量的三维动画。

> 在动画中，每个静止画面称为动画的一"帧"，每秒钟播放静止画面的数量称为"帧频"（单位为 FPS，帧每秒）。

2. 动画分类

　　根据操作对象的不同，3ds Max 9 可创建的动画大致分为如下四种类型。

> ➤ **模型动画**：这类动画是通过记录不同时间点模型中修改器参数的变化情况或模型位置、角度、缩放程度的变化情况进行创建。图 8-1 所示为通过记录路径变形修改器的参数调整情况创建的三维文字沿路径运动的动画效果。

图 8-1　三维文字沿路径运动的动画

> ➤ **材质动画**：这类动画是通过记录不同时间点处材质属性的变化进行创建。
> ➤ **灯光动画**：这类动画是通过记录不同时间点处灯光的照射方向、照明效果等的变化进行创建。图 8-2 所示为使用自由聚光灯创建的灯光跟踪照射动画。

图 8-2　灯光跟踪照射动画

> ➤ **摄影机动画**：这类动画是通过记录不同时间点处摄影机的位置、观察方向和视角的调整情况进行创建。图 8-3 所示为使用自由摄影机创建的环游拍摄动画。

图 8-3　摄影机环游拍摄动画

8.1.2 认识"关键帧"——舞动的音符

关键帧就是记录运动物体关键动作的图像，使用 3ds Max 9 制作动画时，关键是记录动画的关键帧，下面以制作"舞动的音符"为例，介绍一下在 3ds Max 9 中创建动画的流程及如何记录动画的关键帧，具体操作如下。

Step 01 打开本书配套光盘"素材与实例" > "第 8 章"文件夹中的"音符模型.max"文件，再单击动画和时间控件中的"时间配置"按钮 ，在打开的"时间配置"对话框中设置动画的帧频和长度，如图 8-4 所示。

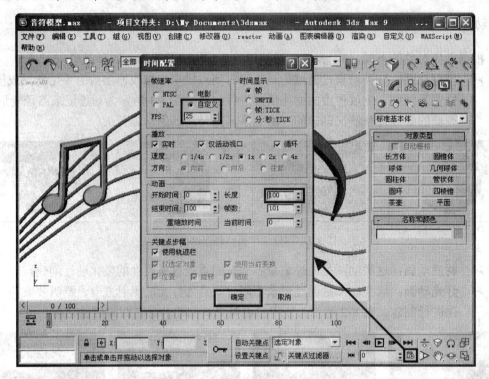

图 8-4 设置动画的帧频和长度

> **知识库** 选中动画和时间控件中的"关键点模式切换"按钮 时，"上一帧"按钮 和"下一帧"按钮 将变为"上一关键点"按钮 和"下一关键点"按钮 。利用这两个按钮，可在选定对象的关键帧间跳跃。"时间配置"对话框"关键点步幅"区中的参数，用于设置单击这两个按钮时，在哪些类型的关键点间跳跃。

Step 02 单击动画和时间控件中的"自动关键点"按钮，开启动画的自动关键帧模式，然后拖动时间滑块到第 0 帧，再将三个音符沿 XY 平面均匀缩放到原来的 30%，并调整其位置，创建动画的起始帧，如图 8-5 所示。

Step 03 拖动时间滑块到第 25 帧，然后将第一个音符缩放到原来的 65%，再调整第一个音符和第二个音符的位置，创建动画的第一个关键帧，如图 8-6 所示。

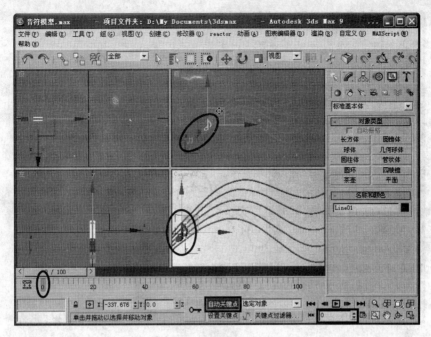

图 8-5　创建动画的起始帧

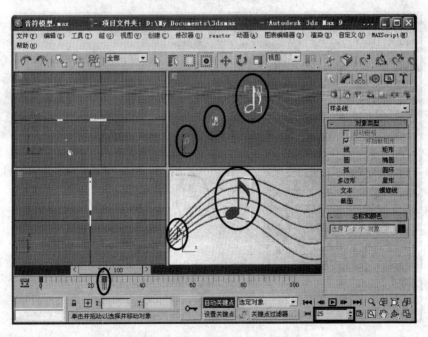

图 8-6　创建动画的第一个关键帧

Step 04　拖动时间滑块到第 50 帧，然后将第一个音符和第二个音符分别缩放到原来的100%和 65%，再调整三个音符的位置，创建第二个关键帧，如图 8-7 所示。

Step 05　拖动时间滑块到第 75 帧，然后将第二个音符和第三个音符分别缩放到原来的100%和 65%，再调整三个音符的位置，创建第三个关键帧，如图 8-8 所示。

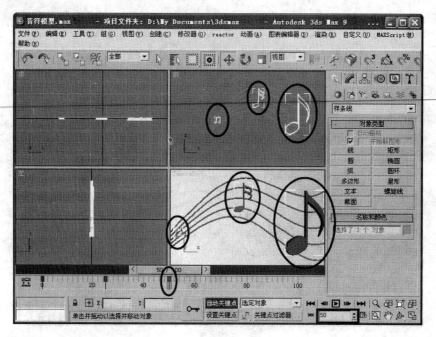

图 8-7　创建第二个关键帧

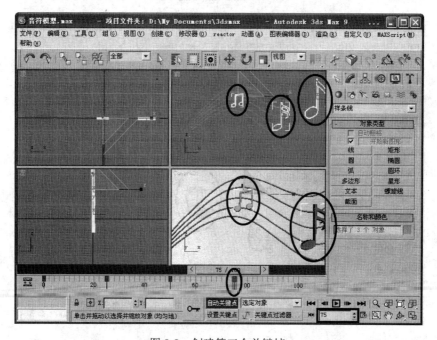

图 8-8　创建第三个关键帧

Step 06　拖动时间滑块到第 100 帧，并将第三个音符缩放到原来的 100%，然后调整第二个音符和第三个音符的位置，创建动画的结束帧，如图 8-9 所示。至此就完成了动画中关键帧的创建，单击"自动关键帧"按钮退出动画创建模式即可。

Step 07　选择"渲染">"渲染"菜单，打开"渲染场景"对话框；然后参照图 8-10 左

图所示在对话框"公用"选项卡的"公用卷展栏"中设置渲染的时间范围和输
出视频的大小。

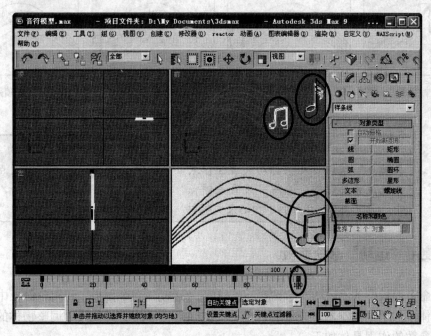

图 8-9　创建动画的结束帧

Step 08 单击"渲染输出"区中的"文件"按钮，在打开的"渲染输出文件"对话框中
设置输出视频的类型、名称和保存位置；然后单击"保存"按钮，在打开的"AVI
文件压缩设置"对话框中单击"确定"按钮，完成渲染输出文件的设置，如图
8-10 右图所示。

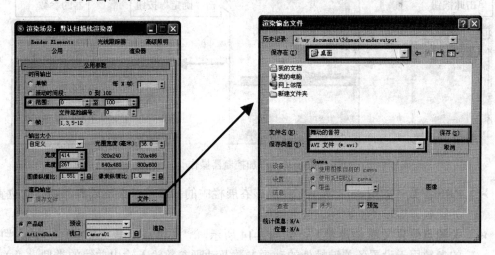

图 8-10　设置渲染参数和输出动画的保存位置

Step 09 在"渲染场景"对话框中设置渲染视口为 Camera01，然后单击"渲染"按钮，

进行渲染输出，即可得到"舞动的音符"动画视频，效果如图 8-11 所示。

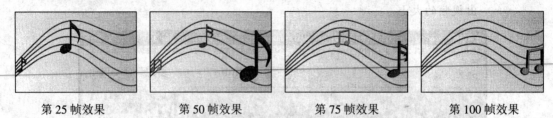

第 25 帧效果　　　　第 50 帧效果　　　　第 75 帧效果　　　　第 100 帧效果

图 8-11　不同时间点的动画效果

3ds Max 9 中有两种关键帧创建模式，选中动画和时间控件中的"自动关键点"按钮时处于自动关键帧模式，系统会自动将场景不同时间点的变化记录为关键帧；选中"设置关键点"按钮时处于手动关键帧模式，需单击"设置关键点"按钮 ☜ 记录关键帧。

8.1.3　使用"运动"命令面板

单击命令面板中的"运动"标签 ⊕ 可以打开"运动"命令面板，利用该面板中的参数可以为物体添加动画控制器、查看和调整各关键帧处物体的动画参数、调整物体的运动轨迹等，各参数的作用具体如下。

➢ **指定控制器：**使用该卷展栏中的参数可以为运动物体指定动画控制器，以附加其他运动效果，图 8-12 所示为添加控制器的操作。

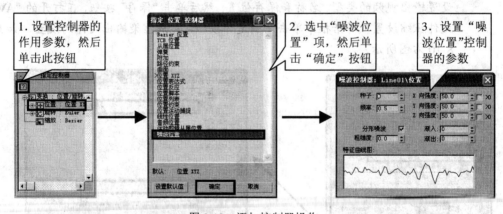

1. 设置控制器的作用参数，然后单击此按钮

2. 选中"噪波位置"项，然后单击"确定"按钮

3. 设置"噪波位置"控制器的参数

图 8-12　添加控制器操作

➢ **PRS 参数：**如图 8-13 所示，使用该卷展栏中的参数可以添加或删除物体的位置关键帧、旋转关键帧和缩放关键帧。

➢ **关键点信息（基本/高级）：**如图 8-14 所示，"关键点信息（基本）"卷展栏中的参数用于设置各关键帧处的动画参数及动画参数输入输出曲线的类型；"关键点信息（高级）"卷展栏中的参数用于控制动画参数在关键帧附近的变化速度。

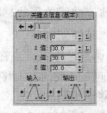

图 8-13　"PRS 参数"卷展栏　　图 8-14　"关键点信息（基本）"和"关键点信息（高级）"卷展栏

> **轨迹：**单击此按钮可打开"轨迹"卷展栏（参见图 8-15 中图），而且在视图中将显示出选中物体的运动轨迹，如图 8-15 右图所示。选中"运动"面板中的"子对象"按钮后，利用"选择并移动"工具 ✛ 可以调整运动轨迹中关键点的位置，以调整其形状；单击"转化为"按钮可将物体的运动轨迹转换为可编辑样条线；使用"转化自"按钮可以指定一条曲线作为物体的运动轨迹。

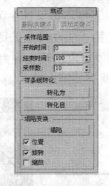

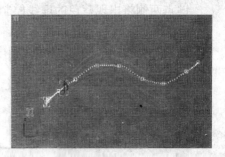

图 8-15　"轨迹"选项卡和物体的运动轨迹

8.1.4　使用"轨迹视图"

单击工具栏中的"曲线编辑器"按钮 ▦ 可打开当前场景的"轨迹视图"对话框，如图 8-16 所示。对话框左侧列出了场景中所有对象的参数树。选中设置了动画的对象后，系统会自动选中参数树中相应的参数，并在对话框右侧显示出该参数随时间变化的轨迹曲线。

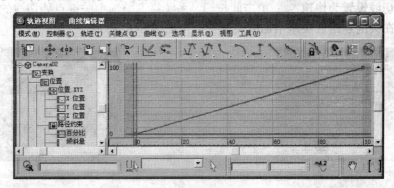

图 8-16　"轨迹视图"对话框

利用对话框工具栏中的工具调整轨迹曲线的形状，即可调整对象的运动效果。下面介绍几个比较常用的轨迹曲线调整工具，具体如下。

➤ **移动关键点** ✛：此工具用于调整选中关键点在轨迹视图中的位置。

➤ **滑动关键点** ◄▮►：使用此工具向左（或向右）移动关键点时，轨迹曲线中关键点左侧（或右侧）的部分将随之移动相同的距离。

➤ **添加关键点** ⚡：使用此工具可以在轨迹曲线中插入关键点。

➤ **绘制曲线** ✍：使用此工具可以为选中的参数绘制轨迹曲线，或使用手绘方式编辑原有的轨迹曲线。

➤ **减少关键点** ⚬：单击此工具将打开图 8-17 所示的"减少关键点"对话框。设置好阈值后，单击"确定"按钮，即可根据阈值精简轨迹曲线中的关键点，常用来消除手绘轨迹曲线中不必要的关键点。

图 8-17　"减少关键点"对话框

➤ **将切线设置为自动** ⩗：单击此按钮，系统将调整选中关键点处切线的斜率，且关键点两侧将出现蓝色的虚线控制柄（用于手动调整关键点处切线的斜率），如图 8-18 所示。（按住此按钮不放将弹出"将内切线设置为自动"按钮 ⩗ 和"将外切线设置为自动"按钮 ⩗，分别用于调整关键点输入侧和输出侧切线的斜率）。

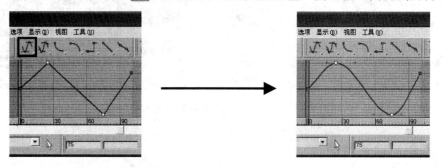

图 8-18　单击"将切线设置为自动"按钮前后的效果

➤ **将切线设置为自定义** ⩗：单击此按钮，关键点处切线的斜率不变，但关键点两侧会出现黑色的实线控制柄，如图 8-19 所示，用于手动调整关键点处切线的斜率。

➤ **将切线设置为快速** ╲：单击此按钮，系统将调整选中关键点处切线的斜率，使参数在关键点附近快速增加或快速减少，如图 8-20 所示。

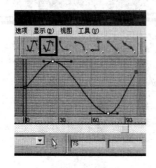
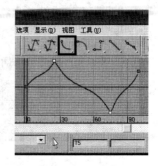

图 8-19　单击"将切线设置为自定义"按钮后的效果　图 8-20　单击"将切线设置为快速"按钮后的效果

> **将切线设置为慢速** ⌐：单击此按钮，系统将调整选中关键点处切线的斜率，使参数在关键点附近的变化变为缓慢增加或缓慢减少，如图8-21所示。
> **将切线设置为阶跃** ⌐：单击此按钮，轨迹曲线在关键点处变为阶跃曲线，如图8-22所示，此时参数在关键点处的变化为阶跃式的突变。

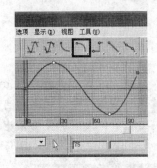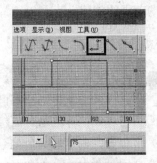

图8-21 单击"将切线设置为慢速"按钮后的效果　图8-22 单击"将切线设置为阶跃"按钮后的效果

> **将切线设置为线性** ╲：单击此按钮，关键点两侧将变为直线段，类似于可编辑样条线中的角点型顶点，如图8-23所示，此时参数在关键点附近匀速增加或减少。
> **将切线设置为平滑** ╲：单击此按钮，关键点两侧将变为平滑的曲线段，类似于样条线中的平滑型顶点，如图8-24所示。

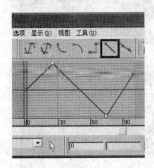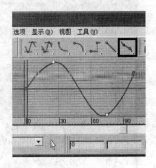

图8-23 单击"将切线设置为线性"按钮后的效果　图8-24 单击"将切线设置为平滑"按钮后的效果

综合实例1——滚落楼梯的篮球

在本实例中，我们将创建图8-25所示的"滚落楼梯的篮球"动画。读者可通过此例进一步熟悉一下动画的创建流程，以及如何设置动画的关键帧和调整物体的运动轨迹。

第0帧效果　　　　第50帧效果　　　　第80帧效果　　　　第100帧效果

图8-25 不同时间点处动画的效果

制作思路

在本实例中，首先在自动关键帧模式下调整篮球的位置和旋转角度，制作篮球的滚动动画；然后在轨迹视图中调整篮球的旋转曲线和移动曲线，以调整篮球的滚动轨迹，完成篮球滚动动画的创建。

制作步骤

Step 01 打开本书配套光盘"素材与实例" > "第 8 章"文件夹中的"楼梯模型.max"文件；然后单击动画和时间控件中的"自动关键点"按钮，开启动画的自动关键帧模式；再拖动时间滑块到第 0 帧，并在顶视图和前视图中调整场景中篮球的位置，创建动画的起始帧，如图 8-26 所示。

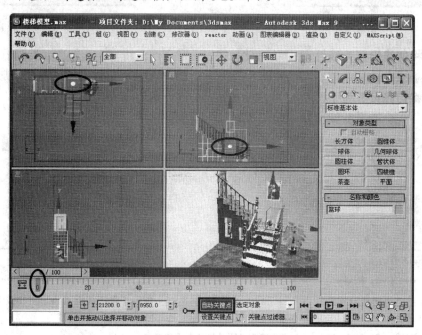

图 8-26　创建动画的起始帧

Step 02 拖动时间滑块到第 100 帧，然后在左视图中调整篮球的位置，创建篮球的移动动画。再将篮球沿左视图所在平面旋转 1800°，创建篮球的旋转动画，如图 8-27 所示。最后，取消选择动画和时间控件中的"自动关键点"按钮，退出动画的关键帧创建模式，完成篮球滚动动画的创建。

Step 03 单击工具栏中的"曲线编辑器"按钮，打开"轨迹视图-曲线编辑器"对话框；然后单击对话框左侧参数树中篮球旋转参数的"X 轴旋转"项，显示出篮球 X 轴旋转值的变化轨迹；接下来，选中轨迹曲线两端的关键点，然后单击对话框工具栏中的"将切线设置为线性"按钮，使篮球在整个动画过程中匀速旋转，如图 8-28 所示。

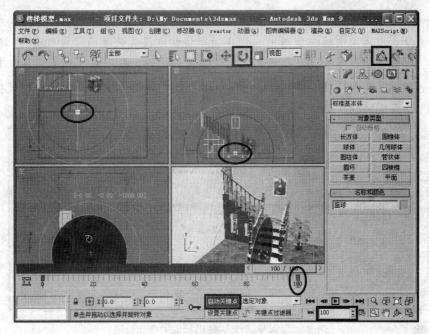

图 8-27　创建篮球的滚动动画

　温馨提示

　　创建篮球的旋转动画时，若通过鼠标拖动调整篮球的旋转角度，最好选中工具栏中的"角度捕捉"按钮 ⚒，此时篮球的旋转增量为 5°；若利用状态栏（或"旋转变换输入"对话框）中的编辑框进行调整，则需调整篮球的偏移值，而非绝对值，否则无法产生旋转动画

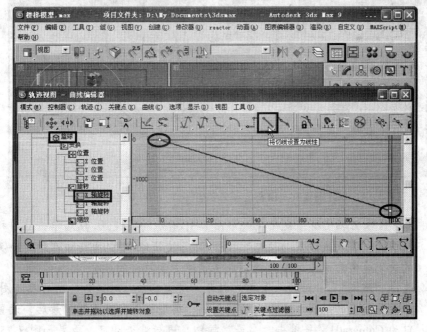

图 8-28　调整篮球的旋转轨迹

Step 04 在轨迹视图中显示出篮球 Y 轴坐标值的变化轨迹，然后选中轨迹曲线左端的关键点，再单击轨迹视图工具栏中的"将切线设置为慢速"按钮 ，将篮球 Y 轴坐标值在该关键点附近的变化速率设为慢速；接下来，利用工具栏中的"将切线设置为线性"按钮 ，将篮球 Y 轴坐标值在轨迹曲线右侧关键点处的变化速率设为匀速，如图 8-29 所示。

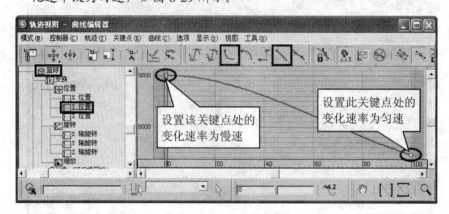

图 8-29　调整篮球 Y 轴坐标值的变化轨迹

Step 05 在轨迹视图中显示出篮球 Z 轴坐标值的变化轨迹，然后单击轨迹视图工具栏中的"添加关键点"按钮 ，再在 Z 轴坐标值的变化轨迹中连续单击鼠标，添加 7 个关键点；接下来，选中工具栏中的"移动关键点"按钮 ，然后利用轨迹视图状态栏中的编辑框依次调整轨迹曲线各关键点的位置，如图 8-30 所示。

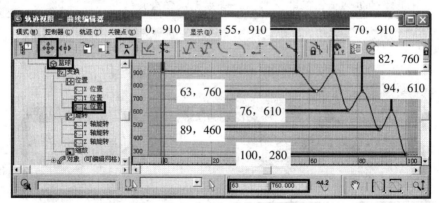

图 8-30　调整篮球 Z 轴坐标值的变化轨迹

Step 06 选中篮球 Z 轴坐标值变化轨迹中图 8-31 所示的关键点，然后单击轨迹视图工具栏中的"将切线设置为快速"按钮 ，使篮球 Z 轴坐标值在这几个关键点处的变化速率为快速。至此就完成了篮球运动轨迹的调整。

Step 07 选择"渲染"＞"渲染"菜单，打开"渲染场景"对话框，然后参照图 8-32 所示设置渲染的范围、输出视频的大小、类型、保存位置等。最后，设置渲染视口为 Camera01，并单击"渲染"按钮，进行渲染即可，效果如图 8-25 所示。

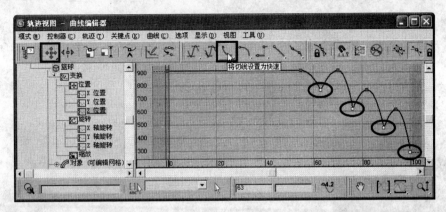

图 8-31　设置篮球与楼梯接触点处 Z 轴坐标值的变化速率

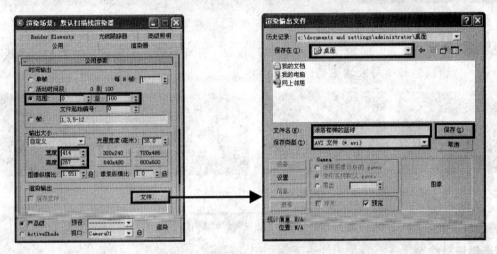

图 8-32　设置渲染的参数和输出动画的保存位置

　　本实例主要通过制作"滚落楼梯的篮球"动画，熟悉一下制作三维动画的流程，并学会使用轨迹视图调整物体的运动轨迹。制作的过程中，关键是调整篮球的运动轨迹。另外，要学会记录动画的关键帧。

8.2　动画约束

　　为了便于制作动画，3ds Max 9 为用户提供了许多动画制作技巧，比较常用的是动画约束，本节就为读者介绍一下动画约束方面的知识。

8.2.1　什么是动画约束——沿曲线运动的小球

　　动画约束就是在制作动画时，将物体 A 约束到物体 B 上，使物体 A 的运动受物体 B 的限制（物体 A 称为被约束对象，物体 B 称为约束对象，又称为目标对象）。下面以制作沿曲线运动的小球为例，说明一下什么是动画约束。

Step 01 在视图中创建一条 S 形曲线和一个球体,场景效果如图 8-33 所示。

Step 02 选中球体,然后选择"动画">"约束">"路径约束"菜单,再单击前面创建的 S 形曲线,将球体的运动约束到 S 形曲线上,如图 8-34 所示。

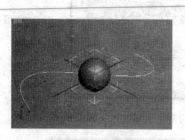

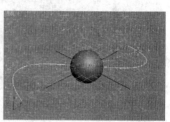

图 8-33 场景效果   图 8-34 将球体的运动约束到 S 形曲线上

Step 03 单击动画和时间控件中的"播放"按钮,可观察到,小球将自动沿 S 形曲线从曲线的始端向末端运动,如图 8-35 所示。

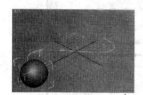

图 8-35 小球的运动效果

将小球约束到 S 形曲线后,读者可使用"选择并移动"工具 调整小球的位置,观察小球是否能按正常的情况移动。

8.2.2 常用动画约束

3ds Max 9 为用户提供了多种约束方式,不同的约束方式具有不同的用途,本节为读者介绍几种比较常用的动画约束。

1. 路径约束

路径约束就是将物体约束到指定的曲线中,使物体只能沿曲线运动。图 8-36 所示为路径约束的参数,在此介绍如下几个参数。

➢ **添加路径**:该按钮用于为物体添加更多的路径曲线。下方的"权重"编辑框用于设置当前路径曲线对物体运动轨迹和运动范围的影响程度。

➢ **沿路径**:该编辑框用于设置当前帧物体在路径曲线中的位置(记录该数值在不同帧的变化情况即

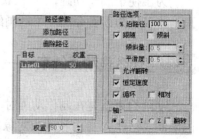

图 8-36 路径约束参数

可创建物体沿路径运动的动画）。

➢ **跟随：** 选中该复选框时，物体在运动的过程中会自动调整自身的方向，使局部坐标系中作为跟随轴的坐标轴始终与路径曲线相切（"轴"区中的参数用于设置跟随轴），如图 8-37 所示；否则，物体的方向保持不变。

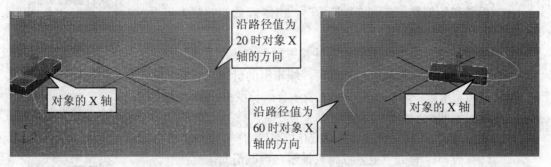

图 8-37　设置长方体的 X 轴为跟随轴时的效果

➢ **倾斜：** 选中该复选框，物体经过路径曲线的弯曲部分时将绕跟随轴旋转，主要用于模拟飞机转弯时的倾斜效果（"倾斜量"编辑框用于设置物体的倾斜方向和倾斜程度，如图 8-38 所示；"平滑度"编辑框用于控制物体倾斜变换的快慢，数值越小，变换越快）。

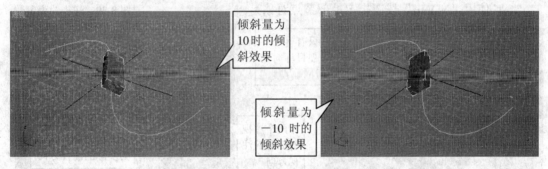

图 8-38　不同倾斜量时长方体的倾斜效果

➢ **允许翻转：** 选中该复选框，物体将绕跟随轴顺时针旋转 90°，且跟随轴的轴向发生翻转时，物体将绕跟随轴再旋转 180°。

➢ **恒定速度：** 选中该复选框时，物体在整个路径上以恒定速度运动。

➢ **循环：** 选中该复选框时，物体运动到路径末端后会循环回起始点（结束帧处"沿路径"编辑框的值大于 100 时才会出现此现象）。

➢ **相对：** 选中该复选框时，物体由原位置开始，按路径曲线的形状运动；否则，物体在路径曲线上（或路径曲线决定的区域）运动。

2. 注视约束

注视约束是使物体 A 的某一局部坐标轴始终指向物体 B，以保持物体 A 对物体 B 的注视状态。常用于摄影机的跟踪拍摄和灯光的跟踪照射。

图 8-39 所示为注视约束的参数，在此着重介绍如下几个参数。

> **添加方向目标**：利用此按钮可以指定多个对象作为注视约束的目标对象。此时物体 A 的注视方向为所有目标对象的加权平均方向，如图 8-40 所示。

> **保持初始偏移**：选中该复选框时，物体 A 的初始状态将返回约束前的状态。

> **视线长度**：设置表示物体 A 注视方向的直线的长度（当选中"绝对视线长度"复选框时，编辑框的值为直线的实际长度；未选中时，编辑框的值表示直线长度占物体 A 与目标对象间距的百分比）。

> **设置方向**：选中此按钮后，可通过旋转操作调整物体 A 的注视方向；单击"重置方向"按钮，可取消此前对注视方向所做的调整。

> **选择注视轴**：设置使用物体 A 自身的哪一坐标轴作为注视轴，右侧的"翻转"复选框用于翻转注视轴的轴向。

> **选择上部节点**：该区中的参数用于指定注视约束的上部节点对象，默认为世界坐标（取消选择"世界"复选框后可使用"NONE"按钮指定上部节点对象）。

图 8-39　注视约束参数

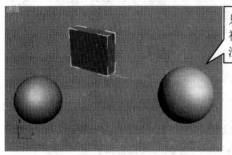
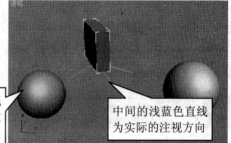

只有一个注视目标时的注视方向

有两个注视目标时的注视方向

中间的浅蓝色直线为实际的注视方向

图 8-40　有多个注视目标时对象 A 的注视方向

经验之谈

　　选中"上部节点控制"区中的"注视"单选钮时，只要注视轴与上部节点对象的轴心在同一直线上，物体 A 就会绕注视轴翻转 180°；选中"上部节点控制"区中的"轴对齐"单选钮时，只有注视轴与上部节点局部坐标中"对齐到上部节点轴"区中指定的坐标轴一致，物体 A 才会绕注视轴翻转 180°。

3. 方向约束

　　方向约束是使物体 A 的局部坐标与物体 B 的局部坐标相匹配，并始终保持一致。约束后，旋转物体 B 时，物体 A 将随之产生相同的旋转。图 8-41 所示为方向约束的参数，在此着重介绍如下几个参数。

➢ **将世界作为目标添加**：单击此按钮可以将世界坐标系添加为目标对象。

➢ **变换规则**：将方向约束指定到层级物体后，利用该区中的单选钮可以设置方向约束的影响方式（选中"局部-->局部"单选钮时，被约束对象的方向与目标对象的方向对齐，且只受目标对象方向的影响；选中"世界-->世界"单选钮时，被约束对象的方向与目标对象父层级物体的方向对齐，且受目标对象或其父层级物体方向的影响）。

图 8-41　方向约束参数

知识库

利用工具栏中的"选择并链接" 🔗 按钮将物体 A 链接到物体 B（参见图 8-42）后，物体 A 和物体 B 之间就具有了层级关系。B 为 A 的父层级物体，A 为 B 的子层级物体。父层级物体的变换影响子层级物体，但子层级物体的变换不影响父层级物体。

图 8-42　将茶壶链接到长方体中

4. 位置约束

位置约束就是将物体 A 的轴心与物体 B 的轴心对齐，并保持二者的相对位置不变。当物体 A 有多个目标对象时，其位置为所有目标对象的加权平均位置。

5. 附着约束

附着约束就是将物体 A 附着于物体 B 的表面，以约束物体 A 的移动范围（此时物体 A

只能在物体 B 的表面移动）。需要注意的是，物体 B 必须是网格对象或能转换为网格对象的对象，否则无法进行附着约束。

图 8-43 所示为附着约束的参数，在此着重介绍如下几个参数。

➢ **拾取对象**：此按钮用于更改物体 A 的附着对象。单击选中此按钮，然后单击场景中的对象即可。

➢ **对齐到曲面**：选中该复选框后，物体 A 局部坐标的 Z 轴始终与附着曲面的法线方向对齐。

➢ **位置**：该区中的参数用于调整当前关键帧处物体 A 的附着位置。其中，"面"编辑框用于设置物体 A 附着于物体 B 的哪一网格面；"A"和"B"编辑框用于设置物体 A 在网格面中的位置（单击选中"设置位置"按钮，然后用鼠标拖动物体 A，也可调整其附着位置）。

➢ **TCB**：该区中的参数用于调整当前关键帧处物体 A 位置变化轨迹的形状。其中，"张力"编辑框用于调整轨迹曲线的尖锐程度；"连续性"编辑框用于调整关键点两侧轨迹曲线的曲率；"偏移"编辑框用于调整轨迹曲线在关键点处的偏移方向和偏移程度；"缓入"、"缓出"编辑框用于放慢或加快物体 A 接近和离开关键点的速度；下方的显示窗口显示了调整后的轨迹曲线形状。

图 8-43 附着约束参数

6. 曲面约束

曲面约束也是将物体 A 约束到物体 B 的表面。需要注意的是，物体 B 的表面必须能用参数来表示，符合条件的三维对象有球体、圆锥体、圆柱体、圆环、四边形面片、放样对象和 NURBS 对象。图 8-44 所示为曲面约束的参数，在此着重介绍如下几个参数。

➢ **U 向/V 向位置**：设置物体 A 在物体 B 表面的 U 向和 V 向坐标，以调整物体 A 的位置。

➢ **不对齐/对齐到 U/对齐到 V**：这三个单选钮用于设置物体 A 的局部坐标是否与物体 B 的表面坐标对齐。选中"对齐到 U"（或"对齐到 V"）单选钮时，物体 A 的 X 轴始终与物体 B 表面的 U 轴（或 V 轴）对齐，Z 轴始终与物体 B 表面的法线方向对齐。

➢ **翻转**：翻转物体 A 局部坐标 Z 轴的方向（选中"不对齐"单选钮时，该复选框不可用）。

图 8-44 曲面约束参数

综合实例 2——随波逐流的树叶

在本实例中，我们将创建图 8-45 所示的"随波逐流的树叶"动画。读者可通过此例进一步熟悉一下动画约束的使用方法。

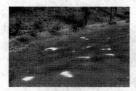

第 0 帧效果　　　　第 100 帧效果　　　　第 200 帧效果　　　　第 300 帧效果

图 8-45　不同时间点处动画的效果

制作思路

　　在创建时，首先通过附着约束将树叶附着到湖泊的表面，并创建树叶在湖面漂动的动画；然后使用注视约束将摄影机的拍摄方向约束到树叶中；最后，使用路径约束创建摄影机沿路径跟踪拍摄的动画。

制作步骤

Step 01　打开本书配套光盘"素材与实例"＞"第 8 章"文件夹中的"湖泊模型.max"文件，并选中场景中的树叶，然后选择"动画"＞"约束"＞"附着约束"菜单，并单击湖泊，将树叶附着到湖泊表面；再调整附着约束的参数，使树叶位于摄影机的拍摄视野中，如图 8-46 所示。

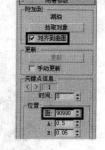

图 8-46　将树叶附着约束到湖泊中

Step 02　单击动画和时间控件中的"自动关键点"按钮，开启自动关键帧模式；然后拖动时间滑块到第 150 帧，再选中"运动"面板"附着参数"卷展栏中的"设置位置"按钮（不选中该按钮无法调整树叶的位置）；接下来，设置"面"编辑框的值为 90900，调整树叶在湖泊中的位置，如图 8-47 所示。

Step 03　拖动时间滑块到第 300 帧，然后参照"Step02"所述操作调整树叶在湖泊中的位置，使其位于湖泊的第 89800 面片中，至此就完成了树叶漂动动画的创建。

Step 04　退出动画的自动关键帧模式，并拖动时间滑块到第 0 帧；然后选中场景中的摄影机，并选择"动画"＞"约束"＞"注视约束"菜单，再单击工具栏中的"按名称选择"按钮，利用打开的"拾取对象"对话框拾取场景中的树叶，将摄影机的拍摄方向约束到树叶中，如图 8-48 所示。

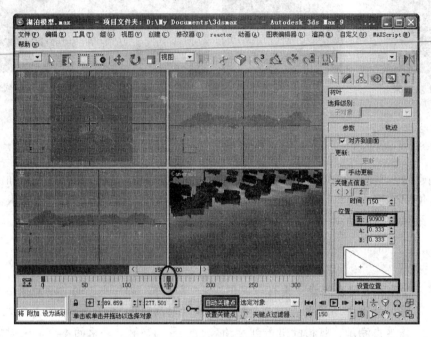

图 8-47　创建树叶在湖面的移动动画

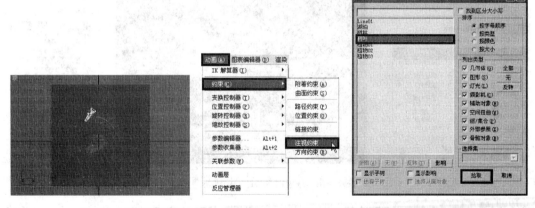

图 8-48　将摄影机注视约束到树叶中

Step 05　参照图 8-49 所示调整注视约束的参数，使摄影机保持最初的观察状态。

Step 06　选中摄影机，然后选择"动画">"约束">"路径约束"菜单，再单击场景中的曲线，将摄影机的运动约束到曲线中，如图 8-50 左侧两图所示；接下来，参照图 8-50 右图所示调整路径约束的参数，使摄影机保持最初的状态。

Step 07　按【F10】键打开"渲染场景"对话框，然后参照图 8-51 所示调整场景的渲染范围、输出视频的大小、保存的位置和类型。再设置渲染视口为 Camera01，并单击"渲染"按钮进行渲染，即可获得最终的动画，效果如图 8-45 所示。

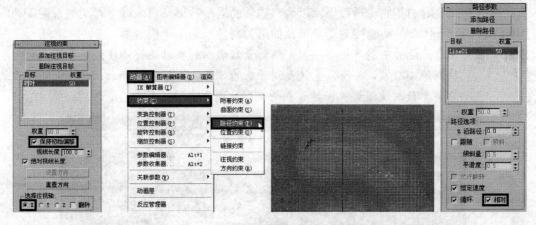

图 8-49 注视约束参数   图 8-50 将摄影机路径约束到场景的曲线中

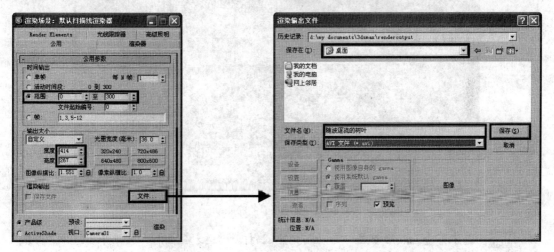

图 8-51 设置渲染参数和输出动画的保存位置

本实例主要利用附着约束、注视约束和路径约束制作树叶随湖泊漂动的动画。制作的过程中，关键是使用这几种动画约束限制树叶和摄影机的运动；另外，要知道如何调整对象在附着面的位置，以及如何在注视约束和路径约束中保持对象最初的状态。

8.3 动画控制器和参数关联

使用动画控制器可以在物体原有的动画上附加其他动画效果。利用参数关联可以使物体 A 的参数随物体 B 的参数产生指定的变化。下面介绍一下动画控制器和参数关联。

8.3.1 什么是动画控制器——躁动的茶壶

简单地讲，动画控制器就是控制物体运动动画的工具。使用动画控制器可以在物体原有动画的基础上附加其他动画效果，以调整物体的运动效果。下面以"躁动的茶壶"动画为例，说明一下什么是动画控制器，以及如何为物体添加动画控制器。

Step 01 在透视视图中创建一个茶壶，然后开启动画的自动关键帧模式；再拖动时间滑块到第 100 帧，并将茶壶放大到原来的效果，如图 8-52 所示；然后调整注视约束的参数，使摄影机保持最初的观察状态。

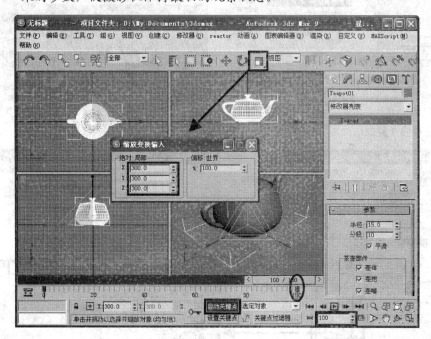

图 8-52　创建茶壶的膨胀动画

Step 02 选中茶壶，然后单击"运动"标签 ⊕ 打开"运动"面板；接下来，选中"参数"选项卡"指定控制器"卷展栏参数列表中的"位置：位置 XYZ"项，再单击"指定控制器"按钮 ，利用打开的"指定位置控制器"对话框为茶壶添加"噪波位置"控制器，如图 8-53 所示，

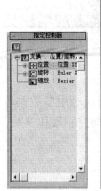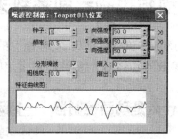

图 8-53　为茶壶添加噪波位置控制器

Step 03 单击动画和时间控件中的"播放动画"按钮▶，观察茶壶的运动动画，可以发现：茶壶在膨胀的过程中四处跳动，如图 8-54 所示。

图 8-54　茶壶运动动画的效果

8.3.2　常用动画控制器

3ds max 9 为用户提供了许多用途不同的控制器，根据控制器作用的不同，可分为变换控制器、位置控制器、旋转控制器和缩放控制器四类，在此着重介绍如下几个控制器。

➢ **Beizer 控制器：** 该控制器是许多参数的默认控制器，它利用一条可调整的 Bezier 曲线将物体运动轨迹的各关键点连接起来，调整各关键点处曲线的曲率即可调整关键点之间的插值。

➢ **TCB 控制器：** 该控制器也是用来调整物体运动轨迹中两个关键点之间的插值，但它是利用关键点处的张力、连续性和偏移值进行调整，图 8-55 所示为该控制器的参数。

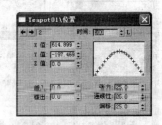

图 8-55　TCP 控制器参数

➢ **线性控制器：** 为动画参数添加该控制器后，轨迹曲线各关键点之间的线段将变为直线段，参数在两个关键点之间线性变化。当动画参数在各关键点间的变化比较规则或均匀时常使用该控制器，例如，一种颜色过渡到另一种颜色，机械运动等。

➢ **噪波控制器：** 为动画参数添加该控制器后，参数将在指定范围内随机变化。常利用该控制器创建具有特殊效果的动画。图 8-56 所示为该控制器的参数。

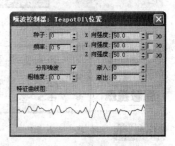

图 8-56　噪波控制器参数

➢ **列表控制器：** 如图 8-57 所示，该控制器是一个合成控制器，它可以将多个控制器组合在一起，按从上到下的排列顺序进行计算，产生组合的控制效果。

➢ **音频控制器：** 该控制器可以将声音文件的振幅或实时声音波形转换为可供动画参数使用的数值。

➢ **运动捕捉控制器：** 为动画参数添加该修改器后，可以利用外部设备控制参数的变化，可以使用的外部设备有鼠标、键盘、游戏杆和 MIDI 设备。

➢ **表达式控制器：** 为动画参数指定该控制器后，可以使用数学表达式控制参数的变化。

图 8-57　列表控制器参数

8.3.3 参数关联——转动的闹钟

参数关联实际上就是用对象 A 的动画参数来控制对象 B 的动画参数（或者两者相互控制），当对象 A 的动画参数产生变化后，对象 B 的动画参数将随之产生相应的变化。下面以创建"转动的闹钟"动画为例，介绍一下参数关联的使用方法。

Step 01 打开本书配套光盘"素材与实例">"第 8 章"文件夹中的"闹钟模型.max"文件，然后选中闹钟的秒针，并单击命令面板中的"动画"标签 ⊛，打开"动画"面板。

Step 02 选中"指定控制器"卷展栏"变换"参数中"旋转"参数下的"Y 轴旋转：Bezier 浮点"项，然后单击"指定控制器"按钮 ⚠，利用打开的"指定旋转控制器"对话框为选中参数分配"浮点表达式"控制器，如图 8-58 左侧两图所示。

Step 03 在"表达式控制器"对话框的"表达式"编辑框中输入" - （F/50）*pi"（即时间滑块每移动 50 帧，闹钟的秒针绕自身 Y 轴旋转 - 180°），然后单击"计算"按钮，使表达式生效，完成表达式控制器的设置，如图 8-58 右图所示。此时关闭对话框，并预览动画可发现：秒针自动绕自身 Y 轴顺时针旋转。

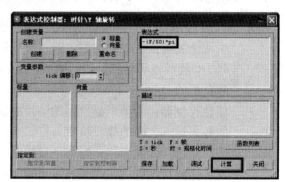

图 8-58 为秒针的 Y 轴旋转参数添加"浮点表达式"控制器

如果需要重新调整控制器的参数，只需在"运动"面板的"指定控制器"卷展栏中选中添加了控制器的参数项，然后右击鼠标，从弹出的快捷菜单中选择"属性"项，即可重新打开控制器的参数对话框。

Step 04 选择"动画">"关联参数">"参数关联对话框"菜单，打开"参数关联"对话框；然后选中对话框左侧参数树中分针的"Y 轴旋转：Bezier 浮点"项，以及右侧参数树中秒针的"Y 轴旋转：浮点表达式"项，如图 8-59 左图所示。

Step 05 设置"参数关联"对话框左下方编辑框中的表达式为"-Y_轴旋转/6"，然后依次单击"单向连接：右参数控制左参数"按钮 ⟵ 和"连接"按钮，为两个参数建立单向参数关联，完成分针和秒针间的参数关联，如图 8-59 右图所示。此时预览动画可发现：分针随秒针旋转，且秒针旋转 6 圈时，分针旋转 1 圈。

Step 06 参照前述操作，为时针和秒针创建单向参数关联，时针侧的表达式为"-Y_轴旋转/12"。至此就完成了转动的闹钟动画的创建。

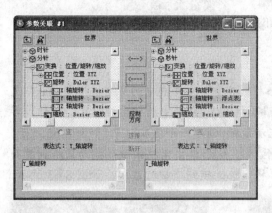 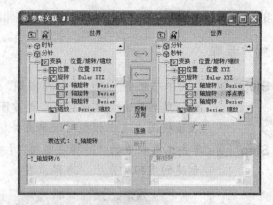

图 8-59　在分针和秒针间创建单向参数关联

 为了便于观察动画的效果，本实例随意设置了秒针与时针和分针的关联参数。在现实中，秒针每转 1 圈，分针转 1/60 圈，时针转 1/720 圈。

Step 07 单击动画和时间控件中的"播放"按钮▶，在透视视图中预览闹钟的转动动画。可发现：分针和时针随秒针转动，且分针转动的角度是秒针的 1/6，时针的转动角度是秒针的 1/12，如图 8-60 所示。

第 0 帧效果　　　　第 33 帧效果　　　　第 67 帧效果　　　　第 100 帧效果

图 8-60　不同时间点处动画的效果

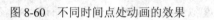

综合实例 3——飞机飞行动画

在本实例中，我们将创建图 8-61 所示的"飞机飞行"动画。读者可以通过此例进一步熟悉一下动画约束的使用方法。

第 0 帧效果　　　　第 62 帧效果　　　　第 83 帧效果　　　　第 120 帧效果

图 8-61　各时间点处的场景效果

制作思路

创建时，首先使用路径约束创建飞机沿路径飞行的动画；然后使用方向约束创建飞机的翻滚动画；最后，使用注视约束创建摄影机的跟踪拍摄动画。

制作步骤

Step 01 打开本书配套光盘"素材与实例">"第8章"文件夹中的"飞机模型.max"文件，然后单击"辅助对象"创建面板"标准"分类中的"虚拟对象"按钮，再在顶视图中飞机模型附近单击并拖动鼠标，创建一个虚拟对象，如图 8-62 所示。

Step 02 单击工具栏中的"选择并链接"按钮 ，然后单击飞机模型并拖动鼠标到前面创建的虚拟对象上，再释放左键，将飞机链接到虚拟对象中，如图 8-63 所示。

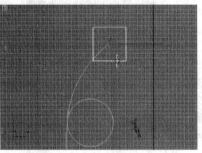
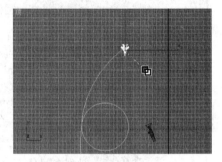

图 8-62　创建一个虚拟对象　　　　　　　　　图 8-63　将飞机链接到虚拟对象中

> **经验之谈**　将物体链接到虚拟对象后，物体将随虚拟对象同步运动，且虚拟对象无法渲染出图像。因此，制作复杂动画时通常将其分解为几个动画，然后用虚拟对象创建出各分解动画，再将运动物体链接到虚拟对象即可。

Step 03 选中虚拟对象，然后选择"动画">"约束">"路径约束"菜单，再单击场景中的曲线，将虚拟对象约束到曲线上，并调整路径约束的参数，完成飞机沿路径飞行动画的创建。如图 8-64 所示。

Step 04 参照前述操作，使用"虚拟对象"工具在顶视图中飞机模型附近再创建一个虚拟对象，并链接到"Step01"创建的虚拟对象中，如图 8-65 所示。

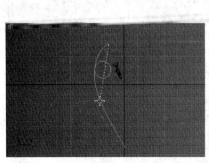
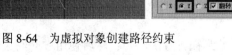
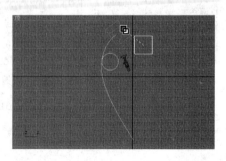

图 8-64　为虚拟对象创建路径约束　　　　　　图 8-65　创建虚拟对象并进行链接操作

Step 05 利用工具栏中的"对齐"按钮，将"Step04"所建虚拟对象的局部坐标与"Step01"所建虚拟对象的局部坐标对齐，以防止后面进行方向约束时飞机的方向发生偏移。"对齐当前选择"对话框的参数设置如图8-66所示。

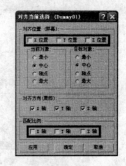

图8-66 "对齐当前选择"对话框

Step 06 选中场景中的飞机模型，然后选择"动画">"约束">"方向约束"菜单，再单击"Step04"创建的虚拟对象，建立方向约束，使飞机的方向始终与该虚拟对象相匹配。

Step 07 选中动画和时间控件中的"设置关键点"按钮，开启动画的手动关键帧模式；然后拖动时间滑块到第0帧，并单击"设置关键点"按钮，记录当前帧为关键帧。再拖动时间滑块到第110帧，并记录当前帧为关键帧，如图8-67所示（此时，从第0帧到第110帧，飞机沿路径曲线正常飞行）。

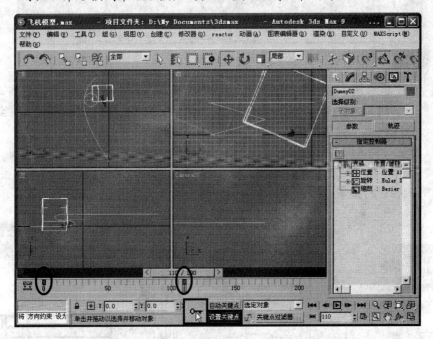

图8-67 将场景的第0帧和第110帧记录为关键帧

Step 08 如图8-68所示，拖动时间滑块到第130帧，然后在局部参考坐标系中将"Step04"创建的虚拟对象绕Y轴旋转180°，并记录当前帧为关键帧（此时，从第110帧到第130帧，飞机在沿路径飞行的同时会绕Y轴旋转180°）。

Step 09 拖动时间滑块到第150帧，然后在局部参考坐标系中将"Step04"创建的虚拟对象绕Y轴再旋转180°，并记录当前帧为关键帧（此时，从第130帧到第150帧，飞机在沿路径飞行的同时将绕Y轴再旋转180°）。至此就完成了飞机翻转动画的创建，单击"设置关键点"按钮退出动画的手动关键帧模式即可。

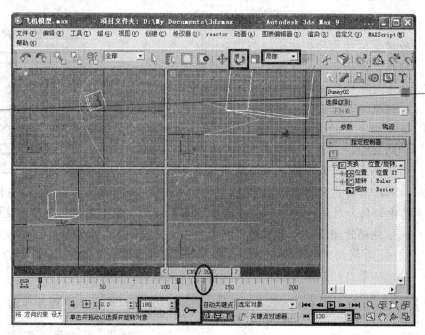

图 8-68　创建飞机的翻转动画

Step 10　选中摄影机，然后选择"动画">"约束">"注视约束"菜单，再单击飞机模型，设置摄影机的注视目标为飞机，注视约束的参数如图 8-69 所示，至此就完成了飞机飞行动画的创建。

Step 11　打开"渲染场景"对话框，然后参照图 8-70 所示调整场景的渲染范围、视频的大小、保存位置和保存类型。最后，设置渲染视口为 Camera01，并单击"渲染"按钮进行渲染即可。动画在不同时间点的效果如图 8-61 所示。

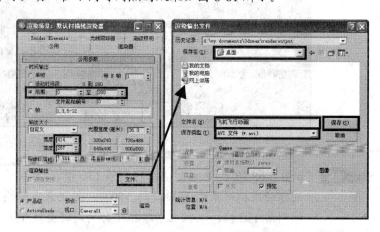

图 8-69　注视约束参数　　　　图 8-70　设置渲染参数和输出动画的保存位置

　　本实例主要利用路径约束、方向约束和注视约束创建飞机沿路径飞行并翻转的动画。创建时，关键是使用虚拟对象分解飞机的飞行动画，以及创建各个分解动画。另外，要学会手动记录动画的关键帧。

8.4 reactor 动画

为了方便用户制作物体的各种动力学动画（例如，物体的碰撞，物体在外力作用下的变形等），3ds Max 9 为用户提供了一个功能强大的动力学插件——reactor。本节就介绍一下使用 reactor 制作动力学动画的知识。

8.4.1 reactor 动画的制作流程——风吹窗帘动画

使用 reactor 插件模拟物体动力学动画的操作通常分为四步：创建运动场景、创建 reactor 对象并与场景中的物体关联、设置物体的动力学属性、预览模拟效果并生成关键帧。下面以"风吹窗帘"动画为例，介绍一下 reactor 插件的使用方法。

Step 01 打开本书配套光盘"素材与实例" > "第 8 章"文件夹中的"窗帘模型.max"文件，场景效果如图 8-71 所示。

Step 02 右击 3ds Max 工具栏的空白处，在弹出的快捷菜单中选择"reactor"，打开 reactor 工具栏；然后单击"Create Rigid Body Collection"按钮，并在左视图中图 8-72 所示位置单击鼠标，创建一个刚体集合。

图 8-71 场景效果

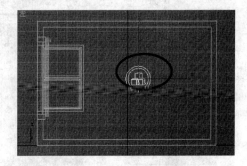

图 8-72 创建一个刚体集合

经验之谈

> 使用 reactor 模拟物体的动力学动画时，首先要创建集合对象，并将场景中的物体添加到集合中，以确定各物体的类型。

Step 03 选中"Step02"创建的刚体集合，然后单击"修改"面板"RB Collection Properties"卷展栏中的"Add"按钮，通过打开的"Select rigid bodies"对话框将场景中的窗户和窗帘架添加到刚体集合中，如图 8-73 所示。

Step 04 选中场景中任意一个窗帘，然后为其添加"reactor Cloth"修改器，再在修改器的"Properties"卷展栏中设置"Mass"编辑框的值为 0.5（即设置窗帘的重量为 0.5kg），如图 8-74 所示。

Step 05 设置 reactor Cloth 修改器的修改对象为"Vertex"，然后在前视图中选中窗帘顶部的两行顶点，并单击"Constraints"卷展栏中的"Fix Vertices"按钮，固定这两行顶点，使窗帘在模拟动画中不会因重力的作用而掉落下来，如图 8-75 所示。

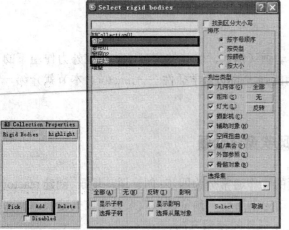

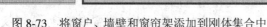

图 8-73　将窗户、墙壁和窗帘架添加到刚体集合中　　　图 8-74　为窗帘添加"reactor Cloth"修改器

　　　若物体属于织物、软体或绳索，在添加物体到织物、软体或绳索集合中前，需先分别为其添加 reactor Cloth、reactor SoftBody 或 reactor Rope 修改器，否则无法添加到这几种集合中；另外，使用 reactor 模拟动力学动画时，需指定运动物体的重量，否则在模拟时无法产生运动效果。

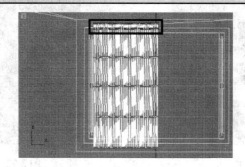

图 8-75　固定窗帘顶部的两行顶点

Step 06　参照前述操作，为另一个窗帘添加"reactor Cloth"修改器，并设置其重量，然后固定顶部的两行顶点。

Step 07　选中场景中的两个窗帘，然后单击 reactor 工具栏中的"Create Cloth Collection"按钮 ，此时系统会创建织物集合并将窗帘添加到其中，如图 8-76 所示。

Step 08　单击 reactor 工具栏中的"Create Wind"按钮 ，然后在左视图中图 8-77 所示位置单击，创建 reactor 的风对象；再调整风的吹动方向（即风图标中箭头的指向），使其直吹窗帘。

Step 09　参照图 8-78 所示设置风的参数，其中，"Wind Speed"编辑框用于设置风的风速，选中"Perturb Speed"复选框时风速随时间变化，"Variance"编辑框用于设置风速的最大变化量，"Time Scale"编辑框用于设置风速的变化频率。

Step 10　单击 reactor 工具栏中的"Preview Animation"按钮 ，在打开的"reactor

Real-Time Preview"对话框中选择"Simulation" > "Play/Pause"菜单，即可预览 reactor 动画的模拟效果，如图 8-79 所示。

图 8-76　创建织物集合并将窗帘添加到其中

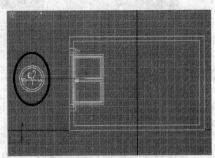

图 8-77　创建风并调整风的方向

图 8-78　调整风的参数

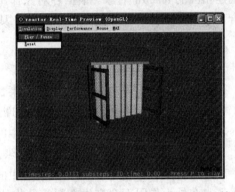

图 8-79　"reactor Real-Time Preview"对话框

Step 11　单击 reactor 工具栏中的"Create Animation"按钮，生成动力学动画的关键帧，完成风吹窗帘动画的创建。接下来，参照图 8-80 所示设置渲染的参数，然后设置渲染视口为 Camera01，并单击"渲染"按钮进行渲染，即可获得风吹窗帘动画，图 8-81 所示为不同帧处窗帘的效果。

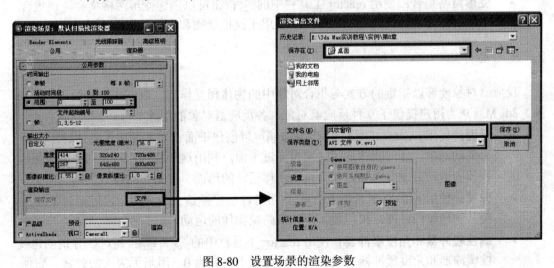

图 8-80　设置场景的渲染参数

第 0 帧效果　　　　　第 33 帧效果　　　　　第 67 帧效果　　　　　第 100 帧效果

图 8-81　风吹窗帘动画的效果

8.4.2　reactor 对象介绍

3ds Max 9 的 reactor 工具栏为用户提供了各种 reactor 对象的创建按钮，利用这些按钮可创建相应的 reactor 对象。根据各对象作用的不对，可将 3ds Max 9 中的 reactor 对象分为集合对象、反应器对象和约束对象三类，具体如下。

1. 集合对象

在 reactor 中，系统根据物体所属的集合对象来识别物体的类型。3ds Max 9 为用户提供了五种集合对象，不同的集合对象中的物体具有不同的特点，具体如下。

> **刚体集合：** 使用 reactor 工具栏中的 ⊞ 按钮可以创建刚体集合。该集合中的物体能够抵抗外力，不会因外力的影响而变形。

> **布料集合：** 使用 reactor 工具栏中的 ▦ 按钮可以创建布料集合。该集合中的物体在外力作用下会产生布料等薄物体的变形。

> **软体集合：** 使用 reactor 工具栏中的 ◎ 按钮可以创建软体集合。该集合中的物体类似于橡胶类物体，受外力作用时总是力图保持原来的形状。

> **绳索集合：** 使用 reactor 工具栏中的 ⚓ 按钮可以创建绳索集合。该集合中的物体类似于绳索，只能拉伸，无法进行压缩。

> **变形网格集合：** 使用 reactor 工具栏中的 ✪ 按钮可以创建变形网格集合。该集合中的物体随物体的运动而变形，主要用于模拟动物和人体的衣物、毛发等。

2. 反应器对象

反应器对象能够以指定的方式与集合对象中的物体相互作用，以制作物体的动力学动画。3ds Max 9 为用户提供了 9 种反应器对象，各反应器对象的用途如下。

> **平面：** 使用 reactor 工具栏中的 ▤ 按钮可以创建平面。当平面属于刚体时，在动力学动画中，任何物体均无法逆向穿过平面。利用这一特性，常使用平面来限制物体的运动范围（例如，作为自由落体运动的地面、作为运动场景的墙壁等）。

> **弹簧：** 使用 reactor 工具栏中的 ▤ 按钮可以创建弹簧。为弹簧指定连接对象并调整其物理属性，即可模拟现实中弹簧两端物体的运动。

> **线性缓冲器和角度缓冲器：** 使用 reactor 工具栏中的 ◊ 和 ◊ 按钮可以分别创建线性缓冲器和角度缓冲器。线性缓冲器类似于长度为 0、阻尼无限大的弹簧，它保

持连接在它上面的对象间的相对位置不变（对象可以绕连接点自由旋转）；角度缓冲器用于约束两个刚体间的相对方向。

➢ **马达：** 使用 reactor 工具栏中的 ⚙ 按钮可以创建马达。马达可以将旋转力应用于场景中的任何非固定刚体，以创建刚体绕旋转轴旋转的动画。

➢ **风：** 使用 reactor 工具栏中的 ⛶ 按钮可以创建风。使用风可以在场景中添加线性外力，以模拟现实世界中风的效果。

➢ **玩具车：** 使用 reactor 工具栏中的 🚗 按钮可以创建玩具车。玩具车用于快速的创建和模拟汽车类物体的运动，而不必设置过多约束。

➢ **破裂：** 使用 reactor 工具栏中的 ⚡ 按钮可以创建破裂。破裂用于模拟对象碰撞后碎裂并产生小碎片的动画。

➢ **水：** 使用 reactor 工具栏中的 〰 按钮可以创建水。水用于模拟自然界中的各种液体，以及物体在液体表面浮沉、生成波浪和涟漪的效果。

3. 约束对象

现实中，物体在运动时往往会受到一些限制。例如，一扇装有合页的门，其运动受合页的限制；连接在弹簧两端的对象，其运动受弹簧的限制。reactor 中使用约束对象来限制物体的运动。3ds Max 9 为用户提供了 6 种约束对象，各约束对象的用途如下。

➢ **铰链约束：** 使用 reactor 工具栏中的 🗲 按钮可以创建铰链约束，该约束用于模拟门窗合页的效果。

➢ **碎布玩偶约束：** 使用 reactor 工具栏中的 🗲 按钮可以创建碎布玩偶约束，该约束用于模拟身体各关节（如肩膀、脚踝等）的活动。

➢ **点到点约束：** 使用 reactor 工具栏中的 🗲 按钮可以创建点到点约束，该约束用于将物体的运动约束到某一物体或世界坐标的某一点。

➢ **棱柱约束：** 使用 reactor 工具栏中的 🗲 按钮可以创建棱柱约束，该约束用于将物体的运动约束到一条直线（即子对象物体与父对象物体轴点的连线）中。

➢ **车轮约束：** 使用 reactor 工具栏中的 🗲 按钮可以创建车轮约束，该约束用于模拟车轮的运动效果。

➢ **点到路径约束：** 使用 reactor 工具栏中的 🗲 按钮可以创建点到路径约束，该约束用于将物体的运动约束到指定曲线。

温馨提示　　　在 reactor 动画中，使用约束对象约束物体的运动时，必须创建约束解算器（使用 reactor 工具栏中的 🗲 按钮可以创建约束解算器）进行约束解算，否则约束对象无效。

🦋 综合实例 4——转动的风车

本实例将制作如图 8-82 所示的"转动的风车"动画。读者可通过此例进一步熟悉使用 reactor 创建动力学动画的方法。

图 8-82　转动的风车动画效果

制作思路

创建时，首先使用 reactor 的马达对象为风车的风叶提供旋转力；然后使用铰链约束约束风叶的转动位置；最后，生成 reactor 动画的关键帧并进行渲染即可。

制作步骤

Step 01　打开本书配套光盘"素材与实例">"第 8 章"文件夹中的"风车模型.max"文件，场景效果如图 8-83 所示。

Step 02　选中风车的主体和风叶，然后单击 reactor 工具栏中的"Create Rigid Body Collection"按钮，此时系统会自动创建一个刚体集合，并将风车主体和风叶添加到其中，如图 8-84 所示。

图 8-83　场景效果　　　　　　图 8-84　创建刚体集合并添加风车和风叶

Step 03　选中风车的风叶，然后单击 reactor 工具栏中的"Open Property Editor"按钮，在打开的"Rigid Body Properties"对话框中设置风叶的 Mass（重量）为 5，代理几何体为 Bounding Box，如图 8-85 所示。

Step 04　参照"Step03"所述操作，将风车主体的重量设为 0，代理几何体设为 Bounding Box，完成刚体物理属性的设置。

Step 05　选中风叶，然后单击 reactor 工具栏中的"Create Motor"按钮，此时系统会创建一个马达对象，并设置旋转物体为风叶，如图 8-86 所示。

Step 06　参照图 8-87 所示在马达的"Properties"卷展栏中调整马达的 Ang Speed（角速度）、Gain（推力）和 Rotation Axis（旋转轴），完成马达旋转力的调整。

Step 07　单击 reactor 工具栏中的"Create Hinge Constraint"按钮，然后在透视视图中单击，创建铰链约束；再利用约束"Properties"卷展栏中的"Parent"和"Child"按钮将风车主体和风叶分别设为约束的父对象和子对象，如图 8-88 所示。

图 8-85 调整刚体的物理属性 　　　　　　　　图 8-86 创建马达对象

知识库

在 "Rigid Body Properties" 对话框中，"Physical Properties" 卷展栏中的参数用于设置物体的物理属性；"Simulation Geometry" 卷展栏中的参数用于设置模拟过程中物体使用的代理几何体，以加快模拟速度。

其中，"Mass"、"Friction" 和 "Elasticity" 编辑框分别用于设置物体的重量、摩擦系数和弹性；"Bounding Box" 和 "Bounding Sphere" 分别表示使用长方体和球体作为代理几何体，模拟速度快，但不够真实；"Concave Mesh" 表示使用物体实际的网格作为代理几何体，效果真实，模拟速度慢。

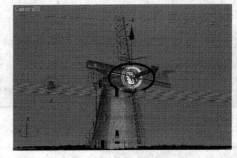

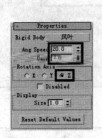

图 8-87 调整马达的参数 　　　　　　　　图 8-88 创建铰链约束

温馨提示

使用约束对象约束物体的运动时，首先要调整子对象和父对象的约束点位置和约束轴方向。设置约束对象的修改对象为 "Child Space" 或 "Parent Space"，然后利用移动和旋转操作即可调整约束点位置和约束轴方向。

默认情况下，父对象和子对象的约束轴对齐于子对象的轴心。本实例中，风车风叶的轴心已事先做好调整，因此，无需调整约束点和约束轴。

Step 08 单击 reactor 工具栏中的 "Create Constraint Solver" 按钮 ，然后在透视视图中单击，创建一个约束解算器；再利用解算器 "Properties" 卷展栏中的 "Pick" 按钮拾取前面创建的铰链约束，利用 "RB Cllection" 按钮拾取铰链约束父对象和子对象所在的刚体集合，如图 8-89 所示。至此就完成了铰链约束的解算。

Step 09 单击 reactor 工具栏中的 "Preview Animation" 按钮 ，在打开的 "reactor Real-Time Preview" 对话框中预览模拟的效果（参见图 8-90），然后单击 reactor 工具栏中的 "Create Animation" 按钮 ，生成 reactor 动画的关键帧；再参照

图 8-91 所示设置场景的渲染参数，进行渲染输出，即可获得"转动的风车"动画，效果如图 8-82 所示。

图 8-89 创建约束解算器

图 8-90 预览模拟效果

图 8-91 设置场景的渲染参数

本实例主要利用马达和铰链约束制作风车的转动动画。创建时，关键是利用马达为风车的风叶提供旋转动力，以及使用铰链约束约束风叶的转轴。另外，要知道如何调整刚体的属性，以及如何进行约束解算。

本章小结

本章从动画基础、动画约束、动画控制器和 reactor 动画四方面入手，简要介绍了使用 3ds Max 9 制作三维动画的知识。通过本章的学习，读者应：

> 熟悉 3ds Max 创建动画的原理和流程。
> 熟练掌握记录动画的关键帧和调整物体运动轨迹的方法。
> 熟练掌握动画约束和动画控制器的使用方法。
> 掌握使用 reactor 插件模拟物体动力学动画的流程。

思考与练习

一、填空题

1. 在动画中，每个静止的画面称为动画的一_____，动画每秒钟播放静止画面的数量称为_____（单位为_____）。

2. 在 3ds Max 中创建动画时，用户只需创建出动画的_____帧、_____帧（记录运动物体关键动作的图像）和_____帧，然后渲染场景，即可生成三维动画。

3. 动画约束就是在制作动画时，将物体 A_____到物体 B 上，使物体 A 的运动受物体 B 的限制（物体 A 称为被约束对象，物体 B 称为约束对象，又称为_____）。

4. 使用工具栏中的_____按钮可以将物体 A 链接到物体 B。此时物体 A 和物体 B 具有层级关系，B 为 A 的_____，A 为 B 的_____。

5. 利用 3ds Max 9 的_____插件可以快速简单地模拟各种复杂的动力学动画。

二、选择题

1. 在 3ds Max 9 中创建动画时，单击动画和时间控件中的_____按钮可开启动画的自动关键帧模式。

　　A．自动关键点　　B．设置关键点　　C．关键点过滤器　　D．关键点模式切换

2. 在轨迹视图中调整物体的运动轨迹时，单击工具栏中的_____按钮可使运动参数在选中关键点附近匀速增加或减少。

　　A．将切线设置为自动　　　　　　　　　B．将切线设置为阶跃
　　C．将切线设置为平滑　　　　　　　　　D．将切线设置为线性

3. 在使用动画约束约束物体的运动时，利用_____可以将对象的运动范围约束在物体的指定表面。

　　A．路径约束　　　　B．位置约束　　　　C．附着约束　　　D．注视约束

4. 创建动画时，利用_____可以使一个物体的运动参数随另一个物体的运动参数按指定方式变化。

　　A．动画约束　　　B．参数关联　　　C．动画控制器　　　D．reactor 插件

三、操作题

打开本书配套光盘"素材与实例">"第 8 章"文件夹中的"山路场景.max"文件，利用本章所学知识创建一个 300 帧的汽车沿山路行驶的动画，效果如图 8-92 所示。

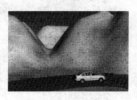

图 8-92 汽车沿山路行驶的效果

提示：

（1）将动画的长度设为 300，然后通过记录汽车前后轮在开始和结束帧绕 X 轴旋转的角度，创建车轮的旋转动画。

（2）将前后轮链接到车身中，然后使用路径约束将车身约束到场景中的曲线上，创建汽车沿山路行驶的动画（设置结束帧处汽车行驶到路径的 85%，且为非匀速行驶）。

（3）使用注视约束将摄影机的拍摄方向约束到车身上，然后使用路径约束将摄影机约束到场景中的曲线上，创建摄影机沿山路拍摄的动画（设置结束帧处摄影机运动到路径的 90%，且为匀速运动）。

（4）渲染场景，输出汽车沿山路行驶的动画。

第9章

粒子系统和空间扭曲

本章内容提要

- 粒子系统 ………………………………………………………… 309
- 空间扭曲 ………………………………………………………… 320

章前导读

为了便于模拟自然界中的各种粒子现象（像雨、雪、喷泉等），以及粒子现象受到的各种力，3ds Max 为用户提供了粒子系统和空间扭曲。本章将结合实例介绍一下使用粒子系统和空间扭曲模拟现实世界中各种粒子现象的方法。

9.1 粒子系统

粒子系统是 3ds Max 的一项重要功能，利用它可以非常方便地模拟各种自然现象和物理现象，比如雨、雪、喷泉、爆炸、烟花等。

9.1.1 什么是粒子系统——下雪

简单地讲，粒子系统就是众多粒子的集合，它通过发射源来发射粒子流，并以此创建各种动画效果。

3ds Max 在"几何体"创建面板的"粒子系统"分类中为用户提供了各种粒子系统的创建按钮，根据功能的不同可分为：基本粒子系统、高级粒子系统和事件驱动粒子系统。

其中，基本粒子系统包括喷射和雪两种；高级粒子系统包括超级喷射、暴风雪、粒子阵列和粒子云；事件驱动粒子系统即 PF Source（Particle Flow Source 的缩写），它是一种特殊的粒子系统。

知识库

粒子系统常用来制作动态效果，因为它与时间和速度有着非常密切的联系。用户可以把粒子系统作为一个整体来设置动画，并可通过调整它的属性来控制每个粒子的行为。

对于以上提到的各种粒子系统，我们将在 9.1.2 节进行详细介绍。下面，我们利用粒子系统创建一个"下雪"动画效果，如图 9-1 所示。读者可通过此例初步熟悉一下雪粒子系统的创建方法和粒子动画的创建流程，具体步骤如下。

在创建时，我们首先使用系统提供的"雪"工具创建一个雪粒子系统；然后指定一幅位图图像作为场景的背景，并在透视视图中显示出该背景图像；再调整透视视图的视野，使雪粒子覆盖整个视图；最后，为雪粒子系统添加雪花材质并进行渲染即可。

图 9-1　下雪动画效果

Step 01 单击"几何体"创建面板"粒子系统"分类中的"雪"按钮 [　　雪　　]，然后在透视视图中单击并拖动鼠标，到适当位置后释放鼠标左键，创建雪粒子系统，如图 9-2 所示。

Step 02 打开"修改"面板，参照图 9-3 所示调整雪粒子系统的参数，完成雪粒子系统的创建。

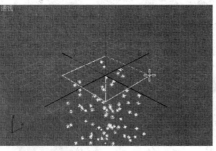

图 9-2　创建雪粒子系统　　　　　　　　　　图 9-3　雪粒子系统参数

Step 03 选择"渲染">"环境"菜单，通过打开的"环境和效果"对话框指定一个位图贴图作为场景的背景（贴图图像为本书素材中的"雪景.jpg"图片），如图 9-4 所示。

Step 04 选择"视图">"视口背景"菜单，打开"视口背景"对话框，然后参照图 9-5 所示设置其参数，使透视视图显示出场景的背景。

Step 05 调整透视视图的观察效果，使雪粒子的飘落方向与背景相匹配，且雪粒子的喷射范围覆盖整个透视视图，如图 9-6 所示。

Step 06 打开材质编辑器，任选一未使用的材质球分配给雪粒子系统，并命名为"雪花"；然后参照图 9-7 所示调整雪花材质的基本参数。

图 9-4　为场景指定背景图像

图 9-5　视口背景对话框

图 9-6　调整后透视视图的观察效果

图 9-7　雪花材质的基本参数

Step 07 打开雪花材质的"贴图"卷展栏，然后为"不透明度"贴图通道添加"渐变"贴图，贴图的参数如图 9-8 右图所示。至此就完成了对雪花材质的编辑调整。

图 9-8　为不透明度贴图通道添加渐变贴图

Step 08 选择"渲染">"渲染"菜单，打开"渲染场景"对话框，然后参照图 9-9 所示调整场景的渲染参数；最后，设置渲染视口为"透视"，并单击"渲染"按钮，进行渲染输出即可，效果如图 9-1 所示。

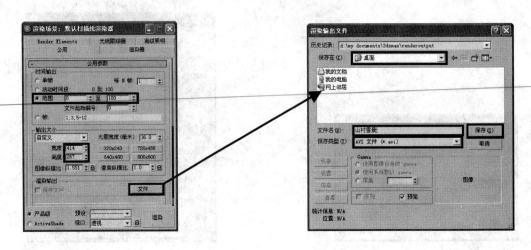

图 9-9　调整场景的渲染参数

9.1.2　常用粒子系统

3ds Max9 为用户提供了多种粒子系统，使用这些粒子系统可以非常方便地模拟现实世界中的各种粒子现象，下面介绍一下这些粒子系统的功能和使用方法。

1. 喷射和雪

喷射和雪属于基本粒子系统，使用"几何体"创建面板"粒子系统"分类中的 <u>喷射</u> 和 <u>雪</u> 按钮分别可以创建这两种粒子系统，下面分别进行介绍。

（1）喷射粒子系统

喷射粒子系统中的粒子在整个生命周期内始终朝指定方向移动，主要用于模拟雨、喷泉和火花等。图 9-10 所示为创建喷射粒子系统的操作。创建完粒子系统后，利用"修改"面板"参数"卷展栏中的参数（参见图 9-11）可以调整粒子系统中粒子的数量、移动速度、寿命、渲染方式等，在此着重介绍如下几个参数。

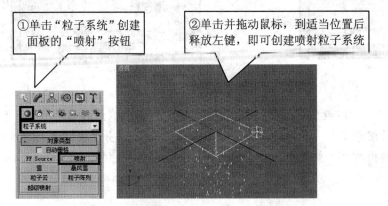

图 9-10　创建喷射粒子系统的操作　　　　图 9-11　喷射粒子系统参数

➢ **视口计数/渲染计数**：这两个编辑框用于设置视口中或渲染图像中粒子的数量，通常将"视口计数"编辑框的值设为较低值，以减少系统的运算量和内存的使用量。

➢ **速度**：设置粒子系统中新生成粒子的初始速度，下方的"变化"编辑框用于设置各新生成粒子的初始速度随机变化的最大百分比。

➢ **水滴/圆点/十字叉**：这三个单选钮用于设置粒子在视口中的显示方式。

➢ **渲染**：该区中的参数用于设置粒子的渲染方式。选中"四面体"单选钮时，粒子将被渲染为四面体；选中"面"单选钮时，粒子将被渲染为始终面向视图的方形面片。

➢ **计时**：在该区的参数中，"开始"编辑框用于设置粒子开始喷射的时间，"寿命"编辑框用于设置粒子从生成到消亡的时间长度，"出生速率"编辑框用于设置粒子生成速率的变化范围（取消"恒定"复选框后，该编辑框可用）。

➢ **发射器**：该区中的参数用于设置粒子发射器的大小，以调整粒子的喷射范围（粒子发射器在视口中可见，渲染时不可见）。

（2）雪粒子系统

在雪粒子系统中，粒子的运动轨迹不是始终指向恒定方向的直线，而且粒子在移动的过程中会不断翻转，大小也会不断变化，常用来模拟雪等随风飘舞的粒子现象。

雪粒子系统的创建方法和喷射粒子系统类似，此处不再介绍。图9-12所示为雪粒子系统的参数，下面着重介绍如下几个参数。

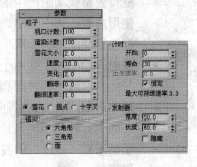

图9-12 雪粒子系统参数

➢ **翻滚**：设置雪粒子在移动过程中的最大翻滚值，取值范围为0.0~1.0。当数值为0时，雪花不翻滚。

➢ **翻滚速率**：设置雪粒子的翻滚速度，数值越大，雪花翻滚越快。

2. 超级喷射和暴风雪

超级喷射和暴风雪属于高级粒子系统。超级喷射产生的是从点向外发射的线型（或锥型）粒子流，常用来制作飞船尾部的喷火和喷泉等效果。暴风雪产生的是从平面向外发射的粒子流，常用来制作气泡上升和烟雾升腾等效果。

超级喷射和暴风雪粒子系统的创建方法与喷射粒子系统类似，此处不再赘述。创建完这两种粒子系统后，利用"修改"面板各卷展栏中的参数可以调整粒子的喷射效果。由于这两种粒子系统的参数类似，在此以超级喷射粒子系统为例，介绍一下各卷展栏中参数的作用。

（1）"基本参数"卷展栏

"基本参数"卷展栏（参见图9-13）中的参数用于控制超级喷射粒子系统中粒子的发射方向、辐射面积和粒子在视图中的显示情况。在此着重介绍如下几个参数。

➤ **轴偏离**：设置粒子喷射方向沿 X 轴所在平面偏离 Z 轴的角度，以产生斜向喷射效果。下方的"扩散"编辑框用于设置粒子沿 X 轴所在平面从发射方向向两侧扩散的角度，产生一个扇形的喷射效果。

➤ **平面偏离**：设置粒子喷射方向偏离发射平面（X 轴所在平面）的角度，下方的"扩散"编辑框用于设置粒子从发射平面散开的角度，以产生空间喷射效果（当"轴偏离"编辑框的值为 0 时，调整这两个编辑框的值无效）。

图 9-13 "基本参数"卷展栏

（2）"粒子生成"卷展栏

"粒子生成"卷展栏（参见图 9-14）中的参数用于设置粒子的数量、大小和运动属性，在此着重介绍如下几个参数。

➤ **使用速率**：选中该单选钮时，可利用下方的编辑框设置每帧动画产生的粒子数。

➤ **使用总数**：选中该单选钮时，可利用下方的编辑框设置整个动画中产生的总粒子数。

➤ **发射开始/停止**：这两个编辑框用于设置粒子系统开始发射粒子的时间和结束发射粒子的时间。

➤ **显示时限**：设置到时间轴的多少帧时，粒子系统中的所有粒子不再显示在视图和渲染图像中。

➤ **子帧采样**：该区中的复选框用于避免产生粒子堆积现象。其中，"创建时间"复选框用于避免因粒子生成时间间隔过低造成的粒子堆积；"发射器平移"复选框用于避免平移发射器造成的粒子堆积；"发射器旋转"复选框用于避免旋转发射器造成的粒子堆积。

图 9-14 "粒子生成"卷展栏

➤ **增长耗时/衰减耗时**：设置粒子由 0 增长到最大（或由最大衰减为 0）所需的时间。

➤ **唯一性**：利用该区中的参数可以调整粒子系统的种子值，以更改粒子的随机效果。

（3）"粒了类型"卷展栏

"粒子类型"卷展栏（参见图 9-15）中的参数用于设置渲染时粒子的形状及粒子贴图的类型。下面介绍一下卷展栏中各参数的作用。

➤ **粒子类型**：该区中的参数用于设置粒子的类型。选中"变形球粒子"单选钮时，系统会将各粒子以水滴或粒子流的形式融合在一起，常用来制作喷射或流动的液体效果；选中"实例几何体"单选钮，可指定一个几何体作为粒子渲染时的形状。

➤ **标准粒子**：该区中的单选钮用于设置标准粒子的渲染方式。选中"三角形"单选钮时，粒子将被渲染为三角形面片，常用来模拟水汽和烟雾效果；选中"立方体"

单选钮时，粒子将被渲染为立方体；选中"特殊"单选钮时，粒子将被渲染为由三个正方形面片垂直交叉形成的三维对象；选中"面"单选钮时，粒子将被渲染为始终面向视图的方形面片，常用来模拟泡沫和雪花效果；选中"恒定"单选钮时，粒子将被渲染为圆形面片，且面片的大小保持不变，不会随粒子与摄影机距离的变化而变化；选中"四面体"单选钮时，粒子将被渲染为四面体，常用来模拟雨滴或火花效果；选中"六角形"单选钮时，粒子将被渲染为六角形面片；选中"球体"单选钮时，粒子将被渲染为球体。

图 9-15　"粒子类型"卷展栏

➤ **变形球粒子参数**：该区中的参数用于设置变形球粒子渲染时的效果。其中，"张力"编辑框用于控制粒子融合的难易程度，数值越大，越难融合；"变化"编辑框用于设置各粒子张力值随机变化的百分比；"计算粗糙度"区中的参数用于调整粒子在视口中或渲染时的粗糙程度，默认选中"自动粗糙"复选框。选中"一个相连的水滴"复选框时，渲染时只显示彼此邻接的粒子。

➤ **实例参数**：利用该区中的参数可指定一个物体作为粒子的渲染形状。选中"且使用子树"复选框时，指定物体的子层级物体或所在群组中的物体也属于粒子的一部分。

> 指定的物体具有动画时，粒子也会附加该动画，"动画偏移关键点"区中的参数用于设置动画关键帧的偏移情况，选中"无"单选钮时，不发生偏移，时间滑块运行到动画的起始帧时，粒子才会附加该动画；选中"出生"单选钮时，粒子一生成就会附加该动画；选中"随机"单选钮时，可利用"帧偏移"编辑框设置关键帧随机偏移的最大范围。

➤ **材质贴图和来源**：该区中的参数用于设置粒子系统使用的贴图方式和材质来源。其中，"时间"和"距离"单选钮用于设置粒子的贴图方式（"时间"表示从粒子出生到将整个贴图贴在粒子表面所需的时间；"距离"表示从粒子出生到将整个贴图贴在粒子表面，粒子移动的距离）；"图标"和"实例几何体"单选钮用于设置材质的来源（选中"图标"单选钮时，使用分配给粒子发射器图标的材质；选中"实例几何体"单选钮时，使用"实例参数"区中指定物体所用的材质）。

> 更改粒子系统的材质来源时，需单击"材质来源"按钮进行更新。

（4）"旋转和碰撞"卷展栏

利用"旋转和碰撞"卷展栏（参见图 9-16）中的参数可以设置粒子的旋转和碰撞效果。下面着重介绍如下几个参数。

➤ **自旋时间/变化**：设置粒子自旋一周所需的帧数，以及各粒子的自旋时间随机变化的最大百分比。

➤ **相位/变化**：设置粒子自旋转的初始角度，以及各粒子的自旋转初始角度随机变化的最大百分比。

➤ **自旋轴控制**：该区中的参数用于设置各粒子自转轴的方向。选中"随机"单选钮时，系统将随机为各粒子指定自转轴；选中"运动方向/运动模糊"单选钮时，各粒子的自转轴为其移动方向（"拉伸"编辑框用于设置各粒子沿移动方向拉伸的倍数）；选中"用户定义"单选钮时，系统将使用"X 轴"、"Y 轴"和"Z 轴"编辑框指定的向量作为各粒子的自旋轴。

图 9-16 "旋转和碰撞"卷展栏

➤ **粒子碰撞**：该区中的参数用于设置粒子间的碰撞效果。其中，"计算每帧间隔"编辑框用于设置渲染时每隔一帧计算粒子碰撞的次数（数值越高，粒子碰撞的模拟效果越好，运算速度越慢）；"反弹"编辑框用于设置粒子的弹性，下方的"变化"编辑框用于设置各粒子弹性随机变化的最大百分比。

（5）"对象运动继承"卷展栏

当粒子发射器在场景中运动时，生成粒子的运动将受其影响。"对象运动继承"卷展栏中的参数用于设置具体的影响程度，如图 9-17 所示。

其中，"影响"编辑框用于设置这种影响的程度（当数值为 0 时，不受影响）；"倍增"编辑框用于增加这种影响的程度，下方的"变化"编辑框用于设置倍增值随机变化的最大百分比。

图 9-17 "对象运动继承"卷展栏

（6）"气泡运动"卷展栏

"气泡运动"卷展栏（参见图 9-18）中的参数用于设置气泡在水中上升时的摇摆效果。其中，"振幅"表示粒子因气泡运动而偏离正常轨迹的幅度，下方的"变化"编辑框用于设置振幅随机变化的最大百分比；"周期"编辑框用于设置粒子完成一次摇摆晃动所需的时间，下方的"变化"编辑框用于设置周期随机变化的最大百分比；"相位"编辑框用于设置粒子摇摆的初始相位，下方的"变化"编辑框用于设置相位随机变化的最大百分比。

图 9-18 "气泡运动"卷展栏

（7）"粒子繁殖"卷展栏

"粒子繁殖"卷展栏（参见图 9-19）中的参数用于设置粒子在消亡时或与导向器碰撞时，繁殖新粒子的效果（取消"旋转和碰撞"卷展栏"粒子碰撞"区中的"启用"复选框后，该卷展栏中的参数可用）。在此着重介绍如下几个参数。

➢ **粒子繁殖效果**：该区中的参数用于设置粒子在消亡或与导向器碰撞后是否繁殖出新粒子。选中"碰撞后消亡"单选钮时，粒子碰撞后将逐渐消亡（"持续"编辑框用于设置消亡持续的时间，"变化"编辑框用于设置各粒子的消亡时间随机变化的最大百分比）；选中"碰撞后繁殖"单选钮时，粒子碰撞后将繁殖出新粒子；选中"消亡后繁殖"单选钮时，粒子消亡后将繁殖出新粒子；选中"繁殖拖尾"单选钮时，粒子存在的每一帧都会繁殖出新粒子，且新粒子会沿原粒子的轨迹运动。在粒子繁殖效果区中，"繁殖数目"编辑框用于设置粒子的繁殖次数；"影响"编辑框用于设置原始粒子中能够繁殖新粒子的粒子所占的百分比；"倍增"编辑框用于设置每次繁殖生成新粒子的数目，"变化"编辑框用于设置各粒子的倍增值随机变化的最大百分比。

➢ **混乱度**：该编辑框用于设置繁殖生成的新粒子的运动方向相对于原始粒子运动方向随机变化的最大百分比。当数值为 0 时，新生成粒子与原始粒子的运动方向相同。

➢ **速度混乱**：该区中的参数用于设置生成新粒子的运动速度相对于原始粒子运动速度的变化程度。其中，"因子"编辑框用于设置新粒子的运动速度随

图 9-19　"粒子繁殖"卷展栏

机变化的最大百分比；选中"慢"单选钮时，系统将在因子范围内随机降低新粒子的运动速度；选中"快"单选钮时，系统将在因子范围内随机增加新粒子的运动速度；选中"二者"单选钮时，部分粒子的运动速度加快，部分粒子的运动速度减慢。选中"继承父粒子速度"复选框时，新粒子的运动速度将在继承原粒子速度的基础上再根据因子值随机变化，以形成拖尾效果；选中"使用固定值"复选框时，新粒子的速度将根据因子值固定变化。

➢ **缩放混乱**：该区中的参数用于设置繁殖生成的新粒子的大小相对于原始粒子大小的缩放变化程度。

➢ **寿命值队列**：该区中的参数用于设置繁殖生成的新粒子的寿命（在寿命值列表中，第一个值分配给第一代粒子繁殖生成的粒子，第二个值分配给第二代粒子繁殖生成的粒子，以此类推）。

➤ **对象变形列表：**该区中的参数用于设置繁殖生成的新粒子的形状（在变形列表中，第一个物体的形状分配给第一代粒子繁殖生成的粒子，第二个物体的形状分配给第二代粒子繁殖生成的粒子，以此类推）。

（8）"加载/保存预设"卷展栏

"加载/保存预设"卷展栏中的参数主要用于保存或调用超级喷射粒子系统的参数，图9-20 和图 9-21 所示分别为保存和调用参数的具体操作。

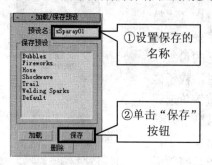
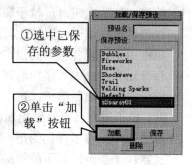

图 9-20 保存参数的操作   图 9-21 调用参数的操作

3. 粒子阵列和粒子云

粒子阵列和粒子云也属于高级粒子系统。粒子阵列是从指定物体表面发射粒子，或者将指定物体崩裂为碎片发射出去，形成爆裂效果。粒子云是在指定的空间范围或指定物体内部发射粒子，常用于创建有大量粒子聚集的场景。

这两种粒子系统的创建方法和喷射粒子系统类似。关于其参数的意义和功能，请参考"2. 超级喷射和暴风雪"中关于各卷展栏的相关介绍，此处不再赘述。

4. PF Source

PF Source（Particle Flow Source 的缩写）粒子系统即"事件驱动粒子系统"。这是一种特殊的粒子系统，它将粒子的属性（如形状、速度、旋转等）复合到事件中，然后根据事件计算出粒子的行为，常用来模拟可控的粒子流现象。

PF Source 粒子系统的创建方法与喷射粒子系统类似，在此不做介绍。下面介绍一下PF Source 粒子系统的参数。

（1）"设置"卷展栏

在"设置"卷展栏（参加图 9-22）中，"启用粒子发射"复选框用于控制 PF Source 粒子系统是否发射粒子；单击"粒子视图"按钮可以打开图 9-23 所示的"粒子视图"对话框，利用该对话框中的参数可以为 PF Source 粒子系统添加事件，以控制粒子的发射情况。

图 9-22 "设置"卷展栏

菜单栏

事件显示区

仓库

参数面板

说明面板

显示工具

图9-23 粒子视图

粒子视图是使用 PF Source 粒子系统时的主要工作区，它分为菜单栏、事件显示区、参数面板、仓库、说明面板和显示工具 6 大功能区，各功能区的作用如下。

- ➢ **菜单栏**：该功能区提供了用于创建、编辑和分析粒子事件的所有命令。
- ➢ **事件显示区**：该功能区显示了 PF Source 粒子系统中的所有事件和事件包含的动作。选中某一事件或某一动作，然后右击鼠标，在弹出的快捷菜单中选择相应的菜单项，即可开启、关闭、更改、添加和删除选中的事件或动作。
- ➢ **参数面板**：该功能区显示了粒子事件中选中动作的参数，利用这些参数即可编辑该动作。
- ➢ **仓库**：该功能区列出了所有可应用于 PF Source 粒子系统的动作（拖动某一动作到事件显示区的某一事件中，即可将该动作添加到该事件中；若拖动到事件显示区的空白处，则自动设置该动作为一独立的事件）。
- ➢ **说明面板**：选中仓库中某一动作后，在该功能区将显示出该动作的描述信息。
- ➢ **显示工具**：该功能区中的工具主要用于移动或缩放事件显示区，以便于调整 PF Source 粒子系统中的动作和事件。

（2）"发射"卷展栏

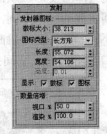

在"发射"卷展栏（参见图 9-24）中，"发射器图标"区中的参数用于调整发射器图标的物理属性（"徽标大小"编辑框的值只影响发射器图标中粒子流中心标志的显示尺寸，不影响粒子的发射效果），"数量倍增"区中的参数用于设置视口或渲染图像中显示的粒子占总粒子数的百分比。

图9-24 "发射"卷展栏

(3)"选择"卷展栏

如图 9-25 所示,"选择"卷展栏中的参数主要用于设置 PF Source 粒子系统中粒子的选择方式以及选择 PF Source 粒子系统中的粒子,在此着重介绍如下几个参数。

> **粒子**⦂⦂⦂:单击选中此按钮后,即可通过单击鼠标或者拖拽出一个选区来选择粒子。

> **事件**▭:单击选中此按钮后,可通过"按事件选择"列表中的事件选择粒子。

> **按粒子 ID 选择**:在该区中的 ID 编辑框中设置好粒子的 ID,然后单击"添加"按钮,即可将该粒子添加到已选中的粒子中;单击"移除"按钮可从已选中的粒子中移除该粒子(选中"清除选定内容"复选框后,单击"添加"按钮将只选中 ID 编辑框中指定的粒子)。

图 9-25   "选择"卷展栏

(4)"系统管理"卷展栏

如图 9-26 所示,在"系统管理"卷展栏中,"粒子数量"区中的参数用于限制 PF Source 粒子系统中粒子的数量,"积分步长"区中的参数用于设置在视口中或渲染时 PF Source 粒子系统的更新频率(积分步长越小,粒子系统的模拟效果越好,系统的计算量越大)。

图 9-26   "系统管理"卷展栏

9.2 空间扭曲

空间扭曲主要用来控制粒子系统中粒子的运动情况,或者为动力学系统提供力量来源。本节就系统地介绍一下空间扭曲的相关知识。

9.2.1 什么是空间扭曲——喷泉

空间扭曲可以看作是添加到场景中的一种力场,它能影响所有绑定到空间扭曲的场景对象,使其产生变形,从而创建出涟漪、波浪和风吹等效果。

空间扭曲的种类不同,作用在对象上的力场也不同,对象的效果自然也就不同。根据功能的不同,可将空间扭曲分为力、导向器、几何/可变形和基于修改器等类别。我们将在 9.2.2 节详细介绍常见空间扭曲的使用方法。

　　　　创建空间扭曲对象时,视口中会显示一个线框。空间扭曲只会影响和它绑定在一起的对象,用户可以像对其他 3ds Max 对象那样改变空间扭曲的位置、角度和比例,进而改变其作用范围和强度等。

下面,我们利用空间扭曲创建一个"喷泉"动画,其效果如图 9-27 所示。读者可通过此实例熟悉一下超级喷射粒子系统和空间扭曲的基本用法。

图 9-27　喷泉动画效果

温馨提示

在创建时，我们首先使用"超级喷射"工具创建一个超级喷射粒子系统；然后创建一个"重力"空间扭曲，并绑定到粒子系统中，以模拟水流在重力的作用下向上喷射一段时间后向下运动的效果；再创建一个"导向板"空间扭曲，并绑定到粒子系统中，以模拟水珠碰到水面后反弹的效果；最后，为粒子系统分配材质并渲染场景即可。

Step 01　打开本书提供的素材文件"喷泉模型.max"，场景效果如图 9-28 所示。

Step 02　使用"几何体"创建面板"粒子系统"分类中的 超级喷射 按钮在顶视图中创建一个超级喷射粒子系统，并调整其位置，使粒子发射器位于喷泉的出口处，如图 9-29 所示。

图 9-28　场景效果

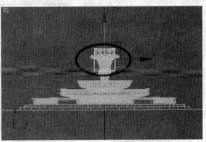

图 9-29　创建一个超级喷射粒子系统

Step 03　单击"空间扭曲"创建面板"力"分类中的 重力 按钮，然后在顶视图中单击并拖动鼠标，到适当位置后释放鼠标左键，创建一个重力空间扭曲，如图 9-30 所示。

Step 04　单击选中工具栏中的"绑定到空间扭曲"按钮 ，然后单击重力空间扭曲并拖动鼠标到超级喷射粒子系统中（此时将从重力引出一条白色虚线与光标相连，如图 9-31 所示），再释放鼠标左键，将重力绑定到超级喷射粒子系统中。

Step 05　参照图 9-32 所示调整重力的强度，然后参照图 9-33 所示调整超级喷射粒子系统的参数。

Step 06　单击"空间扭曲"创建面板"导向器"分类中的 导向板 按钮，然后在顶视图中单击并拖动鼠标，到适当位置后释放鼠标左键，创建一个导向板；再在前视图中调整其位置，如图 9-34 所示。

 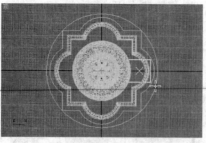

图 9-30 创建重力空间扭曲

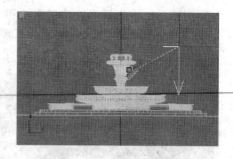

图 9-31 将重力绑定到粒子系统中

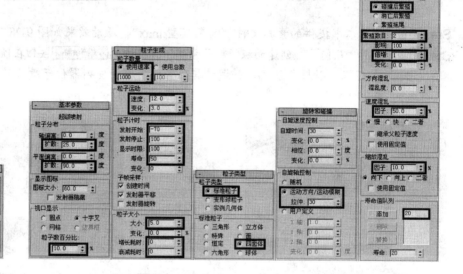

图 9-32 重力参数

图 9-33 超级喷射粒子系统参数

 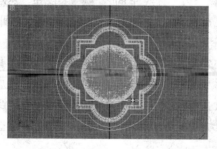 

图 9-34 创建一个导向板

Step 07 参照图 9-35 所示调整导向板的参数，以调整导向板的弹性和影响范围；再参照 Step04 所述操作将导向板绑定到超级喷射粒子系统中，完成喷泉模型的创建。

Step 08　打开材质编辑器，任选一未使用的材质球分配给超级喷射粒子系统，然后参照图 9-36 左图所示调整材质的基本参数，再为材质的"折射"贴图通道添加"薄壁折射"贴图（贴图的参数如图 9-36 右图所示），完成水珠材质的创建。

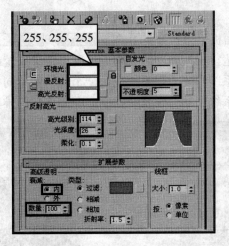
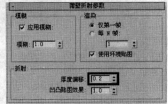

图 9-35　导向板材质参数　　　　　　　　　　图 9-36　创建水珠材质

Step 09　选择"渲染" > "渲染"菜单，打开"渲染场景"对话框，然后参照图 9-37 所示调整场景的渲染参数；最后，设置渲染视口为 Camera01，并单击"渲染"按钮，进行渲染输出即可，效果如图 9-27 所示。

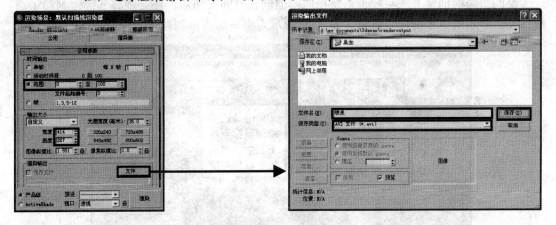

图 9-37　调整场景的渲染参数

9.2.2　常用空间扭曲

　　3ds Max 的"空间扭曲"创建面板为用户提供了所有空间扭曲的创建工具，下面介绍几类比较常用的空间扭曲，主要包括力、导向器和几何/可变形等。

1. 力

力空间扭曲主要用来模拟现实中各种力的作用效果，下面介绍几种常用的力空间扭曲。

（1）推力和马达

使用"空间扭曲"创建面板"力"分类中的 推力 和 马达 按钮，分别可以在视图中创建推力空间扭曲和马达空间扭曲，二者均可作用于粒子系统或动力学系统。

> **推力**：用于为粒子系统和动力学系统提供一个均匀的单向推力，如图 9-38 所示。
> **马达**：用于为粒子系统和动力学系统提供一个螺旋状的推力，如图 9-39 所示。

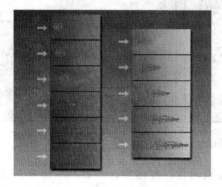

图 9-38　推力空间扭曲效果

图 9-39　马达空间扭曲效果

空间扭曲的创建方法与粒子系统相似，但创建空间扭曲后，还必须将其绑定到粒子系统或动力学系统中才能产生效果，图 9-40 所示为将马达绑定到粒子云中的操作。

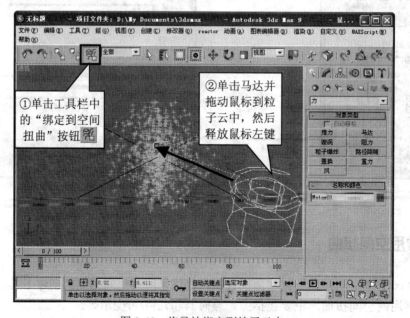

图 9-40　将马达绑定到粒子云中

将空间扭曲绑定后，还可以通过调整参数来改变其作用效果，由于推力和马达的参数类似，故下面以马达的参数（参见图 9-41）为例做一下具体介绍。

> **基本扭矩**：设置马达扭曲力的强度，下方的 N-m、Lb-ft 和
  Lb-in 单选钮用于设置扭矩使用的标准（N-m 为牛顿-米制标
  准，Lb-ft 为磅-英尺标准，Lb-in 为磅-英寸标准）。

> **启用反馈**：未选中该复选框时，马达的扭曲作用力固定不变；
  选中该复选框时，粒子的运动速度与马达目标转速的接近程
  度将影响马达的扭曲作用力。

> **可逆**：选中该复选框时，如果粒子速度超过了马达的目标转
  速，扭曲力将转换方向。下方的"目标转速"编辑框用于设
  置马达的目标转速；RPH、RPM 和 RPS 单选钮用于设置目
  标转速的单位，分别为转/时、转/分和转/秒。

> **增益**：设置在扭曲力作用下粒子达到目标速度的快慢程度，
  数值越大，速度越快。

> **周期变化**：选中该区中的"启用"复选框时，可通过下方的
  参数设置扭曲力强度的变化周期、变化幅度等。指定两个周
  期时，扭曲力将产生噪波变化。

图 9-41 马达参数

> **粒子效果范围**：选中该区中的"启用"复选框时，马达的影响范围将限制为一个
  球形的空间，"范围"编辑框用于设置空间的半径。

（2）漩涡和阻力

使用"空间扭曲"创建面板"力"分类中的 漩涡 和 阻力 按钮，分别可以在视
图中创建漩涡空间扭曲和阻力空间扭曲，二者只能应用于粒子系统。

> **漩涡**：可以使粒子系统中的粒子产生漩涡效果，如图 9-42 所示，常用来制作涡流
  现象。

> **阻力**：可以在指定的范围内按照指定量降低粒子的运动速度，如图 9-43 所示，常
  用来模拟粒子运动时所受的阻力。

图 9-42 漩涡空间扭曲效果

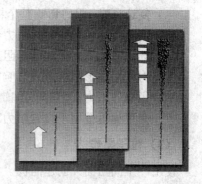

图 9-43 阻力空间扭曲效果

图 9-44 和图 9-45 所示分别为漩涡空间扭曲和阻力空间扭曲的参数，在此着重介绍如
下几个参数。

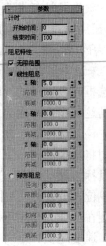

图 9-44　漩涡参数　　　　　　　　　　　图 9-45　阻力参数

> **漩涡外形**：该区中的参数用于设置漩涡的形状，其中，"锥化长度"编辑框用于设置锥形漩涡的高度，数值越小，高度越小，漩涡越紧密；"锥化曲线"编辑框用于设置漩涡的外形，数值越小，漩涡口越宽。

> **捕获和运动**：该区中的参数用于设置漩涡的旋转速度、下漏速度和影响范围。当选中"无限范围"复选框时，漩涡影响整个粒子系统，否则使用下方的设置影响粒子系统。其中，"轴向下拉"编辑框用于设置粒子在漩涡中的下降速度；"轨道速度"编辑框用于设置粒子在漩涡中的旋转速度；"径向拉力"编辑框用于设置漩涡对粒子的径向拉力；"范围"编辑框用于设置前面三种效果的影响范围；"衰减"编辑框用于设置这三种效果对粒子影响程度的衰减情况；"阻尼"编辑框用于设置这三种效果受抑制的程度。

> **阻尼特征**：该区中的参数用于设置阻力的影响范围和影响效果。选中"无限范围"复选框时，阻力影响整个粒子系统，否则使用下方的设置影响粒子系统。选中"线性阻尼"单选钮时，阻力使用线性阻尼方式影响粒子系统；选中"球形阻尼"单选钮时，阻力使用球形阻尼方式影响粒子系统；选中"柱形阻尼"单选钮时，阻力使用柱形阻尼方式影响粒子系统。"径向"编辑框用于设置阻力对粒子系统的径向作川力；"切向"编辑框用于设置阻力沿粒子运动的切线方向的作用力；"轴向"编辑框用于设置阻力对粒子系统的轴向作用力。

（3）粒子爆炸

使用"空间扭曲"创建面板"力"分类中的"粒子爆炸"按钮 粒子爆炸，可以在视图中创建粒子爆炸空间扭曲。它可以应用于粒子系统，以产生粒子爆炸效果，或者为动力学系统提供爆炸冲击力。如图 9-46 所示为粒子爆炸空间扭曲的参数，在此着重介绍如下几个参数。

> **爆炸对称**：该区中的参数用于设置粒子爆炸的爆炸方式
> 和炸出碎片的混乱程度。选中"球形"单选钮时，爆炸
> 中心为球体，粒子向周围发散；选中"柱形"单选钮时，
> 爆炸中心为柱体，粒子沿柱面发散；选中"平面"单选
> 钮时，爆炸中心为平面，粒子向平面两侧发散；调整"混
> 乱度"编辑框的值可以调整粒子的混乱度（当"持续时
> 间"编辑框的值为 0 时，调整混乱度才有效）。

> **爆炸参数**：该区中的参数用于设置粒子爆炸的开始时间、
> 持续时间、强度、衰减方式和影响范围。选中"线性"
> 单选钮时，爆炸强度在指定范围内线性衰减；选中"指
> 数"单选钮时，爆炸强度在指定范围内按指数方式衰减。

图 9-46　粒子爆炸参数

（4）路径跟随

使用 [路径跟随] 空间扭曲可以控制粒子的运动方向，使粒子沿指定的路径曲线流动，常
用来表现山涧的小溪、水流沿曲折的路径流动等效果。图 9-47 所示为路径跟随的参数，在
此着重介绍如下几个参数。

> **运动计时**：在该参数区中，"开始帧"和"上一帧"
> 编辑框分别用于设置路径跟随开始和结束影响粒子
> 系统的时间；"通过时间"编辑框用于设置各粒子通
> 过整个路径所需的时间；"变化"编辑框用于设置各
> 粒子的通过时间随机变化的最大范围。

> **沿偏移样条线**：选中该单选钮时，粒子的运动路线受
> 粒子喷射点与路径曲线起始点间距离的影响，只有二
> 者重合时，粒子的运动路线才与路径曲线相同。

> **沿平行样条线**：选中该单选钮时，粒子的运动路线始
> 终与路径曲线相同，不受喷射点位置的影响。

> **粒子流锥化**：该编辑框用于设置粒子在运动时偏离路
> 径的程度（选中"会聚"单选钮时，粒子沿路径运动
> 的同时向里汇聚，靠近路径；选中"发散"单选钮时，
> 粒子沿路径运动的同时向外发散，远离路径；选中"二
> 者"单选钮时，部分粒子向里汇聚，部分粒子向外发
> 散），"变化"编辑框用于设置各粒子的偏离程度随
> 机变化的最大范围。

图 9-47　路径跟随参数

> **涡流运动**：该编辑框用于设置粒子绕路径曲线作螺旋运动的圈数（选中"顺时针"
> 单选钮时，粒子在沿路径曲线运动的同时绕路径曲线作顺时针旋转；选中"逆时
> 针"单选钮时，粒子在沿路径曲线运动的同时绕路径曲线作逆时针旋转；选中"双
> 向"单选钮时，部分粒子绕路径曲线作顺时针旋转，部分粒子绕路径曲线作逆时
> 针旋转）。"变化"编辑框用于设置各粒子的旋转圈数随机变化的最大范围。

（5）重力和风

| 重力 |和| 风 |空间扭曲主要用来模拟现实中重力和风的效果，以表现粒子在重力作用下下落以及在风的吹动下飘飞的效果。二者的参数类似，在此以风空间扭曲为例做一下具体介绍（风的参数参见图9-48）。

> **强度**：该编辑框用于设置风力的强度。
> **衰退**：该编辑框用于设置风力随距离的衰减情况（当数值为0时，风力不发生衰减）。
> **平面/球形**：这两个单选钮用于设置风的影响方式，选中"平面"单选钮时，风从平面向指定的方向吹（风图标中箭头的方向即为风吹动的方向）；选中"球形"单选钮时，风从一个点向四周吹，风图标的中心点为风源。
> **湍流**：调整该编辑框的值时，粒子在风的吹动下将随机改变路线，产生湍流效果（数值越大，粒子的湍流效果越明显）。

图 9-48　风的参数

> **频率**：调整该编辑框的值时，粒子的湍流效果将随时间呈周期性的变化（该效果非常细微，通常无法看见）。
> **比例**：该编辑框用于缩放湍流效果。数值越小，湍流效果越平滑、越规则。数值越大，湍流效果越混乱，越不规则。
> **范围指示器**：当衰减值大于0时，选中此复选框将显示出一个范围框，指示风力衰减到一半的位置。

2. 导向器

导向器可应用于粒子系统或动力学系统，以模拟粒子或物体的碰撞反弹动画。3ds Max为用户提供了9种类型的导向器，各导向器的特点如下。

> **导向板**：该导向器是反射面为平面的导向器，它只能应用于粒子系统，作为阻挡粒子前进的挡板。当粒子碰到它时会沿对角方向反弹出去（如图9-49所示），常用来表现雨水落地后溅起水花或物体落地后摔成碎片的效果。
> **导向球**：该导向器与导向板类似，但它产生的是球面反射效果。
> **泛方向导向板**：也是碰撞面为平面的导向器，不同的是，粒子碰撞到该导向板后，除产生反射效果外，部分粒子还会产生折射和繁殖效果，如图9-50所示。
> **泛方向导向球**：该导向器类似于泛方向导向板，它产生的是球面反射和折射效果。
> **动力学导向板**：该导向器可以作用于粒子系统和动力学系统，以影响粒子和被撞击对象的运动方向和速度，常用来模拟流体冲击实体对象的效果。
> **动力学导向球**：该导向器类似于动力学导向板，但其碰撞面为球面，产生的是球面反射和撞击效果。
> **全动力学导向器**：该导向器可以使粒子和被作用对象在指定物体的所有表面产生反弹和撞击效果。

图 9-49　导向板的作用效果

图 9-50　泛方向导向板的作用效果

> **全泛方向导向器**：该导向器类似于全动力学导向器，它可以使用指定物体的任意表面作为反射和折射平面，且该物体可以是静态物体、动态物体或随时间扭曲变形的物体。需要注意的是，该导向器只能应用于粒子系统；而且，粒子越多，指定物体越复杂，该导向器越容易发生粒子泄漏。

> **全导向器**：该导向器类似于全动力学导向器，它也可以使用指定物体的任意表面作为反应面。但是，它只能应用于粒子系统，且粒子撞击反应面时只有反弹效果。

3. 几何/可变形

几何/可变形空间扭曲主要用于使三维对象产生变形效果，以制作变形动画。3ds Max 9 为用户提供了 FFD（长方体）、FFD（圆柱体）、波浪、涟漪、置换、适配变形和爆炸 7 种几何/可变形空间扭曲。下面介绍几种比较常用的几何/可变形空间扭曲。

（1）FFD（长方体）和 FFD（圆柱体）

使用"空间扭曲"创建面板"几何/可变形"分类中的 FFD(长方体) 和 FFD(圆柱体) 按钮，分别可以在视图中创建 FFD（长方体）空间扭曲和 FFD（圆柱体）空间扭曲，其创建方法与长方体和圆柱体类似，在此不做介绍。

创建空间扭曲后，将其绑定到三维对象中，然后设置其修改对象为"控制点"，并调整长方体和圆柱体晶格中控制点的位置，即可调整被绑定三维对象的形状，如图 9-51 所示。

图 9-51　使用 FFD（长方体）空间扭曲的效果

FFD（长方体）和 FFD（圆柱体）的参数（参见图 9-52）与 FFD 修改器类似，在此着重介绍如下几个参数。

➤ **仅在体内**：选中该单选钮时，只有被绑定对象位于晶格阵列的内部，才受 FFD 空间扭曲的影响。

➤ **所有顶点**：选中该单选钮时，无论被绑定对象处于什么位置，都会受 FFD 空间扭曲的影响（利用下方的"衰减"编辑框可以设置影响效果的衰减情况，数值为 0 时，不衰减；数值为 1 时，衰减效果最强烈）。

➤ **张力/连续性**：这两个编辑框用于调节晶格阵列中各控制点间变形曲线的张力值和连续性，以调整三维对象变形曲面的张力和连续性。

➤ **选择**：该区中的参数用于设置控制点的选择方式。例如，选中"全部 X"按钮时，单击控制点会选中位于该控制点 X 轴向上的所有控制点。

图 9-52 FFD（长方体）的参数

（2）波浪和涟漪

使用"空间扭曲"创建面板"几何/可变形"分类中的 波浪 和 涟漪 按钮，分别可以在视图中创建波浪空间扭曲和涟漪空间扭曲。其中，波浪空间扭曲可以在被绑定的对象中创建线性波浪；涟漪空间扭曲可以在被绑定的对象中创建同心波纹，图 9-53 所示为使用涟漪空间扭曲的效果。

波浪空间扭曲和涟漪空间扭曲的创建方法与长方体类似，其参数与波浪和涟漪修改器类似，在此不做介绍。需要注意的是，使用这两种空间扭曲时，被绑定对象的分段数要适当，否则无法产生所需的变形效果。

图 9-53 使用涟漪空间扭曲的效果

（3）爆炸

爆炸空间扭曲可以将绑定的三维对象炸成碎片，常配合各种力空间扭曲制作三维对象的爆炸动画，如图 9-54 所示。

爆炸空间扭曲的创建方法非常简单，单击选中"空间扭曲"创建面板"几何/可变形"分类中的 爆炸 按钮，然后在视图中单击鼠标左键，即可创建一个爆炸空间扭曲。图 9-55 所示为"爆炸"空间扭曲的爆炸参数，在此着重介绍如下几个参数。

图 9-54 使用爆炸空间扭曲制作的爆炸效果

> ➤ **强度**：设置爆炸的强度。数值越大，碎片飞行越快，靠近爆炸中心的碎片受到的影响也越强烈。
>
> ➤ **自旋**：设置碎片每秒钟自旋转的转数（除了该参数外，碎片的自旋转速度还受"衰减"和"混乱"值的影响）。
>
> ➤ **衰减**：选中"启用衰减"复选框后，调整该编辑框的值可调整爆炸的影响范围。碎片飞出此范围后不再受"强度"和"自旋"值的影响，但还会受"常规"区中"重力"值的影响。
>
> ➤ **碎片大小**：设置碎片包含面数的最大值和最小值。
>
> ➤ **重力**：设置碎片受到的地心引力的大小。该重力的方向始终平行于世界坐标的 Z 轴。
>
> ➤ **混乱**：设置爆炸的混乱度，以增强爆炸的真实性。
>
> ➤ **种子**：设置爆炸的随机性，以便在相同的设置下产生不同的效果。

图 9-55　爆炸参数

综合实例 1——燃烧的香烟

在本实例中，我们将创建燃烧的香烟动画，效果如图 9-56 所示，读者可通过此例进一步熟悉一下超级喷射粒子系统和风空间扭曲的使用方法。

制作思路

创建的过程中，我们先创建一个超级喷射粒子系统，以产生香烟的烟雾粒子；然后创建一个风空间扭曲，并绑定到超级喷射粒子系统中，以产生香烟烟雾随风飘动的效果；再创建一个阻力空间扭曲，并绑定到超级喷射粒子系统中，以降低烟雾的上升速度。最后，为超级喷射粒子系统添加材质并进行渲染，即可获得燃烧的香烟动画。

图 9-56　燃烧的香烟动画

制作步骤

Step 01 打开本书提供的素材文件"香烟模型.max"，然后使用"几何体"创建面板"粒子系统"分类中的 超级喷射 按钮在顶视图中创建一个超级喷射粒子系统，粒子系统的发射图标位于香烟的烟蒂附近，如图 9-57 所示。

Step 02 单击"空间扭曲"创建面板"力"分类中的 风 按钮，然后在前视图中单击并拖动鼠标，到适当位置后释放鼠标左键，创建一个风空间扭曲；再在顶视图中调整风的方向，使风从前向后吹，如图 9-58 所示。

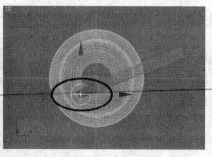
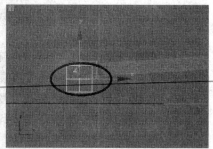

图 9-57 创建超级喷射粒子系统

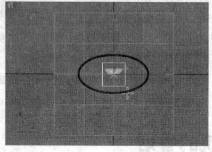
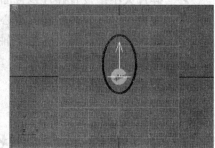

图 9-58 创建风空间扭曲

Step 03 参照 "Step02" 所述操作，使用 "空间扭曲" 创建面板 "力" 分类中的 阻力 按钮在顶视图中创建一个阻力空间扭曲，如图 9-59 所示。

Step 04 选中 "Step01" 中创建的超级喷射粒子系统，然后依次单击工具栏中的 "绑定到空间扭曲" 按钮和 "按名称选择" 按钮，打开 "选择空间扭曲" 对话框；再选中对话框中的 "Wind 01" 项，并单击 "绑定" 按钮，将风空间扭曲绑定到超级喷射粒子系统中，如图 9-60 所示。接下来，参照前述操作将阻力空间扭曲也绑定到超级喷射粒子系统中。

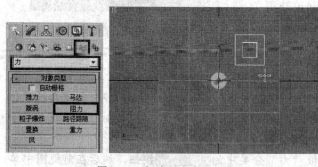
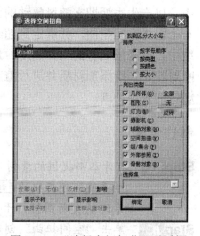

图 9-59 创建阻力空间扭曲　　　　图 9-60 "选择空间扭曲" 对话框

Step 05 参照图 9-61 所示调整超级喷射粒子系统的参数；然后参照图 9-62 所示调整风

空间扭曲的参数；再参照图 9-63 所示调整阻力空间扭曲的参数。至此就完成了香烟燃烧动画的制作。此时预览动画可以看到，烟雾从烟蒂产生后，慢慢上升，且随风飘动。

Step 06　打开材质编辑器，任选一未使用的材质球分配给超级喷射粒子系统，并命名为"烟雾"，然后参照图 9-64 所示调整材质的基本参数。

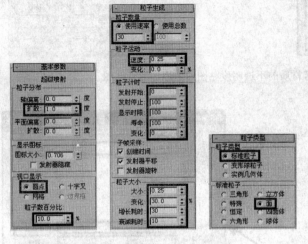

图 9-61　超级喷射粒子系统参数

图 9-62　风的参数

图 9-63　阻力的参数

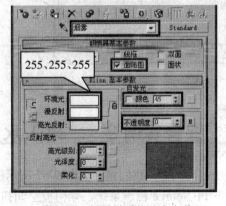

图 9-64　烟雾材质的基本参数

Step 07　打开烟雾材质的贴图卷展栏，将"不透明度"贴图通道的数量设为 5，然后为其添加"渐变"贴图，贴图参数如图 9-65 右图所示，至此就完成了烟雾材质的创建。

Step 08　选择"渲染" > "渲染"菜单，打开"渲染场景"对话框，然后参照图 9-66 所示调整场景的渲染参数；最后，设置渲染视口为 Camera01，并单击"渲染"按钮，进行渲染输出即可，效果如图 9-56 所示。

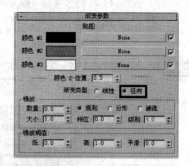

图 9-65　为烟雾材质的不透明度贴图通道添加渐变贴图

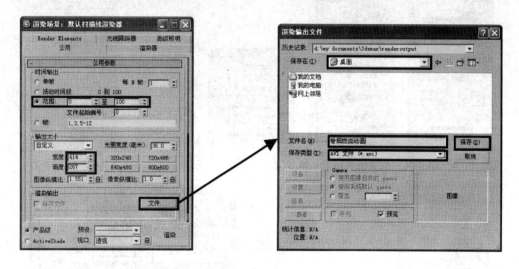

图 9-66　调整场景的渲染参数

综合实例 2——落入水池的雨滴

在本实例中，我们将创建图 9-67 所示的"落入水池的雨滴"动画，读者可通过此例熟悉一下 PF Source 粒子系统、导向板空间扭曲和重力空间扭曲的使用方法。

制作思路

创建时，我们先创建 PF Source 粒子系统，并调整粒子系统中 Event 01 事件各动作的参数，制作下落的雨滴；然后为粒子系统添加 Spawn（粒子繁殖）事件，并创建导向板和重力空间扭曲，控制繁殖生成的新粒子的运动效果，制作雨滴落到水面溅起水花的动画；再为粒子系统添加 Shape Mark（图形标记）事件，使碰撞到水面的粒子部分转换为方形面片，以制作雨

图 9-67　落入水池的雨滴

滴在水面产生的涟漪效果；最后，为 PF Source 粒子系统添加材质并进行渲染即可。

制作步骤

Step 01　打开本书提供的素材文件"水池模型.max"，利用"几何体"创建面板"粒子系统"分类中的 PF Source 按钮在顶视图中创建一个 PF Source 粒子系统（粒子图标的大小最好覆盖整个水池）；然后在前视图中将其向上移动 1000 个单位，如图 9-68 所示。

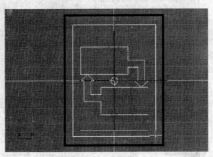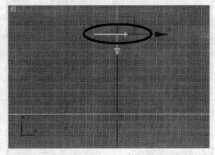

图 9-68　创建 PF Source 粒子系统并调整其位置

Step 02　单击"修改"面板"设置"卷展栏中的 粒子视图 按钮，打开粒子视图；然后右击事件显示区中 Event 01 事件的名称，从弹出的快捷菜单中选择"重命名"项，更改 Event 01 事件的名称为"粒子发射"，如图 9-69 所示。

Step 03　选中粒子发射事件中的 Birth 01 动作，然后在参数面板的"Birth 01"卷展栏中调整其参数，以设置粒子发射的开始时间、结束时间和发射速率，如图 9-70 所示。

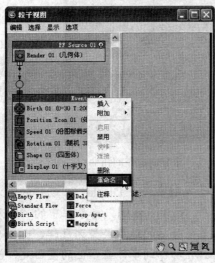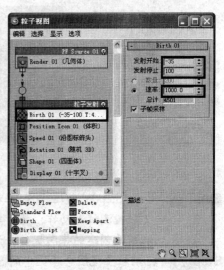

图 9-69　更改 Event 01 事件的名称　　　　　图 9-70　调整 Birth 01 动作的参数

Step 04　参照"Step03"所述操作调整粒子发射事件中 Speed 01 和 Shape 01 动作的参数，

以调整粒子的运动速度和渲染方式，如图 9-71 所示。

Step 05 拖动粒子视图仓库区中的 Delete 动作到粒子发射事件中 Display01 动作的上方，为粒子发射事件添加粒子删除动作，如图 9-72 左图所示；然后参照图 9-72 右图所示调整粒子删除动作的参数，以调整粒子系统中粒子的寿命，完成粒子发射事件的调整。

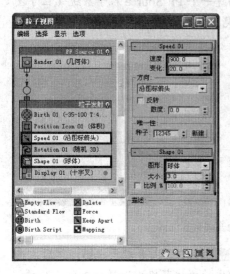
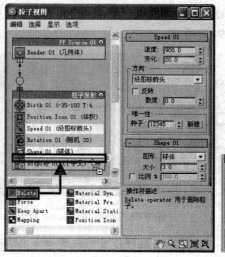

图 9-71 调整粒子的速度和渲染方式   图 9-72 为粒子发射事件添加 Delete 动作

Step 06 单击"空间扭曲"创建面板"导向器"分类中的 [导向板] 按钮，然后在顶视图中单击并拖动鼠标，创建一个覆盖整个水池的导向板空间扭曲，如图 9-73 左侧两图所示；再参照图 9-73 右图所示调整导向板的参数。

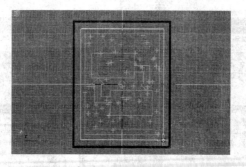

图 9-73 创建一个导向板空间扭曲

Step 07 参照"Step05"所述操作，在粒子发射事件中 Display 01 动作的下方添加 Collision（碰撞测试）动作；然后单击"Collision 01"卷展栏中的"按列表"按钮，拾取前面创建的导向板，并设置碰撞后的速度类型为反弹，如图 9-74 所示。

Step 08 拖动粒子视图仓库区中的 Spawn 动作到事件显示区的空白处，创建一个粒子繁殖事件，并命名为"溅起水花"，然后参照图 9-75 所示调整 Spawn 01 动作的参数。

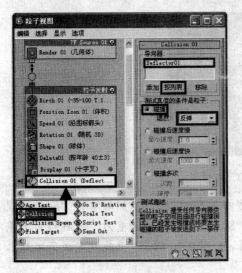

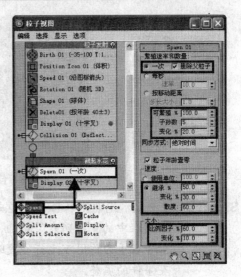

图 9-74 为粒子发射事件添加 Collision 动作　　　　图 9-75 创建溅起水花事件

Step 09 为溅起水花事件添加 Delete 动作，然后参照图 9-76 所示调整 Delete 动作的参数，以调整 Spawn 动作生成的新粒子的寿命。

Step 10 拖动溅起水花事件上端的连接点 ♀ 到粒子发射事件中 Collision 动作左侧的连接点 •ᶜ 上，将溅起水花事件连接到 Collision 动作上，如图 9-77 所示。此时，PFSource 粒子系统中的粒子与导向板碰撞时，原始粒子将自动消失，并繁殖出一定数量的新粒子）。

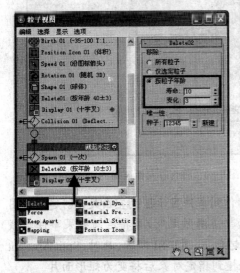

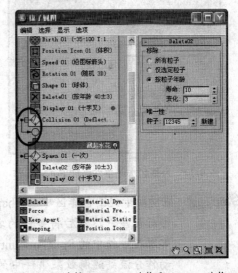

图 9-76 为溅起水花事件添加 Delete 动作　　　　图 9-77 连接 Collision 动作和 Spawn 动作

Step 11 单击"空间扭曲"创建面板"力"分类中的 重力 按钮，然后在顶视图中单击并拖动鼠标，创建一个重力空间扭曲，如图 9-78 左侧两图所示（重力图标的大小和位置不影响作用效果）；再参照图 9-78 右图所示调整重力的参数。

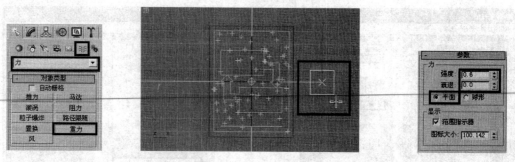

图 9-78 创建一个重力空间扭曲

Step 12 在溅起水花事件中 Delete 02 动作的上方添加 Force 动作，然后单击 "Force 01" 卷展栏中的 "按列表" 按钮，拾取在 "Step11" 中创建的重力，使溅起的水花粒子在重力作用下飞行一段时间后下落，如图 9-79 所示。至此就完成了溅起水花事件的调整。

Step 13 在溅起水花事件中 Spawn 01 动作的上方添加 Split Amount 动作，对与导向板碰撞的粒子进行分流，如图 9-80 所示。

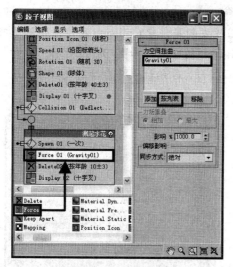

图 9-79 为溅起水花事件添加 Force 动作

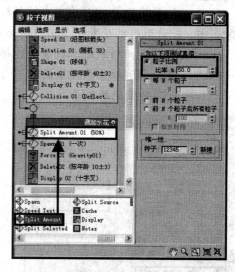

图 9-80 将与导向板碰撞的粒子进行分流

Step 14 拖动粒子视图仓库区中的 Shape Mark 动作到事件显示区的空白处，创建一个图形标记事件，然后将事件的名称更改为 "涟漪效果"；再将涟漪效果事件与溅起水花事件中的 Split Amount 动作连接起来，如图 9-81 所示。此时，Split Amount 动作分流到涟漪效果事件中的粒子在碰撞到指定对象后将变为矩形面片。

Step 15 选中涟漪效果事件中的 Shape Mark 动作，然后利用 "Shape Mark 01" 卷展栏中的 "None" 按钮拾取场景中的地面，作为 Shape Mark 动作的接触对象；再设置 Shape Mark 动作产生的矩形面片的长度和宽度为 20，如图 9-82 所示。

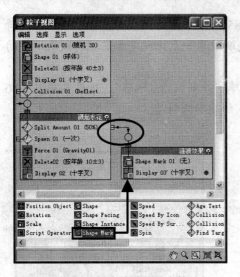

图 9-81　创建涟漪效果事件

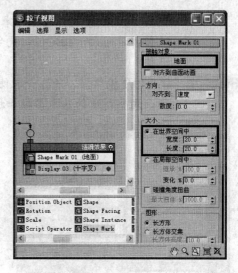

图 9-82　调整 Shape Mark 动作的参数

Step 16　在涟漪效果事件中 Display 03 动作的上方添加 Scale（缩放粒子）动作，并参照图 9-83 所示调整 Scale 动作的参数。

Step 17　开启动画的自动关键帧模式，然后拖动时间滑块到第 30 帧，并调整涟漪效果事件中 Scale 01 动作的比例因子为 100%，再退出动画创建模式。此时产生涟漪的粒子碰撞到地面后将由指定大小的 10% 逐渐增大到 100%，经历的时间为 30 帧。

Step 18　在涟漪效果事件中 Display 03 动作的下方添加 Age Test 动作，并参照图 9-84 所示调整其参数，以测试事件运行的时间。

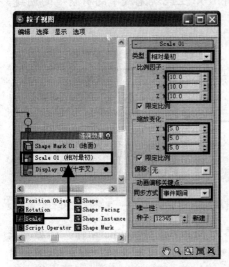

图 9-83　为涟漪效果事件添加 Scale 动作

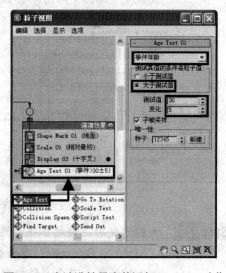

图 9-84　为涟漪效果事件添加 Age Test 动作

Step 19　拖动粒子视图仓库区中的 Delete 动作到事件显示区的空白处，创建一个粒子删除事件，然后更改事件的名称为删除涟漪；再将删除涟漪事件与涟漪效果事件中的 Age Test 动作连接起来，如图 9-85 所示。此时，只要系统检测到各涟漪运行的时间大于指定值，就会删除该涟漪效果。至此就完成了涟漪效果事件的调整。

Step 20 打开材质编辑器，任选一未使用的材质球，并命名为"水珠"，然后参照图 9-86 所示调整材质的基本参数和扩展参数，创建水珠材质。

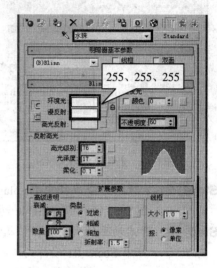

图 9-85　创建删除涟漪事件　　　　　　　　　　　　图 9-86　创建水珠材质

Step 21 任选一未使用的材质球，并命名为"涟漪"，然后参照图 9-87 左图所示调整材质的基本参数；再为材质的"不透明度"贴图通道和"凹凸"贴图通道添加"渐变坡度"贴图（贴图参数如图 9-87 右图所示）。至此就完成了涟漪材质的创建。

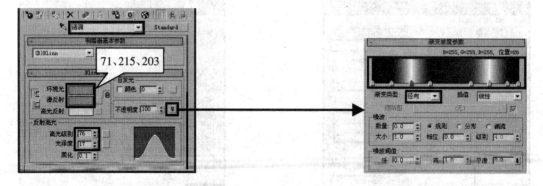

图 9-87　创建涟漪材质

Step 22 为粒子发射、溅起水花和涟漪效果事件添加 Material Dynamic 动作，然后单击"Material Dynamic"卷展栏中的"None"按钮，通过打开的"材质/贴图浏览器"对话框为三个事件分配材质，如图 9-88 所示（粒子发射和溅起水花事件分配水珠材质，涟漪效果事件分配涟漪材质）。至此就完成了落入水池的雨滴动画的制作。

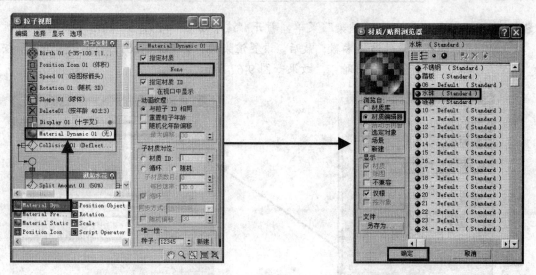

图 9-88　为粒子发射、溅起水花和涟漪效果事件分配材质

Step 23　如图 9-89 所示，选中粒子视图中的 PF Source 01 事件，然后右击鼠标，从弹出的快捷菜单中选择"属性"，打开"对象属性"对话框；再在"运动模糊"区中设置 PF Source 粒子系统中粒子的运动模糊参数。

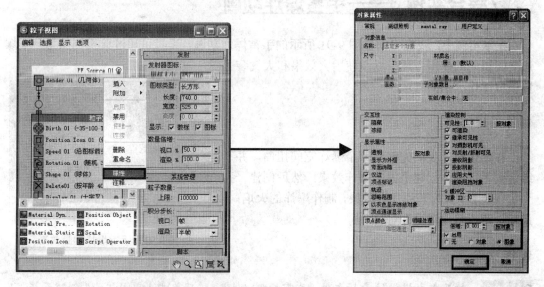

图 9-89　设置 PF Source 粒子系统中粒子的运动模糊参数

　　　在设置喷射、雪、超级喷射、暴风雪、粒子云和粒子阵列等非事件驱动粒子系统的运动模糊参数时，只需选中粒子发射图标，然后通过对象的右键快捷菜单打开"对象属性"对话框，在"运动模糊"区中设置即可；设置 PF Source 粒子系统的运动模糊参数时，必须参照"Step23"所述操作执行，否则无运动模糊效果。

Step 24 选择"渲染">"渲染"菜单，打开"渲染场景"对话框，然后参照图 9-90 所示调整场景的渲染参数；最后，设置渲染视口为 Camera01，并单击"渲染"按钮，进行渲染输出即可，效果如图 9-67 所示。

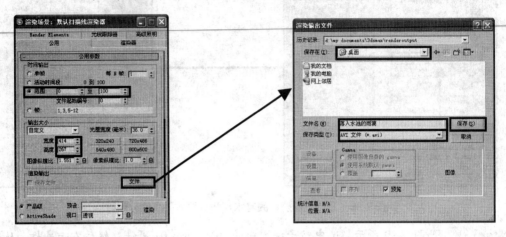

图 9-90 调整场景的渲染参数

综合实例 3——手雷爆炸动画

在本实例中，我们将创建图 9-91 所示的手雷爆炸动画，读者可通过此实例熟悉一下爆炸空间扭曲的使用方法，以及使用火效果和大气装置模拟爆炸火焰的方法。

制作思路

在创建时，我们先创建一个爆炸空间扭曲，并绑定到手雷中，创建手雷的爆炸效果；然后创建一个大气装置，并为其添加火效果，制作爆炸的火焰；最后，渲染输出动画即可。

图 9-91 手雷爆炸动画效果

制作步骤

Step 01 打开本书提供的素材文件"手雷模型.max"，然后单击"空间扭曲"创建面板"几何/可变形"分类中的 [爆炸] 按钮，再在顶视图中单击鼠标左键，创建一个爆炸空间扭曲，如图 9-92 左图和中图所示。

Step 02 在前视图中调整爆炸空间扭曲的位置，使其位于手雷的中心点处，如图 9-92 右图所示（爆炸空间扭曲的位置为爆炸的中心点，中心点不同，物体的爆炸效果也不同）。

Step 03 使用工具栏中的"绑定到空间扭曲"按钮 [图标] 将爆炸空间扭曲绑定到手雷模型中，然后参照图 9-93 所示调整爆炸空间扭曲的参数，完成手雷爆炸动画的制作。

Step 04　单击"辅助对象"创建面板"大气装置"分类中的 球体 Gizmo 按钮，然后在顶视图中单击并拖动鼠标，到适当位置后释放左键，创建一个球形大气装置，如图 9-94 所示。再调整大气装置的位置，使其中心与爆炸空间扭曲对齐（球形大气装置的位置决定了后面制作的爆炸火焰效果的产生位置）。

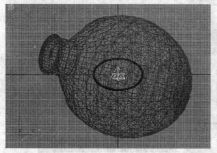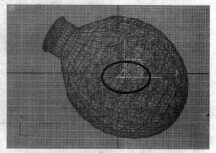

图 9-92　创建爆炸空间扭曲并调整其位置

图 9-93　爆炸参数　　　　　　　　　　　图 9-94　创建球形大气装置

Step 05　在"修改"面板的"球体 Gizmo 参数"卷展栏中设置球形大气装置的半径为 300，然后单击"大气和效果"卷展栏中的"添加"按钮，利用打开的"添加大气"对话框为球形大气装置添加火效果，如图 9-95 所示。

图 9-95　设置球形大气装置的半径并为其添加火效果

Step 06　选中"大气和效果"卷展栏中的"火效果"项后，单击"设置"按钮，打开"环境和效果"对话框；在"火效果参数"卷展栏中参照图 9-96 中图所示调整火效果的参数，然后单击"爆炸"区中的"设置爆炸"按钮，在打开的"设置爆炸相位曲线"对话框中设置爆炸的开始和结束时间，完成爆炸火焰效果的制作，如图 9-96 右图所示。

Step 07 右击手雷模型，从弹出的快捷菜单中选择"对象属性"菜单项，打开"对象属性"对话框，然后在"运动模糊"区中参照图 9-97 所示调整运动模糊的参数。

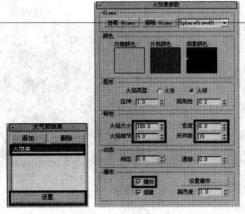

图 9-96　调整火效果参数　　　　　　　　　　　图 9-97　运动模糊参数

Step 08 选择"渲染" > "渲染"菜单，打开"渲染场景"对话框，然后参照图 9-98 所示调整场景的渲染参数；最后，设置渲染视口为 Camera01，并单击"渲染"按钮，进行渲染输出即可，效果如图 9-99 所示。

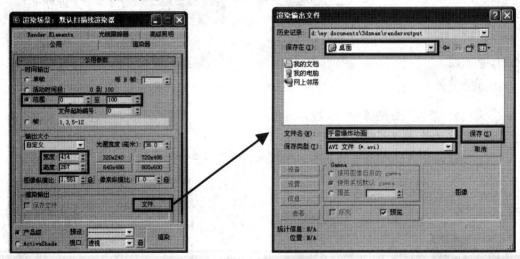

图 9-98　调整场景的渲染参数

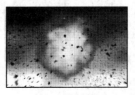
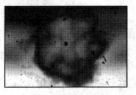

　第 0 帧效果　　　　　　第 22 帧效果　　　　　　第 50 帧效果　　　　　　第 70 帧效果

图 9-99　手雷爆炸效果

本章小结

通过本章的学习，读者应该重点掌握以下知识：

➤ 在三维动画设计中，经常使用粒子系统和空间扭曲模拟一些自然现象和物理现象，比如雨、雪、烟、喷泉、爆炸等。读者应了解粒子系统和空间扭曲的基本功能和原理。

➤ 了解各种常用粒子系统（如喷射、雪、超级喷射、粒子云、PF Source 等）和常用空间扭曲（如力、导向器、几何/可变形等）的具体用途和使用方法。

➤ 知道如何将空间扭曲绑定到粒子系统和三维对象中。

➤ 能够使用本章介绍的粒子系统和空间扭曲模拟一些简单的自然现象。

思考与练习

一、填空题

1. 在 3ds Max 的粒子系统中，基本粒子系统包括_____和_____，PF Source 是_____的缩写，即_____粒子系统。

2. 粒子视图是使用_____粒子系统时的主要工作区，它分为菜单栏、_____、参数面板、_____、说明面板和显示工具 6 大功能区。

3. 力空间扭曲主要用来模拟现实中各种力的作用效果。其中，_____可以为粒子系统和动力学系统提供螺旋状的推力；_____和_____主要用来模拟现实中重力和风的效果，以表现粒子在重力作用下下落以及在风的吹动下飘飞的效果。

4. 导向器主要应用于_____系统或_____系统，以模拟粒子或物体的_____动画。_____空间扭曲主要用于使三维对象产生变形效果，以制作变形动画。

二、选择题

1. 在下面的粒子系统中，不属于高级粒子系统的是_____。
   A. 超级喷射　　　B. 暴风雪　　　C. 风　　　D. 粒子云

2. 在下面的粒子系统中，_____常用来制作气泡上升和烟雾升腾等效果。
   A. 暴风雪　　　B. 喷射　　　C. 雪　　　D. 粒子阵列

3. 下列不属于力空间扭曲的是_____。
   A. 推力　　　B. 波浪　　　C. 马达　　　D. 漩涡

4. 空间扭曲可以看作是添加到场景中的一种力场，它影响_____。
   A. 所有粒子系统　　　　　　B. 所有几何体和圆柱体
   C. 所有场景对象　　　　　　D. 所有绑定到空间扭曲的对象

三、操作题

利用本章所学知识创建如图 9-100 所示的礼花动画。

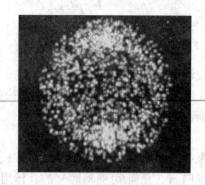

图 9-100　礼花动画效果

提示：

（1）创建一个超级喷射粒子系统，制作礼花的爆炸动画（设置超级喷射粒子系统的参数时要考虑到礼花爆炸快速、剧烈，下落缓慢的特点）。

（2）创建一个重力空间扭曲，并绑定到超级喷射粒子系统中，以模拟礼花粒子在重力作用下下落的动画。

（3）为粒子系统分配材质，使礼花粒子的颜色随时间变化（为"漫反射颜色"贴图通道添加"粒子年龄"贴图即可，贴图的参数如图 9-101 所示）。

（4）为场景添加"光晕"镜头效果（参数如图 9-102 所示），并在"对象属性"对话框的"G 缓冲区"中设置粒子系统的对象 ID 为 1，使礼花粒子周围产生光晕。

（5）将场景渲染输出为动画，效果如图 9-103 所示。

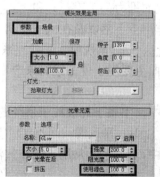

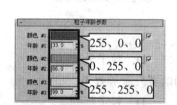

图 9-101　粒子年龄贴图参数　　　　　　　图 9-102　光晕镜头效果参数

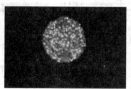
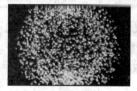

第 5 帧效果　　　　　第 15 帧效果　　　　　第 35 帧效果　　　　　第 55 帧效果

图 9-103　礼花动画效果

第10章
三维动画综合实例——展示掌上电脑

本章内容提要

- 创建场景 347
- 添加材质 355
- 创建灯光和摄影机 362
- 设置动画 364
- 渲染输出 371

章前导读

　　通过前面章节的学习，读者已经基本掌握了使用 3ds Max 9 制作三维动画的相关知识。本章将带领读者从创建场景、添加材质、创建灯光和摄影机、创建动画到渲染输出，一步步地去创建一个完整的动画，以巩固和练习前面所学的知识。下图所示为创建好的掌上电脑展示动画的效果。

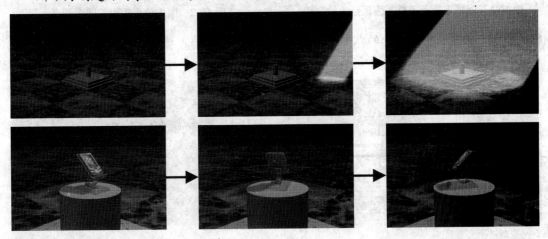

10.1　创建场景

　　由上图可知，本动画场景主要包括两部分：掌上电脑和展示台，下面分别介绍一下这两部分的创建过程。

10.1.1 创建掌上电脑

掌上电脑可分为外壳、按键和品牌名三部分进行创建，各部分的创建过程具体如下。

1. 外壳

创建时，首先利用"倒角"修改器处理二维图形，制作外壳的主体；然后利用"图形合并"工具将二维图形投影到外壳主体的表面，并进行多边形建模，制作出掌上电脑的屏幕和按键槽即可。

Step 01 利用"矩形"工具在顶视图中创建一个长 260、宽 160 的矩形，并将其转换为可编辑样条线，然后设置其修改对象为"顶点"，并调整矩形下边顶点水平方向的控制柄，使矩形下边产生一定的弧度，如图 10-1 所示。

Step 02 利用"几何体"卷展栏中的"圆角"工具对矩形上边和下边的顶点分别进行圆角处理（上边顶点的圆角值为 10，下边顶点的圆角值为 20），完成掌上电脑外壳截面图形的创建，效果如图 10-2 右图所示。

 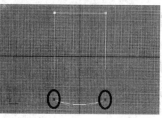 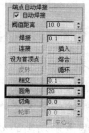 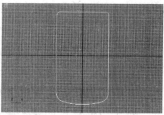

图 10-1 创建矩形并调整下边顶点的控制柄　　　　图 10-2 圆角处理矩形的四个顶点

Step 03 为掌上电脑外壳的截面图形添加"倒角"修改器，进行倒角处理，制作掌上电脑外壳的主体，修改器的参数和修改效果如图 10-3 所示。

 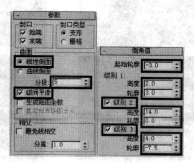 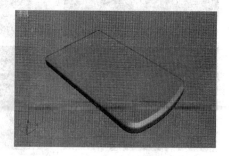

图 10-3 倒角处理掌上电脑外壳的截面图形

Step 04 利用"矩形"和"圆"工具在顶视图中创建两个矩形和一个圆，并调整其位置，矩形、圆的参数和效果如图 10-4 所示。

Step 05 将大矩形转换为可编辑样条线，并将小矩形和圆附加到其中，然后设置其修改对象为"样条线"，再利用"几何体"卷展栏中的"布尔"工具对矩形和圆进行并集布尔运算，效果如图 10-5 右图所示。

大矩形的参数

小矩形的参数

圆的参数

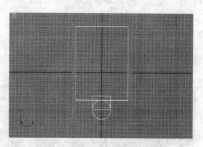

图 10-4　创建两个矩形和一个圆

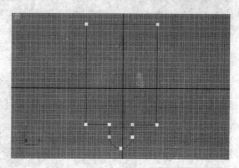

图 10-5　对矩形和圆进行并集布尔运算

Step 06 设置可编辑样条线的修改对象为"顶点"，然后将图 10-6 左图所示的顶点向下移动 7.5 个单位；再利用"几何体"卷展栏中的"圆角"工具对除样条线底端二个顶点外的 6 个顶点进行圆角处理，效果如图 10-6 右图所示。

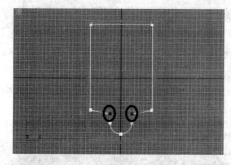

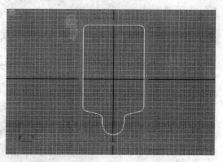

图 10-6　调整顶点的位置并进行圆角处理

Step 07 沿 Z 轴调整"Step06"创建好的二维图形，使其位于"Step03"所建倒角对象的正上方，然后选中倒角对象，并单击"几何体"创建面板"复合对象"分类中的"图形合并"按钮，在打开的"拾取操作对象"卷展栏中单击"拾取图形"按钮，再单击"Step06"创建的二维图形，将二维图形投影到倒角对象的上表面，如图 10-7 所示。

Step 08 将倒角对象转换为可编辑多边形，然后设置其修改对象为"多边形"，并选中投影曲线中的多边形，如图 10-8 左侧两图所示；接下来，单击"编辑多边形"卷展栏中"倒角"按钮右侧的"设置"按钮□，利用打开的"倒角多边形"对话框倒角处理选中的多边形，如图 10-8 右侧两图所示。

图 10-7　将二维图形投影到掌上电脑外壳主体的上表面

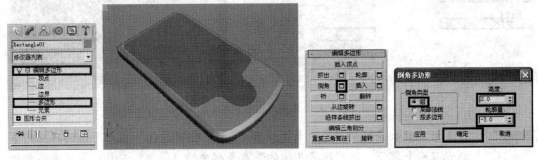

图 10-8　倒角处理投影曲线中的多边形

　　若投影曲线中的多边形与所需形状不符，可删除该多边形，然后设置修改对象为"边界"，并利用"编辑边界"卷展栏中的"封口"按钮为删除多边形产生的孔洞封口，即可获得所需形状的多边形，如图 10-9 所示。

图 10-9　对边界进行封口处理

Step 09　利用"矩形"和"圆"工具在顶视图中再创建一个矩形和两个圆（矩形的长为150、宽为120，大圆的半径为20，小圆的半径为10），并调整其位置，作为掌上电脑的屏幕、方向键和开关的截面图形，如图 10-10 所示。

Step 10　在顶视图中创建一个长 15、宽 18 的矩形，然后将其转换为可编辑样条线，并进行适当的处理，创建掌上电脑功能键的截面图形，如图 10-11 左图所示；再利用移动和镜像克隆制作出另外三个功能键的截面图形，如图 10-11 右图所示。

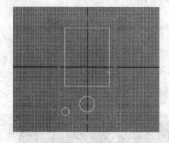
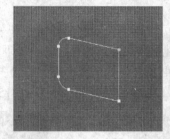
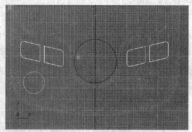

图 10-10　创建矩形和圆　　　　　　　图 10-11　创建掌上电脑功能键的截面图形

Step 11　参照 "Step07" 所述操作，将 "Step09" 和 "Step10" 创建的二维图形投影到倒角对象的上表面，效果如图 10-12 所示。

> 　　使用图形合并工具将功能键和开关的截面图形投影到掌上电脑的外壳时，最好选中 "拾取操作对象" 卷展栏中的 "复制" 单选钮。此时，原图形在图形合并后仍然保留下来，方便后续操作中创建功能键和开关按钮。

Step 12　将倒角对象转换为可编辑多边形，然后选中作为掌上电脑屏幕的多边形，如图 10-13 左图所示；再参照 "Step08" 所述操作倒角处理选中多边形（倒角的高度和轮廓值均为 − 2），完成掌上电脑屏幕的创建，效果如图 10-13 右图所示。

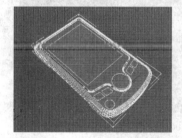
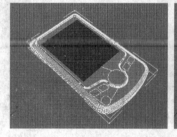

图 10-12　图形合并后的效果　　　　　　图 10-13　创建掌上电脑的屏幕

Step 13　选中作为掌上电脑方向键、功能键和开关的多边形，然后参照前述操作进行倒角处理（倒角的高度和轮廓值均为 − 1），效果如图 10-14 左图所示；再单击 "编辑多边形" 卷展栏中 "挤出" 按钮右侧的 "设置" 按钮，利用打开的 "挤出多边形" 对话框对选中多边形进行挤出处理，创建掌上电脑的按键槽，如图 10-14 右侧三图所示，至此就完成了掌上电脑外壳的创建。

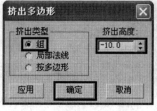

图 10-14　制作掌上电脑的按键槽

2. 按键和品牌名

创建按键时，功能键和开关可通过倒角处理功能键和开关的截面图形进行创建；方向键可使用管状体和油罐创建。创建品牌名时，可通过挤出处理品牌名的截面图形进行创建。

Step 01 选中前面创建的掌上电脑功能键的截面图形，为其添加"倒角"修改器，进行倒角处理，制作出掌上电脑的功能键，如图 10-15 所示。

 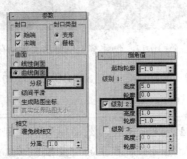 

图 10-15　倒角处理功能键的截面图形

Step 02 选中掌上电脑开关按钮的截面图形，然后为其添加"倒角"修改器，进行倒角处理，制作出掌上电脑开关的基本形状，如图 10-16 所示。

 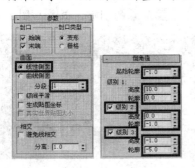 

图 10-16　倒角处理开关的截面图形

Step 03 为开关按钮添加"网格平滑"修改器，进行网格平滑处理，完成开关按钮的创建，如图 10-17 所示。

 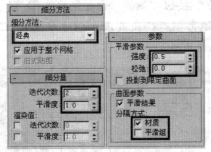 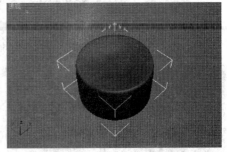

图 10-17　网格平滑处理开关按钮

Step 04　在顶视图中创建一个管状体和一个油罐，并参照图 10-18 左图和中图所示调整二者的参数；然后为管状体添加"网格平滑"修改器，进行网格平滑处理（修改器的参数使用系统默认即可），再调整管状体和油罐的位置，完成掌上电脑方向键的创建，效果如图 10-18 右图所示。

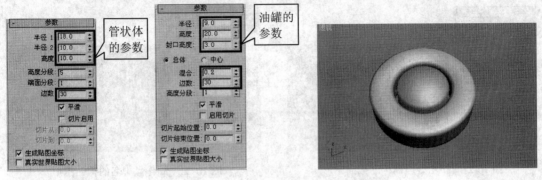

图 10-18　使用管状体和油罐创建方向键

Step 05　使用"矩形"、"椭圆"和"线"工具在顶视图中创建如图 10-19 左图所示的曲线，并合并到同一可编辑样条线中；然后设置可编辑样条线的修改对象为"顶点"，并选中图中所示的顶点子对象，再使用"圆角"工具对选中的顶点进行圆角处理，效果如图 10-19 右图所示。

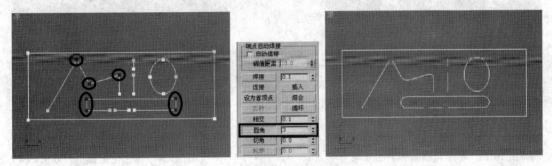

图 10-19　圆角处理选中的顶点

Step 06　设置可编辑样条线的修改对象为"样条线"，然后选中除外轮廓矩形外的所有样条线，再使用"几何体"卷展栏中的"轮廓"工具为选中的样条线创建轮廓曲线，完成掌上电脑商标截面图形的创建，如图 10-20 所示。

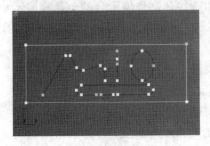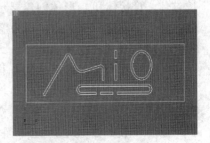

图 10-20　创建样条线的轮廓曲线

Step 07 为创建好的商标截面图形添加"挤出"修改器，进行挤出处理，完成掌上电脑商标的制作，修改器的参数和挤出效果如图 10-21 所示。

Step 08 使用"文本"工具在顶视图中创建一个文本，作为掌上电脑商品名的截面图形，文本的参数和效果如图 10-22 所示。

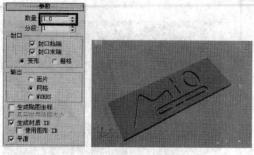
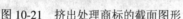
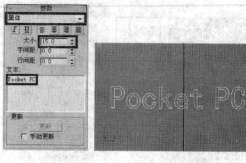

图 10-21 挤出处理商标的截面图形　　　　图 10-22 制作品牌名的截面图形

Step 09 为商品名的截面图形添加"挤出"修改器，将其挤出 1 个单位，完成品牌名的创建，效果如图 10-23 所示。

Step 10 调整掌上电脑各组成部件的位置和大小，完成掌上电脑的创建，模型的效果如图 10-24 所示。

图 10-23 掌上电脑品牌名的效果　　　　　图 10-24 掌上电脑模型的效果

10.1.2 制作展示台

展示台可分为展示架、展示柱、台基和地面四部分进行创建。创建时，首先使用切角长方体、管状体和 L 形体创建展示架；然后使用长方体和圆柱体制作展示台的台基和展示柱；最后，创建一个平面，作为展示场景的地面即可。

Step 01 使用"切角长方体"工具在顶视图中创建一个切角长方体，参数如图 10-25 左图所示；然后为切角长方体添加"锥化"修改器，进行锥化处理，制作展示架的底座，修改器的参数和最终效果如图 10-25 右侧两图所示。

Step 02 使用"管状体"和"L 形体"工具在顶视图中创建一个管状体和一个 L 形体（参数如图 10-26 左图和中图所示），然后调整二者的角度和位置，作为展示架的支柱和托盘，效果如图 10-26 右图所示。至此就完成了展示架的创建。

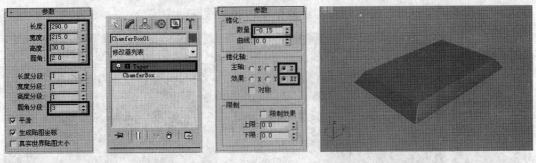

图 10-25 制作展示架的底座

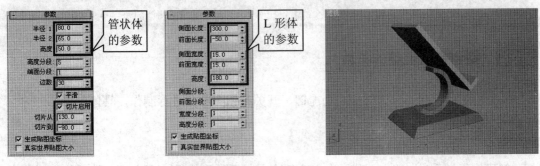

图 10-26 创建展示架的支柱和托盘

Step 03 使用"长方体"工具在顶视图中创建三个长方体,并调整其位置,作为展示台的台基,如图 10-27 所示。

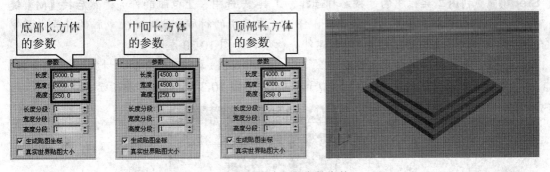

图 10-27 创建展示台的台基

Step 04 使用"圆柱体"工具在顶视图中创建一个圆柱体,并调整其位置,作为展示台的展示柱,如图 10-28 所示。

Step 05 使用"平面"工具在顶视图中创建一个长 100000、宽 100000 的平面,并调整其位置,作为展示场景的地面。此时,场景的效果如图 10-29 所示。至此就完成了电脑展示场景的制作。

10.2 添加材质

本节介绍一下为掌上电脑的展示场景添加材质的操作,主要用到标准材质、光线跟踪材质、多维/子对象材质、位图贴图、噪波贴图、光线跟踪贴图等。

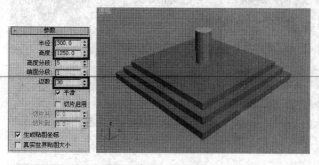

图 10-28 创建展示柱

图 10-29 创建一个平面作为地面

10.2.1 制作掌上电脑的材质

掌上电脑的材质可分为外壳、功能键、开关按钮三部分进行制作，具体如下。

1. 制作外壳的材质

创建外壳材质时，首先创建一个包含三个子材质的多维/子对象材质，然后将材质分配给掌上电脑的外壳，再设置外壳各多边形的材质 ID，使三个子材质分别分配到外壳的塑料壳、屏幕边框和屏幕。

Step 01 利用工具栏中的"按名称选择"工具 选中掌上电脑的外壳，然后按【M】键打开材质编辑器；接下来，任选一未使用的材质分配给掌上电脑的外壳，并更改其名称为"外壳"，创建外壳材质，如图 10-30 左图所示。

Step 02 单击材质编辑器工具栏中的"Standard"按钮，利用打开的"材质/贴图浏览器"更改材质的类型为"多维/子对象"，如图 10-30 中图和右图所示。

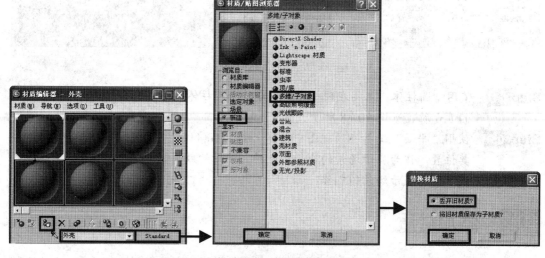

图 10-30 创建外壳材质并更改其类型

Step 03　单击外壳材质"多维/子对象基本参数"卷展栏中的"设置数量"按钮，设置子材质的数量为 3，如图 10-31 所示。

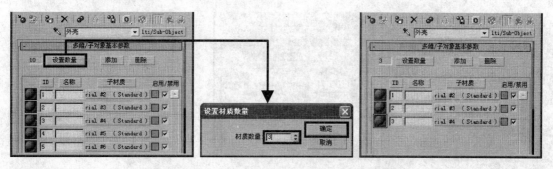

图 10-31　设置多维/子对象材质中子材质的数量

Step 04　单击"多维/子对象基本参数"卷展栏中 1 号子材质的材质按钮，打开其参数面板；然后更改子材质的名称为"青色塑料"，再参照图 10-32 左图所示设置材质的基本参数。

Step 05　打开 1 号子材质的"贴图"卷展栏，设置"凹凸"贴图通道的数量为 10，然后单击右侧的"None"按钮，利用打开的"材质/贴图浏览器"对话框为该通道添加"噪波"贴图，以模拟塑料表面的凹凸效果，如图 10-32 中图和右图所示。

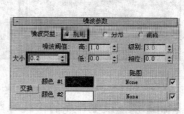

图 10-32　编辑青色塑料子材质

Step 06　连续单击材质编辑器工具栏中的"转到父对象"按钮 🔄，返回多维/子对象材质的参数面板；然后右击 1 号子材质，从弹出的快捷菜单中选择"复制"项，复制 1 号子材质，如图 10-33 左图所示。

Step 07　右击 2 号子材质，从弹出的快捷菜单中选择"粘贴（复制）"项，将复制的材质粘贴到 2 号子材质中，如图 10-33 右图所示。

Step 08　打开 2 号子材质的参数面板，然后更改其名称为"白色塑料"，再在"Blinn 基本参数"卷展栏中设置其漫反射颜色为：255，255，255，完成 2 号子材质的编辑调整，如图 10-34 所示。

Step 09　打开 3 号子材质的参数面板，然后更改其名称为"屏幕"，再在"Blinn 基本参数"卷展栏中设置材质的自发光强度为 100；接下来，单击"漫反射"颜色框右侧的空白按钮 ▢，为漫反射颜色贴图通道添加"位图"贴图（贴图图像为本书配套光盘"素材与实例"＞"第 10 章"文件夹中的"屏幕.bmp"图片，贴图的参数使用系统默认即可），如图 10-35 所示。至此就完成了外壳材质的编辑。

图 10-33　复制粘贴 1 号子材质　　　　　　　图 10-34　编辑 2 号子材质

 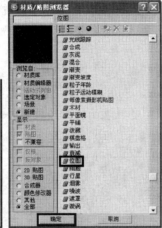 

图 10-35　编辑 3 号子材质

Step 10 设置外壳的修改对象为"多边形"，然后选中外壳中屏幕所在的多边形，再连续单击"选择"卷展栏中的"扩大"按钮，选中图 10-36 中图所示的多边形；接下来，利用"多边形属性"卷展栏中的"材质 ID"编辑框设置选中多边形的材质 ID 为 2，如图 10-36 右图所示。

图 10-36　设置外壳中多边形的材质 ID

Step 11 按【Ctrl+I】组合键进行反选，然后设置选中多边形的材质 ID 为 1；再选中外壳中屏幕所在的多边形，并设置其材质 ID 为 3。至此就完成了外壳中各多边形材质 ID 的设置，此时掌上电脑外壳的实时渲染效果如图 10-37 所示。

2. 制作功能键和开关按钮的材质

功能键的材质使用标准材质，配合噪波贴图和位图贴图进行制作；开关按钮的材质可利用材质的复制粘贴功能进行创建分配。

Step 01　在材质编辑器中任选一未使用的材质并分配给掌上电脑的功能键和方向键，然后更改材质的名称为"不锈钢"，创建不锈钢材质；再参照图 10-38 所示调整不锈钢材质的基本参数。

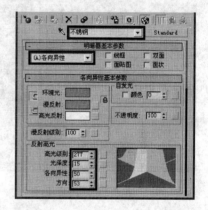

图 10-37　添加材质后外壳的效果　　　　　图 10-38　不锈钢材质的基本参数

Step 02　打开不锈钢材质的"贴图"卷展栏，设置"凹凸"贴图通道的数量为 10，然后单击右侧的"None"按钮，为凹凸贴图通道添加"噪波"贴图，以模拟不锈钢材质的凹凸效果，如图 10-39 所示。

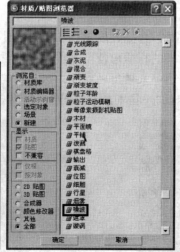

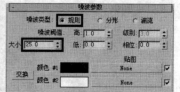

图 10-39　为不锈钢材质指定凹凸贴图

Step 03 设置不锈钢材质"反射"贴图通道的数量为50，然后为该通道添加"位图"贴图（贴图图像为本书配套光盘"素材与实例"＞"第10章"文件夹中的"金属反射.jpg"图片，贴图的参数使用系统默认即可），以模拟不锈钢材质的反射效果，如图 10-40 所示，至此就完成了不锈钢材质的编辑。

Step 04 参照前述操作，复制外壳材质中的 1 号子材质；然后任选一未使用的材质，再右击材质编辑器工具栏中的"Standard"按钮，从弹出的快捷菜单中选择"粘贴（复制）"项，将复制的材质粘贴到当前材质中，如图 10-41 所示。

Step 05 将粘贴后的材质分配给掌上电脑的开关，然后更改其名称为"蓝色塑料"，再设置其漫反射颜色为：165，175，235，完成开关材质的编辑，如图 10-42 所示。

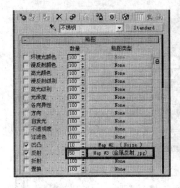
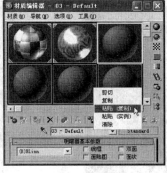

图 10-40　为反射通道添加贴图　　　图 10-41　粘贴材质　　　图 10-42　蓝色塑料材质的参数

Step 06 参照前述操作，复制外壳材质中的 1 号子材质，然后粘贴到任一未使用的材质中；再将材质分配给掌上电脑的品牌名和商标。至此就完成了掌上电脑材质的创建分配，此时掌上电脑的实时渲染效果如图 10-43 所示。

10.2.2　制作展示台和地板的材质

创建展示台和地板的材质时，台基、展示柱和地板可使用标准材质，配合位图贴图和光线跟踪贴图进行制作；展示架的材质可使用光线跟踪材质进行模拟。

Step 01 在材质编辑器中任选一未使用的材质，然后将其分配给场景中的展示柱，再设置其名称为"展示柱"；接下来参照图 10-44 所示调整材质的基本参数。

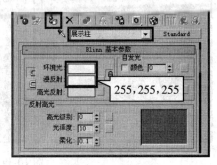

图 10-43　分配材质后的掌上电脑　　　　　图 10-44　展示柱材质的基本参数

Step 02 打开展示柱材质的"贴图"卷展栏，然后为"凹凸"贴图通道添加"位图"贴图（贴图图像为本书配套光盘"素材与实例">"第10章"文件夹中的"龙.jpg"图片），以模拟展示柱侧面的浮雕效果，如图10-45所示，至此就完成了展示柱材质的编辑。

Step 03 任选一未使用的材质分配给场景中的台基，并设置其名称为"台基"；然后为材质的"漫反射颜色"贴图通道添加"位图"贴图（贴图图像为本书配套光盘"素材与实例">"第10章"文件夹中的"大理石.jpg"图片），模拟台基表面的纹理；再设置"反射"贴图通道的数量为10，并为其添加"光线跟踪"贴图，模拟台基的反光效果。至此就完成了台基材质的编辑，如图10-46所示。

 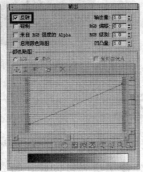 

图10-45　为凹凸贴图通道添加贴图　　　　　　　　　　图10-46　创建台基材质并添加贴图

Step 04 任选一未使用的材质分配给场景中的地面，并设置其名称为"地板"；然后为材质的"漫反射颜色"贴图通道添加"位图"贴图（贴图图像为本书配套光盘"素材与实例">"第10章"文件夹中的"地板.jpg"图片），模拟地面的纹理，如图10-47所示。

Step 05 设置地板材质"反射"贴图通道的数量为10，然后为该贴图通道添加"光线跟踪"贴图（贴图的参数使用系统默认即可），模拟地面的反光效果。至此就完成了地面材质的编辑，如图10-48所示。

 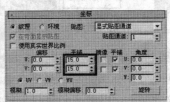 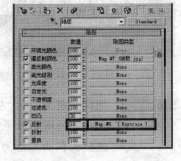

图10-47　为漫反射颜色贴图通道添加贴图　　　　　　　图10-48　为反射通道添加贴图

Step 06 任选一未使用的材质分配给场景中的展示架，并设置其名称为"玻璃"；然后单击材质编辑器工具栏中的"Standard"按钮，更改材质为光线跟踪材质；接下来，参照图 10-49 所示调整材质的基本参数，完成玻璃材质的编辑。至此就完成了掌上电脑展示场景材质的添加，场景的实时渲染效果如图 10-50 所示。

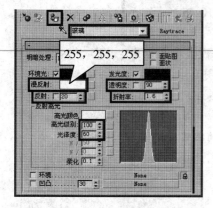

图 10-49　玻璃材质的参数

图 10-50　添加材质后场景的实时渲染效果

10.3　创建灯光和摄影机

在本动画场景中，摄影机可利用"从视图创建摄影机"菜单进行创建；灯光则分为环境灯光和特效灯光，创建时，环境光使用泛光灯创建，特效灯光使用目标聚光灯创建。

Step 01　激活透视视图，然后利用视图控制区的工具调整透视视图的观察效果，最终效果如图 10-51 左图所示。此时，若利用视图控制区的"缩放"工具 🔍 缩小透视视图的视野，缩小到一定程度后，掌上电脑将位于视图的中心位置，如图 10-51 右图所示（此观察效果便于在后续操作中创建摄影机的推拉动画）。

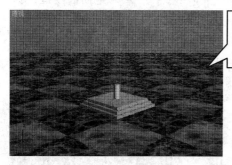

缩放前透视视图的观察效果

缩放后透视视图的观察效果

图 10-51　调整透视视图的观察效果

Step 02　选择"视图" > "从视图创建摄影机"菜单（或按【Ctrl+C】组合键），参照透视视图的观察效果创建一个目标摄影机，然后在摄影机的"参数"卷展栏中更改摄影机的类型为自由摄影机，以防止创建摄影机推拉动画时，摄影机发生翻转，如图 10-52 所示。至此就完成了摄影机的创建。

Step 03　单击"灯光"创建面板中的"泛光灯"按钮，然后在顶视图中图 10-53 中图所示位置单击，创建一个泛光灯，然后将其沿 Z 轴向上移动 15000 个单位，作为从上方照亮展示台的灯光，泛光灯的基本参数如图 10-53 右图所示。

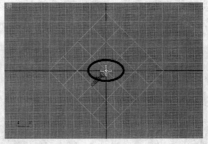

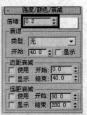

图 10-52　摄影机的参数　　　　　　　　　　　　图 10-53　创建一个泛光灯

Step 04 利用移动克隆将前面创建的泛光灯再复制出一个，然后在前视图中将其向下移动 30000 个单位，作为模拟地面反射光线的灯光，如图 10-54 所示。

Step 05 单击"灯光"创建面板中的"目标聚光灯"按钮，然后在前视图中图 10-55 右图所示位置单击并拖动鼠标，创建一个目标聚光灯，作为制作照射到展示台的光束的灯光。

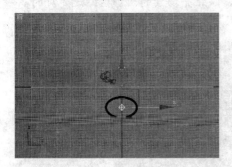

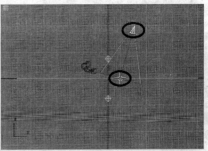

图 10-54　创建地面反射灯光　　　　　　　　　　图 10-55　创建目标聚光灯

Step 06 参照图 10-56 左图所示在顶视图中调整目标聚光灯发光点和目标点的位置，然后参照图 10-56 右侧四图所示调整目标聚光灯的基本参数。

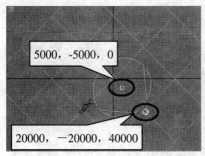

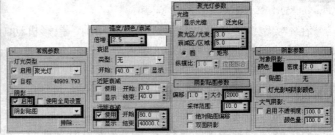

图 10-56　调整目标聚光灯的照射方向和参数

Step 07 打开目标聚光灯的"大气和效果"卷展栏，然后单击"添加"按钮，利用打开的"添加大气或效果"对话框，为目标聚光灯指定体积光大气效果，以模拟投射到场景中的光束，如图 10-57 左侧两图所示。

Step 08 选中"大气和效果"卷展栏中的"体积光"效果，然后单击"设置"按钮，打开"环境和效果"对话框的"环境"选项卡，然后参照图 10-57 右图所示设置体积光的参数。至此就完成了特效灯光的制作。

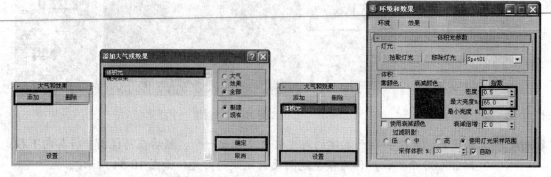

图 10-57　为目标聚光灯添加体积光大气效果

Step 09 利用"灯光"创建面板中的"泛光灯"按钮在顶视图中图 10-58 左图所示位置再创建一个泛光灯，作为场景的辅助灯光，以照亮场景的阴影区；泛光灯的高度和基本参数如图 10-58 中图和右图所示。至此就完成了场景中灯光的创建。

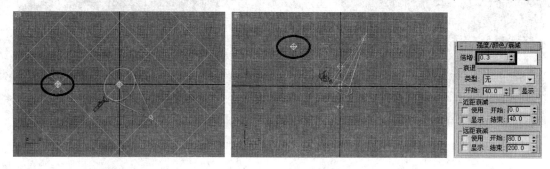

图 10-58　创建场景的辅助灯光

10.4　设置动画

　　在本实例中，动画可分为灯光特效动画、摄影机动画和展示柱动画。下面分别介绍一下这三种动画的创建过程。

10.4.1　设置灯光特效动画

　　灯光特效动画表现的是将聚光灯光束投射到地面，然后将照射范围移动到展示台并逐渐放大的效果。通过记录不同时间点处聚光灯衰减范围的变化情况，可制作光束投射到地面的动画；通过记录不同时间点处目标点的变化情况，可制作光束移动的动画；通过记录不同时间点处照射范围的变化情况，可制作光束变大的动画。

Step 01 单击动画和时间控件中的"时间配置"按钮，在打开的"时间配置"对话框中设置动画的长度为 600 帧，如图 10-59 所示。

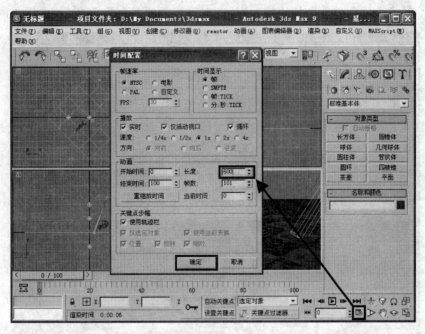

图 10-59　设置动画的长度

Step 02　单击动画和时间控件中的"自动关键点"按钮，开启自动关键帧模式；然后拖动时间滑块到第 60 帧，再设置聚光灯远距衰减的结束值为 60000，完成光束投射到地面动画的制作，如图 10-60 所示。

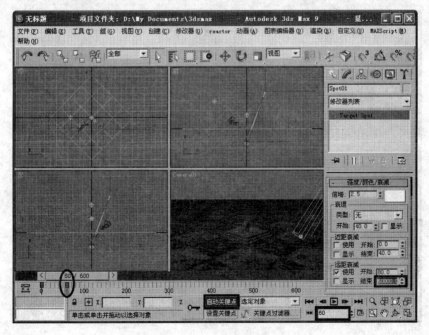

图 10-60　制作光束投射到地面的动画

Step 03 拖动时间滑块到第 150 帧，然后在顶视图中调整聚光灯目标点的位置，使目标聚光点位于世界坐标的轴心处，此时聚光灯照射到展示台上，如图 10-61 所示。

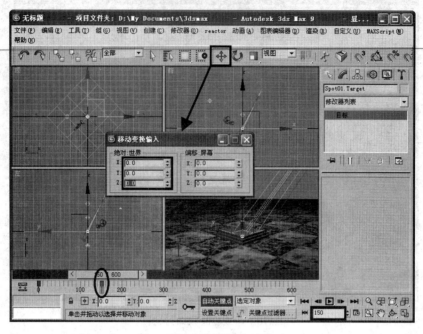

图 10-61 制作光束移动动画

Step 04 在聚光灯的"聚光灯参数"卷展栏中设置"聚光区/光束"和"衰减区/区域"编辑框的值分别为 15 和 17，制作光束扩大的动画，如图 10-62 所示。

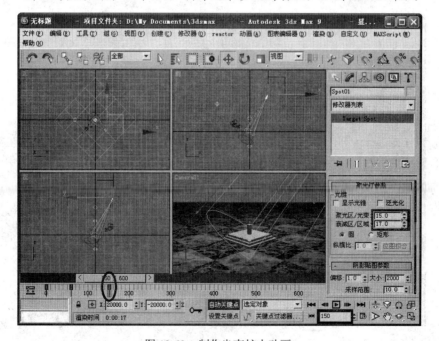

图 10-62 制作光束扩大动画

Step 05　单击工具栏中的"曲线编辑器"按钮，打开动画的轨迹视图；然后在轨迹视图中显示出聚光灯目标点 X 轴坐标的变化轨迹，再利用轨迹视图工具栏中的"将切线设置为线性"按钮　将目标点 X 轴坐标的变化设为匀速，再将变化轨迹的开始帧调整到第 60 帧，如图 10-63 所示。

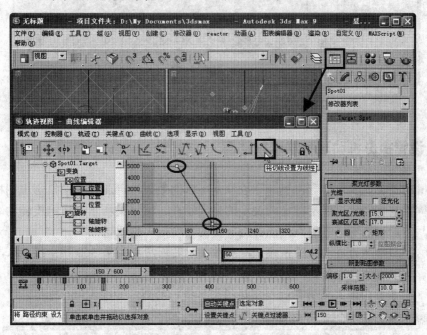

图 10-63　调整目标点 X 轴坐标的变化轨迹

Step 06　参照"Step05"所述操作，调整聚光灯目标点 Y 轴坐标的变化轨迹和聚光灯聚光区、衰减区的变化轨迹，使这三个参数均从第 60 帧开始线性变化，如图 10-64 和图 10-65 所示。至此就完成了灯光特效动画的制作。

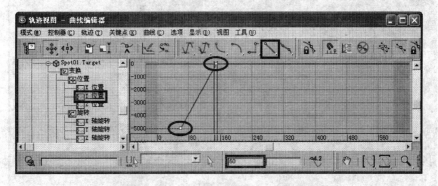

图 10-64　聚光灯目标点 Y 轴坐标的变化轨迹

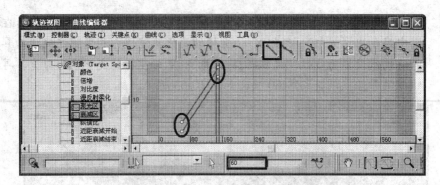

图 10-65　聚光灯聚光区和衰减区的变化轨迹

10.4.2　设置摄影机动画和展示柱动画

摄影机动画表现的是摄影机逐渐靠近掌上电脑的效果，可通过记录摄影机图标在不同时间点的位置进行创建；展示柱动画表现的是展示柱、展示架和掌上电脑旋转的动画，将三者群组，然后记录不同时间点处该群组旋转的角度即可创建该动画。

Step 01 开启动画的自动关键帧模式，然后拖动时间滑块到第 300 帧；接下来，激活摄影机视图，并使用视图控制区中的"推拉摄影机"工具推拉摄影机，使摄影机图标向掌上电脑靠近，创建摄影机推拉动画，如图 10-66 所示。

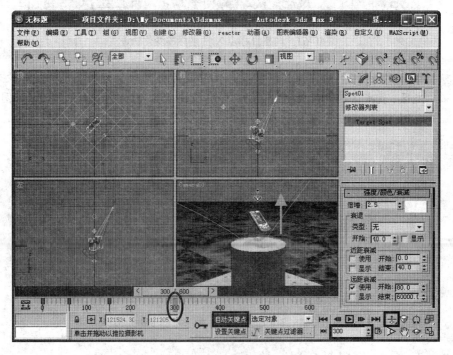

图 10-66　创建摄影机的推拉动画

Step 02　选中聚光灯"大气和效果"卷展栏中的"体积光"效果，然后单击"设置"按钮，在打开的"环境和效果"对话框中设置体积光的最大亮度，使体积光在动画运行的过程中逐渐变淡，如图 10-67 所示。

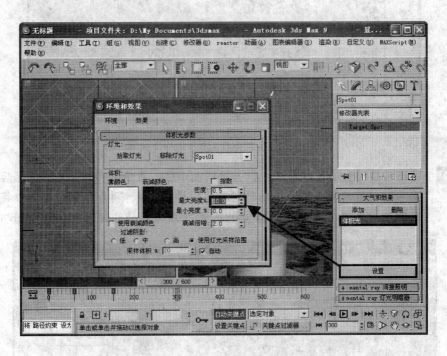

图 10-67　创建体积光的亮度动画

Step 03　参照前述操作，调整摄影机图标各坐标轴坐标的变化轨迹，以及体积光最大亮度的变化轨迹，使摄影机图标从第 150 帧开始匀速靠近掌上电脑，到第 300 帧时停止；在摄影机靠近的过程中，体积光匀速变淡。调整后摄影机图标各坐标轴坐标的变化轨迹和体积光最大亮度的变化轨迹如图 10-68 和图 10-69 所示。

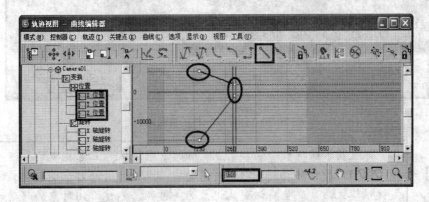

图 10-68　摄影机图标各坐标轴坐标的变化轨迹

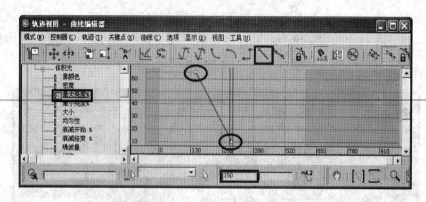

图 10-69　体积光最大亮度的变化轨迹

Step 04 退出动画的自动关键帧模式，并群组展示柱、展示架和掌上电脑；然后重新开启自动关键帧模式，并拖动时间滑块到第 600 帧；再在摄影机视图中将创建好的群组对象绕自身 Z 轴旋转 360°，制作展示柱的旋转动画，如图 10-70 所示。

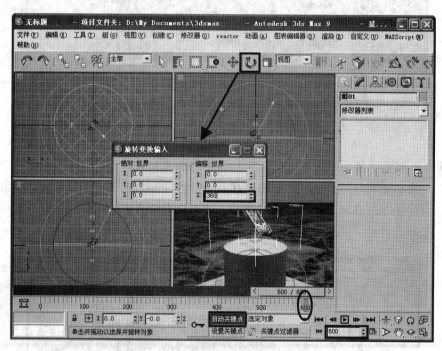

图 10-70　创建展示柱的旋转动画

　　群组展示柱、展示架和掌上电脑时，系统认为三者构成的群组对象的轴心由坐标原点移动到了群组对象的中心点处；若此时未退出动画的自动关键帧模式，系统会将该变化记录为关键帧，创建群组对象的移动动画。
　　旋转群组对象时，若使用视图参考坐标系，一定要在顶视图或摄影机视图中旋转；在其他视图中，群组对象实际是绕当前视图的 Z 轴旋转。

Step 05 参照前述操作，调整群组对象 Z 轴旋转值的变化轨迹，使群组对象绕 Z 轴匀速旋转，旋转的起始帧为第 300 帧，如图 10-71 所示。至此就完成了场景动画的创建，单击动画和时间控件中的"播放"按钮 ▶ 可在视图中预览动画的效果。

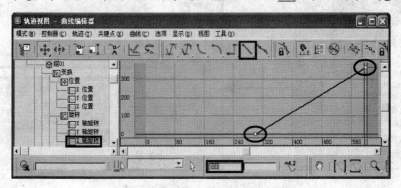

图 10-71　群组对象 Z 轴旋转值的变化轨迹

10.5　渲染输出

下面介绍一下动画渲染输出的操作。在本实例中，由于动画帧数很多，所以使用系统默认的扫描线渲染器进行渲染；输出时，我们将直接把场景输出为动画视频。

Step 01 按【F10】键打开"渲染场景"对话框，然后在"公用"选项卡"公用参数"卷展栏的"时间输出"区中设置渲染的范围，如图 10-72 所示。

Step 02 单击"公用参数"卷展栏"输出大小"区中的"800×600"按钮，设置输出动画的宽度和高度分别为 800 和 600，如图 10-73 所示。

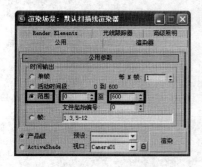

图 10-72　设置渲染范围

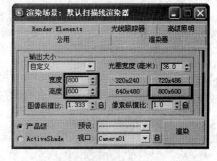

图 10-73　设置输出动画的宽度和高度

Step 03 单击"公用参数"卷展栏"渲染输出"区中的"文件"按钮，在打开的"渲染输出文件"对话框中设置输出文件保存的位置、名称和类型，然后单击"保存"按钮，在弹出的"AVI 文件压缩设置"对话框中采用默认参数，再单击"确定"按钮，完成渲染输出文件保存情况的设置，如图 10-74 所示。

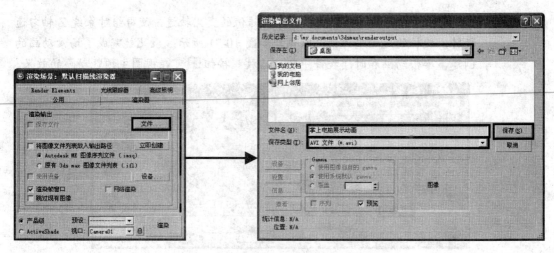

图 10-74　设置输出动画的保存情况

Step 04 在"渲染场景"对话框中设置场景的渲染视口为"Camera01",然后单击"渲染"按钮渲染场景,即可获得掌上电脑的展示动画(具体的效果见本书配套光盘"素材与实例">"第 10 章"文件夹中的"掌上电脑展示动画.avi"文件)。